数据科学与工程技术丛书

DATA ANALYSIS USING PYTHON

Python
数据分析与应用

王恺 路明晓 于刚 张月久 编著

 机械工业出版社
CHINA MACHINE PRESS

图书在版编目（CIP）数据

Python 数据分析与应用 / 王恺等编著 . -- 北京：机械工业出版社，2021.5（2023.11重印）
（数据科学与工程技术丛书）
ISBN 978-7-111-68160-1

I. ①P… II. ①王… III. ①软件工具 - 程序设计 - 高等学校 - 教材 IV. ①TP311.561

中国版本图书馆 CIP 数据核字（2021）第 083889 号

　　本书结合作者多年的教学和工程项目经验，根据初学者的特点和相关专业人员的工作需求，以具备利用 Python 进行数据分析的能力为目标编写而成。本书内容包括数据分析的基础知识、常用的 Python 数据分析工具库、Python 数据分析可视化等，并且给出实用的案例说明如何利用 Python 完成数据分析工作。本书适合作为高校大数据、人工智能、计算机及相关专业大数据分析课程的教材，也可作为大数据分析开发人员的参考书。

出版发行：机械工业出版社（北京市西城区百万庄大街 22 号　邮政编码：100037）
责任编辑：朱　劼　　　　　　　　　　　　责任校对：殷　虹
印　　刷：北京建宏印刷有限公司　　　　　版　　次：2023 年 11 月第 1 版第 2 次印刷
开　　本：185mm×260mm　1/16　　　　　印　　张：15.5
书　　号：ISBN 978-7-111-68160-1　　　　定　　价：69.00 元

客服电话：（010）88361066　68326294

前　言

　　数据分析是对数据进行检查、清理、转换和建模的过程，有助于从数据中发现规律并制定科学的决策，目前已广泛应用于自然科学、社会科学和管理科学的各个领域。各专业的学生都有必要掌握数据分析的基本原理和经典方法，了解数据分析能做什么、如何做数据分析，并掌握基本的数据分析流程，当遇到专业问题或进行专业研究时能主动应用数据分析方法解决问题，完成一些具有创新性的工作。

　　Python 是当前数据分析工作中常用的编程语言，它是一种代表简单主义思想的语言，可以使用尽量少的代码完成更多的工作。Python 使用户能够专注于解决问题而不是理解语言本身。另外，Python 有简洁的说明文档、丰富的第三方库，使得初学者很容易上手。掌握 Python 编程的基础知识有助于各专业人员更好地开展数据分析相关的工作，更好地解决实际工作中的问题。

　　本书是在教育部产学合作协同育人项目的支持下，由南开大学计算机学院的教师与北京华育兴业科技有限公司的技术专家合作编写而成的。作者结合多年教学经验，在分析各专业人员的数据分析工作需求的基础上安排本书内容，可作为高校大数据、计算机、人工智能等专业和对数据分析有需求的其他专业学生的教材，也可作为 Python 数据分析开发人员的参考手册。本书针对每一个知识点提供了实例，通过具体问题向读者展示了基于 Python 的数据分析程序的编写方法，方便读者学习基于 Python 开展数据分析工作的方法和过程，帮助读者快速掌握基于 Python 的数据分析方法并初步具备利用相关知识解决实际数据分析问题的能力。在本书配套资源中，我们也提供了数据分析实例源代码，读者可通过动手实践掌握数据分析方法和基于 Python 的编程实现，为使用 Python 编程语言解决更复杂的数据分析问题打下良好的基础。

　　在利用本书学习 Python 数据分析知识时，建议读者多思考、多分析、多动手实践。当看到一个数据分析问题时，首先要自己分析该问题，设计求解该问题的算法；然后梳理程序结构，编写程序实现算法；最后运行程序，并通过系统的错误提示或通过程序调试方法解决程序中的语法错误和逻辑错误。只有这样，才能真正掌握利用 Python 进行数据分析工作的方法，进而在实际工作中熟练运用相关知识解决具体问题。另外，丰富的第三方工具包是 Python 语言的优势之一。在学习一个新的工具包时，首先应掌握该工具包提供的数据类型（可以用于存储哪些数据），再根据需要掌握常用的数据操作方法（可以对数据做哪些操作）。我们在做系统设计时亦是如此，先确定系统中涉及的数据，再考虑可以对这些数据进行哪些操作。

本书的特色有以下几点：

1）问题导向，通过大量程序实例使读者更直观地理解 Python 数据分析的方法和过程。

2）重点 / 难点突出，通过大量"提示"向读者详细说明学习过程中需重点掌握或不容易理解的内容。

3）知识系统完整，对涉及的每个知识点都给出了详细介绍，更加适合初学者作为教材或开发人员作为参考手册。

本书共分为 8 章，各章内容的简单介绍如下。

第 1 章首先介绍数据分析的基本概念和基本流程，列举了一些应用场景，使读者认识数据分析在实际应用中的重要意义。接下来，通过一个程序示例帮助读者理解数据分析的基本流程。然后，结合上机操作指导和程序实例简要介绍数据分析领域广泛使用的 Python 程序设计语言的知识，包括 Anaconda 集成平台和 Jupyter Notebook 开发环境的使用方法，以及内置数据类型、程序的控制结构、模块化、面向对象、文件操作、异常处理等。最后，提供两个简单的包 / 模块使用示例。第一个例子利用 csv 模块完成 CSV 文件的读 / 写操作；第二个例子利用 random 模块实现生成随机数的功能和利用 time 模块实现时间处理的功能，并给出排序时间随问题规模（即待排序元素数量）变化的实验。

第 2 章首先介绍 NumPy 中用于存储数组数据的 ndarray 类，通过对列表与 ndarray 的排序和求和时间的比较分析，讨论了 ndarray 在大数据分析中的优势，并依次介绍 ndarray 类对象的常用属性和创建方法。然后，介绍利用 tushare 工具包获取该章实例所使用的股票数据的方法，并介绍如何利用 NumPy 提供的 loadtxt 和 savetxt 函数完成 CSV 文件的读写操作。最后，结合获取的股票数据，通过实例详细介绍索引和切片、数据拷贝、数据处理和高级索引等方面的知识，使读者能够更好地掌握 NumPy 的应用方法。

第 3 章首先介绍 Pandas 中常用的数据结构——Series 类和 DataFrame 类，以及轴标签的数据结构 Index 类，并通过代码实例详细地介绍它们的常用对象属性和创建方法。然后，详细介绍 Series 和 DataFrame 的多种元素访问方式，包括属性运算符访问、索引运算符访问、loc 和 iloc 方法、at 和 iat 方法、head 和 tail 方法等。在此基础上，介绍 Pandas 提供的数据清洗方法、常用的数据合并方法（merge、join 和 concat 等），以及等常用的数据重塑方法（pivot 和 melt 等）。最后通过实例详细介绍利用 Pandas 工具包进行数据清洗、数据预处理、数据重塑的操作过程，使读者能够更好地掌握 Pandas 的应用方法。

第 4 章首先介绍 Pandas 中用于基本统计分析的相关函数，并依次介绍分组分析、分布分析、交叉分析、结构分析和相关分析的基本方法，对相关函数及其应用方式进行了详细讲解。最后，结合概率论的相关知识，实现了用样本数据估计某个参数值大概率位于哪个区间的过程。

第 5 章首先介绍时间序列分析的基本概念，给出用于创建并处理日期和时间类对象的 Datetime 模块。然后，通过示例展示时间和日期的格式处理方法，以及时间差的计算方法。最后，给出频率转换和重采样相关函数的使用示例。

第 6 章首先介绍 Python 数据可视化工具 Matplotlib 的基本使用方法，并通过实例详细介绍线形图、条形图、饼图、散点图和直方图等常用图表的绘制方法。然后，介绍更高级的数据可视化工具 Seaborn，并通过实例详细介绍关系图、分布图、分类图、回归图和热力图等不同功能图表的绘制方法。在此基础上，介绍网页数据可视化工具 Pyecharts 提供的可视化图表类和图表配置，并通过实例详细介绍用 Pyecharts 绘制图表的方法。最后，通过应用实例详细介绍利用 Matplotlib、Seaborn 和 Pyecharts 工具对二手房房价数据进行可视化分析的过程。

第 7 章首先介绍 Python 爬虫开发中的 Requests 模块，并通过对相关函数的调用示例，实现向指定 URL 发送各类数据请求的功能。然后，介绍利用 Beautiful Soup 实现从网页中提取数据的相关功能。最后，提供了一个获取网页间连接拓扑信息的爬虫设计例程。

第 8 章首先简单地介绍 MySQL 数据库以及如何在 Windows 系统中安装和设置 MySQL 数据库。然后，详细介绍在 MySQL 命令模式下如何创建数据库和数据表，以及如何利用 Python 数据库驱动工具 PyMySQL 连接、读取和存储数据库。在此基础上，详细介绍如何通过 Python 编程对数据进行查询、插入、更新和删除等操作。最后，通过实例介绍如何利用 Python 实现一个简单的学生信息管理系统。

本书的编写分工如下：王恺负责第 1 章、第 2 章和附录的编写，并负责全书的统稿和定稿；路明晓负责第 3 章、第 6 章和第 8 章的编写；于刚负责第 4 章、第 5 章和第 7 章的编写；张月久负责本书配套实验开发。

在本书的编写过程中，得到了机械工业出版社朱劼编辑的大力支持，在此表示真诚的感谢！

本书在编写过程中参考了部分国内外 Python 数据分析方面的书籍和网络资料，力求有所突破和创新，在此向这些资料的作者表示感谢。由于能力和水平的限制，书中难免出现不妥或疏漏之处，恳请读者指正。

作者
2021 年 1 月于南开园

目　录

## 第 1 章

基 础 知 识

数据分析是从数据中提取信息的过程，其在各个领域发挥着非常重要的作用。Python 具有简单易学、免费开源、跨平台、高层语言、面向对象、胶水语言等优点，尤其是在丰富的第三方库的支持下，我们仅通过少量代码即可完成非常强大的功能。目前，Python 语言在数据分析和人工智能领域已被广泛使用。

本章首先给出数据分析的简单介绍，并通过一个程序示例演示数据分析的基本流程。然后，以 Windows 平台为例介绍 Anaconda 集成平台和 Jupyter Notebook 开发环境的使用方法。接着，通过程序实例带领读者复习 Python 编程基础知识。最后，结合 CSV 文件操作和排序时间测试两个简单示例介绍 csv、random 和 time 这 3 个常用模块的使用方法。

1.1 数据分析简介

数据分析是检查、清理、转换和建模数据的过程，它有助于从数据中发现规律并制定更加科学的决策，已被广泛应用于自然科学、社会科学和管理科学的各个领域。下面列举数据分析的几个典型应用场景。

- ❏ **历史数据描述**：通过对历史数据的描述性统计分析（如产品季度销量、平均售价等），使分析者能够在有效掌握过去一段时间数据全貌的基础上，制定出更有利的决策。例如，对于一家超市，可根据过去一个月各种产品不同促销活动下的销量数据进行统计分析，从而制定出利润最大化的销售方案。
- ❏ **未来数据预测**：通过对历史数据进行建模，使分析者能够对数据的未来走势进行预判，进而制定出合理的应对方案。例如，对于一家生产型企业，可根据历史市场数据建立市场需求预测模型，基于未来市场对各种产品的需求量进行预估，确定各种产品的产量。
- ❏ **关键因素分析**：一个结果通常是由大量因素共同决定的，但有些因素起的作用较小，而有些因素起的作用较大。通过关键因素分析，可以挖掘出那些重要的因素，并从重要因素入手来有效改善最终的结果。例如，对于酒店管理者，可根据用户在酒店订购网站上的文字评论和打分进行影响酒店评价的关键因素分析，利用挖掘出的关键因素（如早餐是否丰富、房间是否干净、交通是否方便等）改进酒店管理，进一步提高用户满意度、增加客源。

❑ **个性化推荐**：基于用户的历史行为，挖掘用户的兴趣点，为用户完成个性化推荐。例如，对于一个电子商城，可以根据用户的浏览记录、购买记录等历史行为数据，分析用户可能感兴趣的商品，并向用户推荐这些商品，从而在节省用户搜索商品所用时间的同时增加商品销量。

数据分析的基本流程包括数据准备、数据预处理、数据统计分析及建模、数据可视化。

❑ **数据准备**是指为后面的处理准备基础数据的过程。数据准备的方式包括：从网络上获取数据、从系统中导出数据、直接利用已有数据（通常以文件形式存在）。

❑ **数据预处理**主要包括数据清理和数据整理。

数据清理是指发现并处理数据中存在的质量问题，如缺失值、异常值等。其中，缺失值是指缺失的数据项，如某用户在填写调查问卷时，没有填写"年龄"一栏的信息，那么对于该用户填写的这条数据来说，年龄数据项就是缺失值；异常值是指虽然有值但值明显偏离了正常取值范围，如针对18~30岁成年人的调查问卷中，某用户填写调查问卷时将年龄误填为2。在数据建模前，必须处理好包含缺失值或异常值的数据，否则会严重影响数据分析结果的可靠性。

数据整理是指将数据整理为数据建模所需的形式。例如，建立一个回归模型进行房屋价格预测时，通常需要将对数据预测无用的数据项（如房屋的 ID 编号）去除，将用于预测目标值的特征（如房龄、朝向等）和目标变量（房屋价格）分开。

❑ **数据统计分析及建模**是指对数据计算均值、方差等统计值，通过描述性统计分析掌握数据特性，完成对已知数据的解释；根据已有数据建立模型以对未来数据进行预测、分类，从而解决实际应用问题。

❑ **数据可视化**是指将数据统计分析及建模结果通过图形化的方式表现出来，直观展示数据特性及数据模型的性能。

下面通过一个基于 Python 的数据分析实例（代码参见代码清单 1-1），帮助读者更好地理解上述数据分析流程。

代码清单 1-1　数据分析实例

```
1  # 导入第三方包
2  import pandas as pd
3  import numpy as np
4  from sklearn.model_selection import train_test_split
5  from sklearn.datasets import load_boston
6  from sklearn.linear_model import LinearRegression
7  import matplotlib.pyplot as plt
8
9  # 数据准备：加载sklearn包中提供的数据集
10 boston = load_boston()
11
12 # 数据预处理：获取用于预测房价的特征数据和目标变量（即房价），并进行训练集和测试集的划分
13 x = boston.data       # 获取特征数据
14 y = boston.target     # 获取目标变量
15 x_train,x_test,y_train,y_test=train_test_split(x,y,test_size=0.3, random_
       state=1)  # 划分数据集（x_train是训练集的特征数据，y_train是训练集的目标变量；x_
       test是测试集的特征数据，y_test是测试集的目标变量）
16
17 # 数据统计分析及建模：建立线性回归模型，在训练集上完成模型拟合并对测试集数据进行预测
```

```
18  linear = LinearRegression() # 创建线性回归模型
19  linear.fit(x_train,y_train) # 在训练集上完成模型拟合
20  y_pre_linear = linear.predict(x_test) # 利用模型根据测试集的特征数据得到对应的目标变量预测值
21
22  # 数据可视化：通过折线图对目标变量的预测值和实际值进行对比
23  x_data = range(1,len(x_test)+1)
24  plt.figure(figsize=(12,6))
25  ln1,=plt.plot(x_data,y_pre_linear,color='red',linewidth=2.0, linestyle='--')
        # 绘制预测值
26  ln2,=plt.plot(x_data,y_test,color='blue',linewidth=3.0, linestyle='-.') # 绘制实际值
27  plt.rcParams['font.sans-serif'] = ['SimHei'] # 支持中文显示
28  plt.legend(handles=[ln1,ln2],labels=['预测值','实际值']) # 显示图例
29  plt.show() #显示图形
```

运行代码清单 1-1 后的可视化结果如图 1-1 所示。

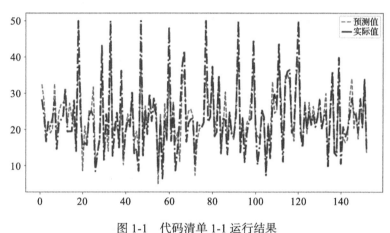

图 1-1　代码清单 1-1 运行结果

下面对代码清单 1-1 中的代码做简要说明。

❑ 第 2～7 行代码导入程序中所使用的第三方包。丰富的第三方工具包是 Python 在实际中被广泛应用的一个重要原因。建议读者在利用 Python 解决实际问题时，尽可能复用第三方工具包中提供的功能；对于那些第三方工具包未提供的特殊功能，再自己设计算法并编程实现。这样通过软件复用像"搭积木"（即在合适的地方使用特定的第三方工具包提供的功能）一样，一方面快速完成问题求解，另一方面应用成熟的工具包有利于增强程序的稳定性（即更不容易出错）。

❑ 第 10 行代码的工作是数据准备。为了尽可能简化第一个数据分析程序，这里直接加载了 sklearn（scikit-learn）工具包中提供的波士顿房价数据集，在后面章节中，我们会看到如何从文件中加载要分析的数据。在第 10 行代码后，通过运行 print(boston['DESCR']) 可以看到关于该数据集的描述，这个代码并没有包含在整个程序中，读者如果想看这个数据集的描述，可以自己运行这条语句。如图 1-2 所示。该数据集总共有 506 条数据，每条数据有 13 个用于预测房价的特征，包括 CRIM（城镇人均犯罪率）、ZN（超过 25 000 平方英尺[⊖]的住宅用地比例）、

⊖　1 平方英尺＝0.0929 平方米。——编辑注

INDUS（城镇非零售商业用地比例）、CHAS（是否被河道包围）、NOX（氮氧化物浓度）、RM（住宅平均房间数）、AGE（1940 年之前建造的自有住房的比例）、DIS（与 5 个波士顿就业中心的加权距离）、RAD（无障碍径向高速公路指数）、TAX（每 10 000 美元的物业税率）、PTRATIO（小学师生比例）等。MEDV 是要预测的目标变量，即业主自有房屋价格的中位数。

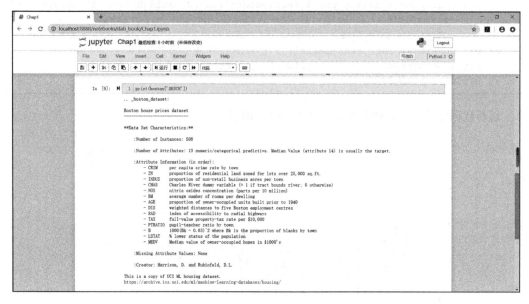

图 1-2   波士顿房价数据集描述信息

- ❑ 第 13～15 行代码的作用是数据预处理。它们获取用于预测房价的特征数据和目标变量（即房价），并进行训练集和测试集的划分，`test_size=0.3` 表示所有数据的 30% 作为测试集、70% 作为训练集。
- ❑ 第 18～20 行代码的作用是数据建模。它们建立线性回归模型，在训练集上完成模型拟合并对测试集数据进行预测。可见，通过 sklearn 工具包，只需要 3 行代码即可完成建模和预测任务，显著提高了解决问题的效率。
- ❑ 第 23～29 行代码的作用是实现数据可视化。它们通过 matplotlib 工具包绘制折线图，对目标变量的预测值和实际值进行对比，直观展示了模型的预测效果。

注意

1）读者目前只需要根据代码清单 1-1 了解数据分析的基本流程，不需要掌握具体代码。

2）在建模时只能使用训练数据，而不能使用任何测试数据，以避免模型对目前已有数据拟合很好但在未知数据上表现很差的情况。

1.2 Python 编程基础

Python 语言诞生于 1990 年，由荷兰 CWI（Centrum Wiskunde & Informatica，数学和计

算机研究所）的 Guido van Rossum 设计并领导开发。Python 语言具有简单易学、免费开源、跨平台、高层语言、面向对象、第三方库丰富、胶水语言等优点，在系统编程、图形界面开发、科学计算、文本处理、数据库编程、网络编程、Web 开发、自动化运维、金融分析、多媒体应用、游戏开发、人工智能、网络爬虫等方面有着广泛的应用。

经过 20 多年持续不断的发展，Python 语言经历了多个版本的更迭。目前使用的 Python 版本主要是 Python 2.x 和 Python 3.x。但是 Python 3.x 并不完全兼容 Python 2.x 的语法，所以如果没有特殊应用需求，建议使用 Python 3.x 版本。

本书假设读者已具备 Python 语言程序设计基础知识，因此本书仅在简单介绍 Anaconda 环境的安装配置及 Jupyter Notebook 的使用后，通过一些程序实例帮助读者回忆 Python 编程的基础知识。

1.2.1　Anaconda 环境的安装和配置

Anaconda 是一个用于科学计算的 Python/R 发行版，支持 Linux、Windows 和 Mac OS 系统，它提供了包管理与环境管理的功能，可以很方便地解决多版本 Python 并存、切换以及各种第三方包安装的问题。使用 Anaconda 可以一次性获得几百种用于科学和工程计算相关任务的 Python 编程库的支持，避免了后续安装 Python 各种包的麻烦。读者可以从 Anaconda 官网的下载页面（https://www.anaconda.com/distribution/）下载各平台的安装包，如图 1-3 所示。这里只给出 Windows 系统上详细的 Python 安装说明。读者可以根据自己的操作系统版本选择下载 Python 3.7 的 32 位安装包或 64 位安装包。下载完成后，运行安装包，按照安装向导设置安装路径并完成安装即可。

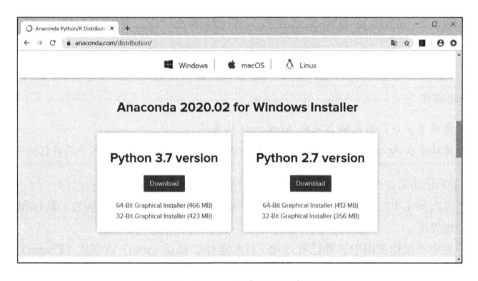

图 1-3　Anaconda 官网的下载页面

Anaconda 安装完成后，开始菜单中会多出几个应用，一些主要的应用介绍如下。

❑ Anaconda Navigtor：用于管理工具包和环境的图形用户界面，提供了 Jupyter Notebook、Spyder 等编程环境的启动按钮，如图 1-4 所示。

❑ Anaconda Prompt：用于管理工具包和环境的命令行界面。

❑ Jupyter Notebook：基于 Web 的交互式编程环境，可以方便地编辑并运行 Python 程序，用于展示数据分析的过程。本书中的全部示例程序都基于 Jupyter Notebook 运行并展示其运行结果。

❑ Spyder：基于客户端的 Python 程序集成开发环境。在 Jupyter Notebook 中进行程序调试需要使用 pdb 命令，因此很不方便。如果读者需要通过调试解决程序中的逻辑错误，则建议使用 Spyder 或 PyCharm 等客户端开发环境，利用界面操作即可完成调试并方便地查看各种变量的状态。

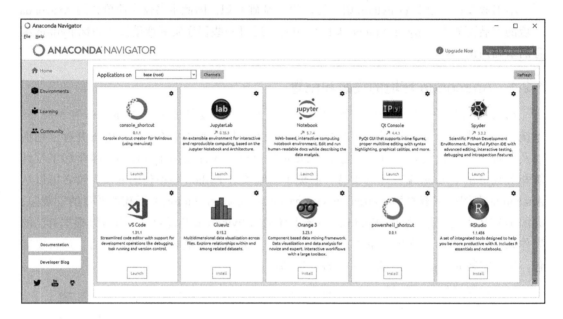

图 1-4　Anaconda Navigator 界面

上机操作

1）请读者在自己的电脑上完成 Anaconda 的安装。

2）请读者在 Anaconda Navigator 中完成 scikit-learn 和 matplotlib 这两个工具包的安装。

这里只给出第 2 个上机操作任务的具体操作步骤。

❑ 点击图 1-4 左侧列表中的 Environments，即可看到如图 1-5 所示的工具包和环境管理界面。

❑ 在中间操作视图中选择已有环境（目前选择了 base（root）或创建（Create）新环境后，即可在右侧视图中看到当前环境中已安装的工具包。

❑ 将右侧视图左上方列表框中的 Installed 改为 All，直接在列表中选择要安装的工具包，或在上方搜索框中输入要安装的工具包名称，进行工具包筛选后再选择要安装的工具包（这里输入 matplotlib）。

❑ 选中要安装工具包前面的复选框，再点击右下方的 Apply 按钮即可开始安装。由于 matplotlib 原来已经安装，这里选择 mpld3 作为安装示例。

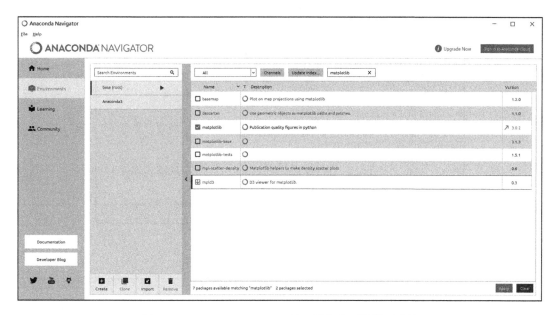

图 1-5 Anaconda Navigator 的工具包和环境管理功能

| | 提示 |

1）也可在 Anaconda Prompt 下使用 pip 命令完成相应工具包的安装（推荐使用该方法），如：

```
pip install scikit-learn
pip install matplotlib
```

使用国内镜像可以减少安装包的获取时间，如下面命令使用了豆瓣镜像：

```
pip install scikit-learn -i http://pypi.douban.com/simple/ --trusted-host pypi.douban.com
pip install matplotlib -i http://pypi.douban.com/simple/ --trusted-host pypi.douban.com
```

2）Anaconda Prompt 的启动方法如下：在图 1-5 的中间视图中选择某一环境后，点击环境名称后面的箭头，在出现的弹出菜单中选择 Open Terminal；也可以直接在系统"开始"菜单中找到并运行 Anaconda Prompt。

1.2.2　Jupyter Notebook 的使用

Jupyter Notebook 是基于浏览器的开发环境，可以非常便捷地编辑和运行 Python 程序。启动 Jupyter Notebook 的方式如下：

❑ 在图 1-4 中点击 Jupyter Notebook 图标下方的 Launch 启动 Jupyter Notebook 服务，并自动启动系统默认浏览器显示 Jupyter Notebook 开发界面。

❑ 在系统"开始"菜单中找到并运行 Jupyter Notebook（推荐使用该方法），出现如图 1-6 所示的界面（读者启动后是黑底白字，此处为了能够显示清楚而更改为了白底黑字），并自动启动系统默认浏览器显示 Jupyter Notebook 开发界面，如图 1-7 所示。

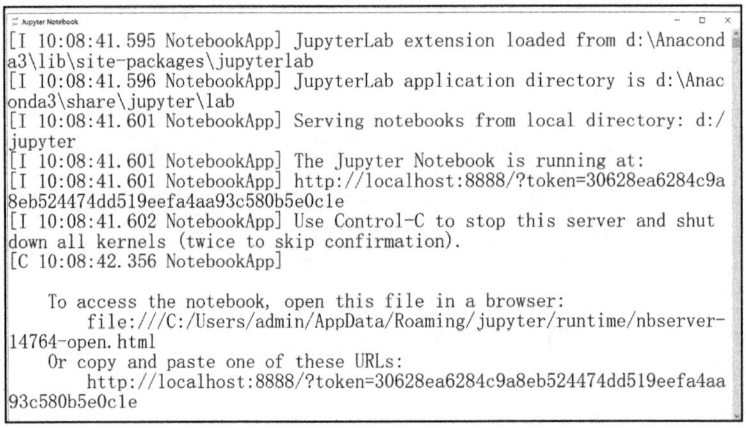

图 1-6   Jupyter Notebook 启动界面

图 1-7   Jupyter Notebook 开发界面

提示

如果启动 Jupyter Notebook 后未自动启动系统默认浏览器显示 Jupyter Notebook 开发界面，则可根据 Jupyter Notebook 启动界面中的提示，将网址复制并粘贴到浏览器的地址栏中访问。

下面通过具体的上机操作演示在 Jupyter Notebook 中编辑并运行 Python 程序的方法。

上机操作

1）请读者在自己的电脑上启动 Jupyter Notebook，新建一个以自己姓名命名的文件夹。

2）进入新建文件夹，新建一个名为 Chap1 的 Python 3 代码。

3）将代码清单 1-1 输入第一个代码框中，运行程序并查看运行结果。

第 1 个上机操作任务的操作步骤如下。

❑ 按前面介绍的方法启动 Jupyter Notebook，显示如图 1-7 所示的 Jupyter Notebook 开发界面。

❑ 选择右上方的 New，在出现的快捷菜单中选择 Folder，此时会新建一个名为 Untitled Folder 的文件夹。

❑ 点击该文件夹前面的复选框，左上方出现 Rename 按钮，点击该按钮后在弹出的对话框中输入新的文件夹名称并点击"重命名"按钮，如图 1-8 所示。

图 1-8　文件夹的重命名

第 2 个上机操作任务的具体操作步骤如下。

❑ 点击新创建的文件夹名称，进入该文件夹。

❑ 选择右上方的 New，在出现的快捷菜单中选择 Python 3，弹出一个新的页面，其名称默认为 Untitled。

❑ 点击页面上方 Jupyter 图标右侧的 Untitled，即可弹出重命名对话框，将代码名称修改为 Chap1 并点击"重命名"按钮，如图 1-9 所示。

第 3 个上机操作任务的具体操作步骤如下。

❑ 在第一个代码框中输入代码清单 1-1 中的代码。

❑ 点击上方工具栏中的"运行"按钮，即可看到图 1-1 所示的运行结果，如图 1-10 所示。

提示

第一次运行时可能只显示 Figure size 信息，而不显示图形。将光标重新放在第一个代码框中，并再次点击上方工具栏中的"运行"按钮，即可看到显示的图形。

图 1-9　Python 3 代码的重命名

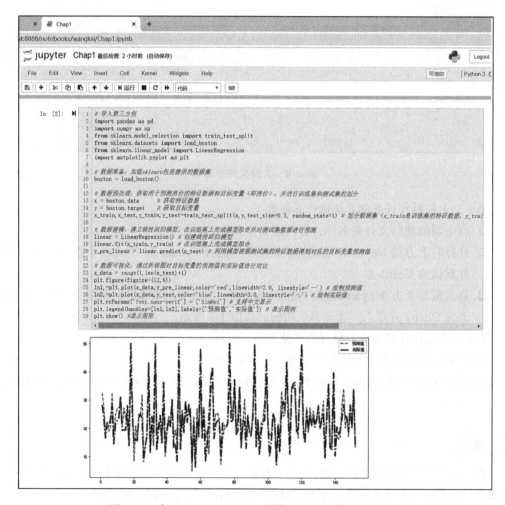

图 1-10　在 Jupyter Notebook 中输入并运行代码清单 1-1

1.2.3　内置数据类型

代码清单 1-2 展示了 Python 中数字、字符串、列表、元组、集合和字典 6 种内置数据类型的使用方法。

代码清单 1-2　内置数据类型程序示例

```python
1  # 数字操作示例
2  print(3**5) # 输出: 243
3
4  # 字符串操作示例
5  str = '数据分析基础（基于Python语言）' # 定义字符串str
6  print(str[7:-1]) #输出: 基于Python语言
7
8  # 列表操作示例
9  ls = [1, 3.5, [True, 'test'], 3.2-1.1j] # 定义列表ls
10 print(ls) # 输出: [1, 3.5, [True, 'test'], (3.2-1.1j)]
11 ls[2][1] = '测试'
12 print(ls) # 输出: [1, 3.5, [True, '测试'], (3.2-1.1j)]
13 ls[1:3] = []
14 print(ls) # 输出: [1, (3.2-1.1j)]
15
16 # 元组操作示例
17 t = (1, 3.5, [True, 'test'], 3.2-1.1j) # 定义元组t
18 print(t) # 输出: (1, 3.5, [True, 'test'], (3.2-1.1j))
19 t[2][1] = '测试'
20 print(t) # 输出: (1, 3.5, [True, '测试'], (3.2-1.1j))
21 # t[1:3] = () # 取消注释则报错
22
23 # 集合操作示例
24 s = set([1, 3.5, (True, 'test'), 3.2-1.1j, 3.5]) #定义集合s
25 print(s) # 输出: {(3.2-1.1j), 1, 3.5, (True, 'test')}
26 s.add('new')
27 print(s) # 输出: {(3.2-1.1j), 1, 3.5, 'new', (True, 'test')}
28 s.update('new')
29 print(s) # 输出: {(3.2-1.1j), 1, 3.5, 'e', 'w', 'new', 'n', (True, 'test')}
30
31 # 字典操作示例
32 d = dict(product='矿泉水', price=2, unit='元/瓶', spec='500ml')
33 print(d) # 输出: {'product': '矿泉水', 'price': 2, 'unit': '元/瓶', 'spec': '500ml'}
34 d['spec'] = '550ml'
35 print(d) # 输出: {'product': '矿泉水', 'price': 2, 'unit': '元/瓶', 'spec': '550ml'}
36 d['amount'] = 100
37 print(d) # 输出: {'product': '矿泉水', 'price': 2, 'unit': '元/瓶', 'spec': '550ml',
       'amount': 100}
38 spec = d.pop('spec')
39 print(spec)    # 输出: 550ml
40 print(d) # 输出: {'product': '矿泉水', 'price': 2, 'unit': '元/瓶', 'amount': 100}
```

下面对代码清单 1-2 中的代码做简要说明。

❑ 在第 2 行代码中，3**5 表示计算 3 的 5 次幂。

❑ 在第 6 行代码中，str[7:-1] 表示对字符串 str 做切片操作，截取索引为 7～-2

的子串。从左至右索引从 0 开始，从右至左索引从 -1 开始。切片操作得到的数据不包括结束索引上的元素；在未指定步长的情况下，步长默认为 1，即 `str[7:-1]` 等价于 `str[7:-1:1]`。

❑ 第 11 行代码中，`ls[2][1] = '测试'` 表示先通过 `ls[2]` 访问 `ls` 中索引为 2 的元素，即 `[True, 'test']`；然后通过 `ls[2][1]` 访问 `[True, 'test']` 中索引为 1 的元素，即 `test`；最后通过赋值运算将 `ls[2][1]` 的 `test` 修改为测试。

❑ 第 13 行代码中，`ls[1:3] = []` 表示将 `ls` 中索引为 1~2 的元素替换为空列表中的元素，即将 `ls` 中索引为 1~2 的元素删除。

❑ 第 19 行代码中，`t[2][1] = '测试'` 与第 11 行代码的执行过程类似。这里需要注意，虽然元组是不可变类型数据，不能直接修改元组中元素的值，但 `t[2]` 得到的是列表类型的元素 `[True, 'test']`，而列表中的元素可以修改（无论该列表在哪个数据中）。

❑ 第 21 行代码中，`t[1:3] = ( )` 表示将 `t` 中索引为 1~2 的元素删除，但因为不允许修改元组中的元素，所以如果取消其前面的注释，则执行时会报错。

❑ 第 24 行代码中，`s = set([1, 3.5, (True, 'test'), 3.2-1.1j, 3.5])` 表示创建集合 `s`。集合中的元素没有顺序之分，程序会自动确定元素顺序，以支持元素的快速检索。因此，第 25 行输出的集合中的元素顺序与第 24 行创建集合时传入的列表中的元素顺序并不一致。另外，集合中不允许有相同的元素，因此 `s` 中只保留了一个 3.5。

❑ 第 26 行代码中，`s.add('new')` 表示为集合 `s` 增加一个新元素 `new`。这里需要注意，集合的 `add` 方法要求传入的实参必须是可哈希对象，即 `__hash__` 方法的数据。对于内置数据类型来说，数字、字符串和元组可哈希，而列表、集合和字典不可哈希。

❑ 第 28 行代码中，`s.update('new')` 表示将可迭代对象 `new` 中的元素逐一取出并加到集合 `s` 中，即将 `'n'`、`'e'` 和 `'w'` 分别加到集合中。这里需要注意，集合的 `update` 方法要求传入的实参必须是可迭代对象，即可以逐一获取元素值的数据。对于内置数据类型来说，除了数字以外，其他 5 种类型均可迭代。

❑ 第 32 行代码中，`d = dict(product='矿泉水', price=2, unit='元/瓶', spec='500ml')` 表示创建字典 `d`，该字典包含 4 个元素，每个元素的键必须唯一（即字典中不能有键相同的元素），但不同元素的值可以相同。

❑ 第 34 行代码中，`d['spec'] = '550ml'` 表示将 `d` 中键为 `spec` 的元素的值修改为 `550ml`。

❑ 第 36 行代码中，`d['amount'] = 100` 表示为 `d` 增加一个键为 `amount` 的元素，其值为 100。

❑ 第 38 行代码中，`spec = d.pop('spec')` 表示删除键为 `spec` 的元素，并将删除元素的值保存在 `spec` 中。

1.2.4 程序的控制结构

代码清单 1-3 的功能是输入一个整数 *n* 后，计算 2~*n* 之间的素数并输出。

代码清单 1-3　程序的控制结构示例

```
1    n = int(input()) # 输入一个大于1的整数
2    for x in range(2,n+1): # x以1为步长从2变化到n
3        m=int(x**0.5) # 判断x是否为素数,只需要用2~√x之间的整数依次去除x即可
4        for i in range(2,m+1): # i以1为步长从2变化到m
5            if x%i==0: # 如果某个i能把x整除,则x不是素数,不需再做后面的判断
6                break # 跳出内层for循环
7        else: # 注意else与第4行的内层for相对应,当内层for循环正常退出时执行
8            print(x, end=' ') # 内层for循环正常退出,说明x是素数
```

程序执行时输入 100，则程序执行完毕后输出结果为：

2 3 5 7 11 13 17 19 23 29 31 37 41 43 47 53 59 61 67 71 73 79 83 89 97

下面对代码清单 1-3 中的代码做简要说明。

❑ 根据代码的缩进关系可知，第 3～8 行代码是第 2 行外层 for 循环的循环体；第 5 行至第 6 行代码是第 4 行内层 for 循环的循环体；第 7 行的 else 与第 4 行的内层 for 循环相对应，当内层 for 循环正常退出（而不是通过 break 退出）时，说明 x 是素数，执行 else 语句以输出 x 的值。

❑ 第 8 行代码中，print(x, end='') 表示输出的 x 值后面跟着一个空格，这样使输出的多个素数之间用空格分开。注意，'' 中单引号之间有一个空格。如果不指定 end 参数的值，则其默认值为 '\n'，即输出数据后会自动换行。

对于同样功能的程序，其执行效率可能会有较大差异。因此，我们在保证程序功能正常的情况下，还应考虑如何使程序更加高效。例如，判断 x 是否为素数，可以采用两种判断方式。

方式 1：依次用 2 至 $x-1$ 去除 x，如果某一个数能将 x 整除，则说明 x 不是素数。

方式 2：采用代码清单 1-3 中的方式，依次用 2 至根号 x 去除 x，如果某一个数能被 x 整除，则说明 x 不是素数（如果 x 不是素数，则 x 可以分解为 $a*b$ 的形式。令 $a \leq b$，则必然有 $a^2 \leq a*b=x$，即 $a \leq \sqrt{x}$）。

假设需要判断 10 007 是否是素数（10 007 是素数），则使用方式 1 需要判断 10 005 次，使用方式 2 则仅需要判断约 100 次，方式 1 的判断次数约是方式 2 的 100 倍。问题规模越大，方式 1 和方式 2 在判断次数上相差越大。

1.2.5　模块化

代码清单 1-4 的功能是输入两个字符串，如果第一个字符串是第二个字符串的前缀，则输出第一个字符串；如果第二个字符串是第一个字符串的前缀，则输出第二个字符串；如果两个字符串互相都不为前缀，则输出 no。

代码清单 1-4　模块化程序示例

```
1    def is_prefix(s1,s2): # 定义函数is_prefix,判断s1是否是s2的前缀
2        if len(s1)>len(s2): # 如果s1的长度大于s2的长度,则s1不是s2的前缀
3            return False
4        if s2[0:len(s1)]!=s1: # 如果s2的前缀不等于s1,则返回False
5            return False
```

```
6        return True # 第2行和第4行的if条件都不成立时，则返回True
7
8   str1=input() # 输入第1个字符串
9   str2=input() # 输入第2个字符串
10  if is_prefix(str1,str2): # 如果str1是str2的前缀，则输出str1
11      print(str1)
12  elif is_prefix(str2,str1): # 如果str2是str1的前缀，则输出str2
13      print(str2)
14  else: # 否则，两个字符串互相都不为前缀，则输出'no'
15      print('no')
```

程序执行时，如果输入：

数据分析
数据

则输出结果为：

数据

如果输入：

数据
数据分析

则输出结果为：

数据

如果输入：

数据分析
分析

则输出结果为：

no

下面对代码清单1-4中的代码做简要说明。

❑ 第1～6行代码定义了函数 is_prefix，用于判断 s1 是否是 s2 的前缀，如果是
则返回 True，否则返回 False。这里需要注意，定义函数时只是说明函数会执行
哪些操作，并不会真正执行，只有调用函数时才会开始执行函数中的代码。因此，
如果一个函数只有定义而没有调用，则该函数并不会被执行。

❑ 第10行和第12行代码分别调用了 is_prefix 函数，此时会转到 is_prefix 函数
执行。执行第10行的 is_prefix 函数时，实参 str1 传给形参 s1，实参 str2
传给形参 s2，因此该行语句的作用是判断 str1 是否是 str2 的前缀；执行第12
行的 is_prefix 函数时，实参 str2 传给形参 s1、实参 str1 传给形参 s2，因
此该语句的作用是判断 str2 是否是 str1 的前缀。

1.2.6 面向对象

代码清单1-5定义了一个用于存储时间的 Time 类，其包含时、分、秒 3 个属性。通

过 AddOneSec 方法可以将 Time 类对象中保存的时间每次增加 1 秒。

代码清单 1-5　面向对象程序示例

```
1   class Time: # 定义Time类
2       def __init__(self,h,m,s): # 构造方法，用于初始化新创建对象
3           self.h=h
4           self.m=m
5           self.s=s
6       def AddOneSec(self): # 用于将当前时间增加1秒的方法AddOneSec
7           self.s+=1 # 增加1秒
8           if self.s==60: # 判断是否达到60秒，如达到则应进位
9               self.m+=1 # 分钟值增1
10              self.s=0 # 秒清0
11              if self.m==60: # 分钟值增1后是否达到60分，如达到则应进位
12                  self.h+=1 # 小时值增1
13                  self.m=0 # 分钟值清0
14                  if self.h==24: # 小时值增1后是否达到24时，如达到则应清0
15                      self.h=0 # 小时值清0
16
17  h=int(input()) # 输入时
18  m=int(input()) # 输入分
19  s=int(input()) # 输入秒
20  count=int(input()) # 输入要数的秒数
21  t=Time(h,m,s) # 创建Time类对象t，并使用h、m、s初始化t的属性值
22  for i in range(count): # 循环count次
23      print('%02d:%02d:%02d'%(t.h,t.m,t.s)) # 输出当前时间
24      t.AddOneSec() # 每次增加1秒
```

程序运行时输入：

```
23
59
58
5
```

则输出结果为：

```
23:59:58
23:59:59
00:00:00
00:00:01
00:00:02
```

下面对代码清单 1-5 中的代码做简要说明。

❏ 第 1～15 行代码定义了用于存储时间的 Time 类。

❏ 第 2～5 行代码是 Time 类的构造方法 __init__ 的定义，它在创建新对象时自动执行，以完成新对象的初始化。

❏ 第 6～15 行代码定义了用于将当前时间增加 1 秒的方法 AddOneSec。

❏ 第 21 行代码创建了 Time 类对象 t，此时会自动执行 Time 类的构造方法 __init__，使用实参 h、m、s 初始化 self 所对应的新对象 t 的属性 h、m、s。

❑ 第 22～24 行代码通过循环 count 次调用 t.AddOneSec()，对对象 t 进行数秒
的操作，每数 1 秒则将 t 中保存的时间输出一次。

1.2.7　文件操作

代码清单 1-6 对多个学生类对象进行文件操作：先将学生信息写入文件，再从文件中
读取学生信息并输出。

代码清单 1-6　文件操作程序示例

```
1   class Student: # 定义Student类
2       def __init__(self,sno,name,age): # 构造方法,用于初始化新创建对象
3           self.sno = sno
4           self.name = name
5           self.age = age
6       def __repr__(self): # 用于将对象转为字符串的内置方法__repr__
7           return ','.join([self.sno, self.name, str(self.age)])
8
9   ls = [Student('2001011','李凯',19), Student('2001015','周明',18), Student('2001012',
        '张林',17)] # 定义包含3个学生对象元素的列表ls
10  # 将学生信息写入文件
11  with open('d:\\python\\stuinfo.txt','w+') as f: # 以w+打开文件
12      for i in range(len(ls)): # 遍历ls中的每一名学生数据
13          f.write(str(ls[i]))
    # 将当前学生数据写入文件,此处会自动执行Student类的__repr__方法将学生对象转为字符串
14          f.write('\n')
15
16  # 从文件中读取学生信息
17  ls_read = []
18  with open('D:\\Python\\stuinfo.txt','r') as f: # 以r方式打开文件
19      ls_read = f.readlines() # 从文件中读取所有学生数据
20  for i in range(len(ls_read)): # 遍历每一行数据,分离出学生各项信息并输出
21      stu = ls_read[i].strip().split(',') # 按逗号分离出学生的各项信息
22      print('学号: {0}, 姓名: {1}, 年龄: {2}'.format(stu[0],stu[1],stu[2])) #输出学生信息
```

程序执行完毕后，输出结果如下：

学号: 2001011, 姓名: 李凯, 年龄: 19
学号: 2001015, 姓名: 周明, 年龄: 18
学号: 2001012, 姓名: 张林, 年龄: 17

下面对代码清单 1-6 中的代码做简要说明。

❑ 第 1～7 行代码定义了用于存储学生信息的 Student 类。

❑ 第 2～5 行代码定义了用于对新创建的 Student 类对象进行初始化的构造方法
__init__。

❑ 第 6～7 行代码定义了用于将 Student 类对象转换为字符串的内置方法
__repr__。当调用 print 函数输出 Student 类对象或使用 str 函数将 Student
类对象转换为字符串时，系统会自动调用该方法得到 Student 类对象的字符串形式
的表示。

❏ 第 11～14 行代码用于将学生信息写入文件。这里使用 with 打开文件，以便在文件操作结束后自动关闭文件。另外需要注意，D 盘下必须有 Python 文件夹。

❏ 第 13 行代码通过 str(ls[i]) 自动执行 Student 类的内置方法 __repr__，根据 ls[i] 得到其字符串形式的表示，以传给文件对象 f 的 write 方法，成功完成写数据的操作。

❏ 第 18～19 行代码从文件中读取所有学生数据。读取完毕后，读者可以在第 19 行代码后加一行代码 print(ls_read) 以查看读取到的数据的格式。

❏ 第 20～22 行代码遍历从文件中读取的每一行数据，并依次利用字符串的 strip 方法和 split 方法去除字符串两边多余的空白符（这里主要是为了去掉行结束符 '\n'）及按逗号分离出学生的各项信息（即学号、姓名、年龄），最后输出每一名学生的信息。

1.2.8　异常处理

代码清单 1-7 的功能是在字符串 s1 中检索指定字符串 s2，获取所有匹配字符串的起始字符索引并输出，如果检索失败则输出 not found。

代码清单 1-7　异常处理程序示例

```
1   def findsubstr(str,sub): # 在str中检索sub，返回所有匹配子串的起始字符索引
2       beg=0 # 初始时从str的第1个字符开始检索
3       rlt=[] # 保存匹配子串起始字符索引的列表，初始为空列表
4       while True: # 永真循环，即循环条件一直满足，应在循环中通过break或return结束循环
5           try: # 异常捕获
6               pos=str.index(sub,beg) # 通过字符串的index方法，从str索引为beg的字符
                                          开始进行sub子串的检索。检索成功则返回第一个匹配
                                          子串的起始字符索引；检索失败则产生ValueError异
                                          常，该异常会被后面的except ValueError:捕获
7               rlt.append(pos)
        # 如果index方法未产生异常，则说明检索成功，将返回的匹配子串起始字符索引添加到rlt的尾部
8               beg=pos+1 # 下次检索从匹配子串起始字符索引的下一个字符开始
9           except ValueError: # 捕获index方法检索失败所产生的ValueError异常
10              break # index方法产生ValueError异常，说明已经没有匹配的子串，退出while循环
11      return rlt # 返回所有子串匹配结果
12
13  s1=input() # 输入第1个字符串
14  s2=input() # 输入第2个字符串
15  rlt=findsubstr(s1,s2) # 调用findsubstr函数，在s1中检索s2，返回所有匹配子串的起始字符索引
16  if len(rlt)==0: # 如果rlt是空列表，则说明没有任何匹配子串，输出not found
17      print('not found')
18  else: # 否则，说明有匹配子串，输出结果列表（包含所有匹配子串的起始字符索引）
19      print(rlt)
```

程序执行时如果输入：

```
cat dog cat dog cat dog
cat
```

则输出结果为：

```
[0, 8, 16]
```

如果输入：

```
cat dog cat dog cat dog
mouse
```

则输出结果为：

```
not found
```

下面对代码清单 1-7 中的代码做简要说明。

❑ 第 1～11 行代码定义了用于进行子串检索的 `findsubstr` 函数。

❑ 第 5～10 行代码通过 `try…except…` 语句捕获异常，利用字符串的 `index` 方法完成子串检索。

❑ 第 13～19 行代码完成两个字符串的输入，调用 `findsubstr` 函数进行子串检索，并输出检索结果。

1.3 包 / 模块使用示例

如前所述，丰富的第三方包是 Python 在实际中得到广泛应用的重要原因。包的作用与操作系统中文件夹的作用相似，利用包可以将多个关系密切的模块组合在一起，这样一方面便于对各脚本文件进行管理，另一方面可以有效避免模块命名冲突问题。因此，使用包本质上就是使用模块，既有包含在一个包中的多个模块，也有不属于任何包的独立模块。在代码清单 1-1 中，我们演示了如何使用 sklearn、matplotlib 等第三方包快速搭建一个房价预测模型并可视化预测结果。本节通过两个简单示例为读者演示 Python 的 3 个常用模块，分别是用于操作 CSV 文件的 csv 模块、用于生成随机数的 random 模块，以及用于时间相关操作的 time 模块。

1.3.1 CSV 文件操作

CSV（Comma-Separated Value）是一种国际通用的数据存储格式，其对应文件的扩展名为 .csv，这类文件可使用 Excel 软件直接打开，在数据分析领域有着广泛应用。CSV 文件中每行对应一个一维数据，一维数据的各数据元素之间用英文半角逗号分隔（逗号两边不需要加额外的空格）；对于缺失元素，也要保留逗号，使得元素的位置能够与实际数据对应。CSV 文件中的多行形成了一个二维数据，即一个二维数据由多个一维数据组成；二维数据中的第一行可以是列标题，也可以直接存储数据（即没有列标题）。

Python 提供了 csv 模块进行 CSV 文件的读 / 写操作，csv 模块的常用功能如表 1-1 所示。

表 1-1 csv 模块常用功能

常 用 功 能	描　　述
csv.writer(csvfile)	• 参数：csvfile 是一个具有 write 方法的对象。如果将 open 函数返回的文件对象作为实参传给 csvfile，则调用 open 函数打开文件时必须加上一个关键字参数 "newline=''"，即为 newline 参数传入一个空字符串 • 返回值：返回一个 writer 对象，使用该对象将数据以逗号分隔的形式写入 CSV 文件

（续）

常 用 功 能	描 述
writer.writerow(row) writer.writerows(rows)	• writer：csv.writer 函数返回的 writer 对象 • 参数：row 是要写入 CSV 文件的一行数据（如一维列表），即 writer.writerow 方法每次向 CSV 文件中写入一行数据；rows 是要写入 CSV 文件中的多行数据（如二维列表），即 writer.writerows 方法每次可以向 CSV 文件中写入多行数据
csv.reader(csvfile)	• 参数：csvfile 要求传入一个迭代器。open 函数返回的文件对象是可迭代对象，同时也是迭代器。如果将文件对象作为实参传给 csvfile，则调用 open 函数打开文件时应加上一个关键字参数"newline="" • 返回值：返回一个 reader 对象，该对象是可迭代对象。使用 for 循环可以直接通过该对象遍历 CSV 文件中的每一行数据，每次遍历会返回一个由字符串组成的列表

下面通过代码清单 1-8 演示 csv 模块的使用方法，该程序的功能是利用 csv 模块将学生数据写入 CSV 文件，再从 CSV 文件中读取并显示学生数据。

代码清单 1-8　CSV 文件操作程序示例

```
1    import csv # 导入csv
2
3    # 定义列表students（二维数据），其包含3名学生信息
4    students = [
5        ['2001011','李凯',19],
6        ['2001015','周明',18],
7        ['2001012','张林',17]
8    ]
9
10   # 将数据写入CSV文件
11   with open('D:\\Python\\students.csv','w',newline='') as f:
     # 打开文件，注意需要将newline参数指定为空字符串
12       csvwriter=csv.writer(f) # 调用csv.writer函数得到writer对象
13       csvwriter.writerow(['学号','姓名','年龄']) # 先将列标题写入CSV文件
14       csvwriter.writerows(students) # 将二维列表中的数据写入CSV文件
15
16   # 从CSV文件中读取数据
17   with open('D:\\Python\\students.csv','r',newline='') as f:
     # 打开文件，注意需要将newline参数指定为空字符串
18       csvreader=csv.reader(f) # 调用csv.reader函数得到reader对象
19       for line in csvreader: # 将CSV文件中的一行数据读取到列表line中
20           print(line) # 将当前行数据输出
```

程序执行完毕后，输出结果为：

```
['学号', '姓名', '年龄']
['2001011', '李凯', '19']
['2001015', '周明', '18']
['2001012', '张林', '17']
```

另外，可在 D 盘的 Python 文件夹下看到生成的 students.csv 文件，使用文本编辑器打开后可看到如下所示信息：

```
学号,姓名,年龄
2001011,李凯,19
2001015,周明,18
2001012,张林,17
```

下面对代码清单 1-8 中的代码做简要说明。

❏ 第 1 行代码通过 import 导入 csv 模块，第 12 行和第 18 行代码分别调用 csv 模块的 writer 函数和 reader 函数时必须加上模块名 csv。读者可尝试将第 1 行代码改为 from…import… 的导入方式，使得第 12 行和第 18 行代码可以直接调用 writer 函数和 reader 函数，而不需要加上模块名 csv。

❏ 第 4~8 行代码定义了列表 students，用于保存二维数据。每一行对应一名学生，每一列对应一个数据项（学号、姓名或年龄）。

❏ 第 11~14 行代码先通过 csv.writer 函数生成 writer 对象，再通过该 writer 对象依次调用 writerow 方法和 writerows 方法将列标题和学生数据写入 CSV 文件。

❏ 第 17~20 行代码先通过 csv.reader 函数生成 reader 对象，再通过 for 循环遍历该 reader 对象，从 CSV 文件读取每行数据并输出显示。

┃┃ 提示

读者在遇到一个新的工具包和模块而不知道该如何使用时，一方面可以在网上搜索相关学习资源，另一方面可以查看工具包和模块提供的帮助文档。

要查看工具包和模块的帮助文档，可以使用 help 和 dir 这两个函数。例如，对于 csv 模块，本书只列出了部分常用功能，如果读者希望了解 csv 模块的其他功能，则可以在 import csv 命令后，通过 dir(csv) 查看 csv 模块提供的类、函数等标识符名称，如图 1-11 所示；也可以通过 help(csv) 查看 csv 模块的详细帮助文档，如图 1-12 所示；或者可以通过 help(csv.writer) 查看 csv 模块的 writer 函数的详细帮助信息，如图 1-13 所示。

1.3.2　排序时间测试

本程序示例使用了 random 和 time 这两个 Python 中的常用模块。random 模块用于生成各种随机数，其常用功能如表 1-2、表 1-3 和表 1-4 所示。

表 1-2　利用 random 模块生成随机整数

常 用 功 能	描　　述
random.randrange (start, stop[, step])	• 参数：start 和 stop 用于指定生成随机数时所使用的区间；step 是一个可选参数，指定从 start 开始，以 step 为步长计算可能随机取到的值 • 返回值：返回区间 [start,stop) 上的一个随机整数，该随机数的可能取值为 start、start+step、start+step*2…… • 示例：random.randrange(1,10000,2)，可用于在区间 [1,10000) 上生成一个随机奇数
random.randint(a,b)	• 参数：a 和 b 指定了生成随机数时所使用的区间 • 返回值：返回区间 [a,b] 上的一个随机整数，等价于 random.randrange(a,b+1) • 示例：random.randint(1,10000)，可用于在区间 [1,10000] 上生成一个随机整数

```
1  import csv
2  dir(csv)
```

```
'Dialect',
'DictReader',
'DictWriter',
'Error',
'OrderedDict',
'QUOTE_ALL',
'QUOTE_MINIMAL',
'QUOTE_NONE',
'QUOTE_NONNUMERIC',
'Sniffer',
'StringIO',
'_Dialect',
'__all__',
'__builtins__',
'__cached__',
'__doc__',
'__file__',
'__loader__',
'__name__',
'__package__',
'__spec__',
'__version__',
'excel',
'excel_tab',
'field_size_limit',
'get_dialect',
'list_dialects',
're',
'reader',
'register_dialect',
'unix_dialect',
'unregister_dialect',
'writer']
```

图 1-11 通过 dir(csv) 查看 csv 模块
提供的类、函数等标识符名称

```
1  import csv
2  help(csv)
```

```
Help on module csv:

NAME
    csv - CSV parsing and writing.

DESCRIPTION
    This module provides classes that assist in the reading and writing
    of Comma Separated Value (CSV) files, and implements the interface
    described by PEP 305.  Although many CSV files are simple to parse,
    the format is not formally defined by a stable specification and
    is subtle enough that parsing lines of a CSV file with something
    like line.split(",") is bound to fail.  The module supports three
    basic APIs: reading, writing, and registration of dialects.


    DIALECT REGISTRATION:

    Readers and writers support a dialect argument, which is a convenient
    handle on a group of settings.  When the dialect argument is a string,
```

图 1-12 通过 help(csv) 查看 csv 模块的详细帮助文档

```
1  import csv
2  help(csv.writer)
```

```
Help on built-in function writer in module _csv:

writer(...)
    csv_writer = csv.writer(fileobj [, dialect='excel']
                            [optional keyword args])
        for row in sequence:
            csv_writer.writerow(row)

        [or]

    csv_writer = csv.writer(fileobj [, dialect='excel']
                            [optional keyword args])
    csv_writer.writerows(rows)

The "fileobj" argument can be any object that supports the file API.
```

图 1-13 通过 help(csv.writer) 查看 csv 模
块 writer 函数的详细帮助信息

表 1-3 利用 random 模块生成随机实数

常用功能	描 述
random.random()	● 返回值：返回区间 [0.0, 1.0) 上的一个随机数
random.uniform(a, b)	● 参数：a 和 b 指定了生成随机数时所使用的区间 ● 返回值：返回区间 [a,b) 或 [a,b] 上的一个随机数，等价于 a + (b-a) * random. random()，是否能取到 b 取决于该式的浮点舍入
random.normalvariate(mu, sigma) random.gauss(mu, sigma)	● 参数：mu 是均值，sigma 是标准差 ● 返回值：按正态分布返回一个随机数 ● 提示：random.gauss 比 random.normalvariate 的速度快一些，当生成大量随机数时可以看到这些数满足正态分布 ● 示例：random.gauss(0.0,1.0)，可用于按均值为 0.0、标准差为 1.0 的正态分布生成一个随机数
random.betavariate(alpha, beta) random.expovariate(lambd) random.gammavariate(alpha, beta)	用于按其他常用分布生成随机数的函数 ● random.betavariate：按 beta 分布生成随机数 ● random.expovariate：按指数分布生成随机数 ● random.gammavariate：按 gamma 分布生成随机数 为了避免过多的数学公式，本书不介绍这些分布的具体含义。读者如需要用到这些分布，可参考相关资料

表 1-4　利用 random 模块进行序列随机处理

常 用 功 能	描　　述
random.choice(seq)	● 参数：seq 是一个非空序列 ● 返回值：从非空序列 seq 中随机取出一个元素并返回。如果 seq 是空序列，则会产生 IndexError 异常 ● 示例：random.choice((1,3,5)) 随机返回元组 (1,3,5) 中的任一元素

random.shuffle(x)	● 参数：x 是一个列表
	● 返回值：无
	● 作用：将列表 x 中的元素顺序随机打乱
	● 示例：
	`ls = list(range(1,11))`
	`print(ls) # 输出[1, 2, 3, 4, 5, 6, 7, 8, 9, 10]`
	`random.shuffle(ls)`
	`print(ls) # 输出[7, 3, 9, 1, 10, 8, 2, 5, 4, 6]`，注意因为是随机打乱ls中的元素顺序，因此每次执行程序后输出结果会不同

random.sample(population, k)	● 参数：population 表示一个序列或集合，k 表示采样的元素数量 ● 返回值：返回一个列表，其包含对 population 进行无放回采样得到的 k 个元素。如果 k 的值大于 population 中的元素数量，则会引发 ValueError 异常 ● 示例：random.sample(range(1000),100) 可用于在区间 [0,999] 上生成由 100 个不同的随机整数组成的列表

time 模块用于进行时间相关的操作，其常用功能如表 1-5 所示。

表 1-5　time 模块常用功能

常 用 功 能	描　　述
time.time()	返回当前时间的时间戳，即纪元（UTC1970 年 1 月 1 日 0 点）后经过的浮点秒数

time.localtime([seconds])	● 参数：seconds 指定自纪元以来经过的浮点秒数。如果省略，则 seconds 默认为当前时间的时间戳，即 time.localtime() 等价于 time.localtime(time.time())
	● 返回值：返回一个 time.struct_time 类的对象，其包含年、月、日、时、分、秒等信息
	● 示例：
	`epoch = time.localtime(0) # 获取纪元时间`
	`print(epoch) # 输出time.struct_time(tm_year=1970, tm_mon=1, tm_mday=1, tm_hour=8, tm_min=0, tm_sec=0, tm_wday=3, tm_yday=1, tm_isdst=0)`
	`curtime = time.localtime() # 获取当前时间`
	`print(curtime) # 输出time.struct_time(tm_year=2020, tm_mon=3, tm_mday=25, tm_hour=11, tm_min=3, tm_sec=3, tm_wday=2, tm_yday=85, tm_isdst=0) time.struct_time(tm_year=2020, tm_mon=3, tm_mday=25, tm_hour=11, tm_min=3, tm_sec=3, tm_wday=2, tm_yday=85, tm_isdst=0)`，表示当前时间是2020-03-25 11:03:03、周二（tm_wday）、一年中的第85天（tm_yday）、非夏令时（tm_isdst），注意在不同的时间运行程序会有不同的输出结果

time.sleep(seconds)	● 参数：seconds 指定浮点秒数 ● 说明：程序暂停执行 seconds 秒
time.strftime (format[, tuple])	● 参数：format 用于指定时间格式；tuple 对应 time.struct_time 对象，用于指定时间，如果省略则使用 time.localtime() 获取当前时间 ● 返回值：将 tuple 转换为字符串形式并返回，字符串格式由 format 决定

（续）

常 用 功 能	描　　述
time.strftime (format[, tuple])	● 示例： curtime = time.localtime() # 获取当前时间 print(time.strftime('%Y-%m-%d %H:%M:%S', curtime)) # 将转换后的字符串输出，转换后的字符串包括年、月、日、时、分、秒，如2020-03-25 11:18:14 print(time.strftime('%Y-%m-%d', curtime)) # 将转换后的字符串输出，转换后的字符串仅包括年、月、日，如2020-03-25

strptime(string, format)	● 参数：string 是一个字符串形式的时间，format 是 string 对应的时间格式
	● 返回值：返回转换后的 time.struct_time 对象
	● 示例：
	print(time.strptime('2020-03-25 11:18:14', '%Y-%m-%d %H:%M:%S')) # 输出time.struct_time(tm_year=2020, tm_mon=3, tm_mday=25, tm_hour=11, tm_min=18, tm_sec=14, tm_wday=2, tm_yday=85, tm_isdst=-1)
	print(time.strptime('2020-03-25', '%Y-%m-%d')) # 输出time.struct_time(tm_year=2020, tm_mon=3, tm_mday=25, tm_hour=0, tm_min=0, tm_sec=0, tm_wday=2, tm_yday=85, tm_isdst=-1)

time.perf_counter()	● 返回值：返回性能计数器的浮点描述 ● 说明：该函数用于记录特定代码段的执行时间 ● 示例： t1 = time.perf_counter() ls1 = random.sample(range(100000),10000) t2 = time.perf_counter() print(t2-t1) # 输出random.sample函数执行的浮点秒数

下面通过代码清单 1-9 演示 random 模块和 time 模块的使用方法，该程序的功能是对随机生成的列表中的 n 个元素按照升序方式排列，并计算问题规模不同（即元素数量 n 不同）时所需要的排序时间。

代码清单 1-9　排序时间测试程序示例

```
1    from random import randint # 从random模块导入randint
2    from time import perf_counter # 从time模块导入perf_counter
3    n_vals = [100, 1000, 10000, 100000] # n的取值列表
4    repeats = 10 # 实验重复次数（对于一个n值，重复多次实验取排序时间平均值以使结果更加稳定）
5    for n in n_vals: # 依次从n_vals中取出每一个n值
6        total_seconds = 0 # 记录repeats排序所需要的总时间
7        for i in range(repeats): # 重复repeats次排序
8            ls = [randint(1,100000) for _ in range(n)]
     # 随机生成n个整数（可能会重复），生成随机数的计算时间未统计在内
9            start = perf_counter() # 排序前记录一个时间点
10           ls.sort(reverse=False) # 调用列表的sort方法进行元素升序排序
11           end = perf_counter() # 排序后记录一个时间点
12           total_seconds += end-start # 两个时间点的差即为排序所用时间
13    print('%6d个元素平均排序时间: %.8f秒'%(n,total_seconds/repeats)) # 输出n个元素的平均排序时间
```

程序执行完毕后，输出结果为：

```
   100个元素平均排序时间：0.00001093秒
  1000个元素平均排序时间：0.00026716秒
 10000个元素平均排序时间：0.00333373秒
100000个元素平均排序时间：0.06088219秒
```

▌ 提示

1）由于每次取到的随机数不同以及机器环境配置不同，因此每次运行程序后得到的平均排序时间也会有所不同。

2）第 8 行代码通过多次调用 random 模块的 randint 函数生成了 n 个随机数，这 n 个随机数中可能出现重复值。如果希望生成 n 个不同的随机数，则可以将第 8 行代码改为：

```
ls= random.sample(range(1,100000),n) # 注意前面需要加上import random
```

3）读者学习数据可视化部分的内容后，可尝试绘制平均排序时间随问题规模的变化曲线，从而以更加直观的方式展示结果。

下面对代码清单 1-9 中的代码做简要说明。

❏ 第 1 行代码从 random 模块导入 randint，第 8 行代码可以直接调用 randint 函数，而不需要加模块名 random。

❏ 第 2 行代码从 time 模块导入 perf_counter，第 9 行代码和第 11 行代码可以直接调用 perf_counter 函数，而不需要加模块名 time。

❏ 第 8 行代码通过列表生成表达式，利用 random 模块的 randint 函数在区间 [1, 100000] 上随机生成 n 个整数作为列表中的元素。

❏ 第 9 行代码和第 11 行代码利用 time 模块的 perf_counter 函数分别记录了排序前后的时间点，以计算排序所用时间。

1.4 本章小结

本章首先介绍了数据分析的基本概念和基本流程，列举了一些应用场景，使读者能够认识数据分析在实际应用中的重要意义，并通过一个具体应用程序示例帮助读者更好地理解数据分析的流程。然后，结合上机操作指导和程序实例简要介绍了数据分析领域中广泛使用的 Python 程序设计语言的基础知识，包括 Anaconda 集成平台和 Jupyter Notebook 开发环境的使用方法，以及内置数据类型、程序控制结构、模块化、面向对象、文件操作、异常处理等 Python 编程基础知识。最后，提供了两个简单的包 / 模块使用示例。利用 csv 模块可以完成 CSV 文件的读 / 写操作；利用 random 模块生成随机数的功能和 time 模块进行时间相关处理功能，实现了排序时间随问题规模（即待排序元素数量）变化的操作。

学完本章后，读者应掌握数据分析的作用和基本流程，掌握 Anaconda 集成平台的安装使用及第三方工具包的安装方法，熟练使用 Jupyter Notebook 进行 Python 程序开发，熟悉

Python 语言基础语法和程序设计方法，掌握 csv、random、time 模块的基本使用方法，并初步具备通过查看帮助文档自学其他工具包和模块使用方法的能力。

1.5 习题

1. 数据分析是 _____ 的过程，它有助于用户从数据中发现规律并制定科学的决策，目前已广泛应用于自然科学、社会科学和管理科学的各个领域。

2. 数据分析的基本流程包括数据准备、数据预处理、数据统计分析及建模、_____。

3. 数据预处理主要包括 _____ 和 _____。

4. 下面所示的 Python 程序开发工具中，（ ）是基于 Web 的交互式编程环境。

    A. Spyder   B. PyCharm   C. VSCode   D. Jupyter Notebook

5. 在 Anaconda Prompt 下使用 pip 安装 tushare 工具包的命令是 _____。

6. 下列选项中，用于接收标准输入数据（即从键盘输入）、返回 string 类型（字符串）结果的函数是（ ）。

    A. eval   B. input   C. print   D. get

7. 下列选项中，执行时会报错的语句是（ ）。

    A. int('23')   B. int('23+1')   C. int('23',8)   D. int('2a',16)

8. 已知 ls=[12,34.5,True,'test',3+5j]，下列选项中输出结果为 "['test']" 的选项是（ ）。

    A. ls[3]   B. ls[4]   C. ls[3:4]   D. ls[4:5]

9. 下列选项中，执行时会报错的语句是（ ）。

    A. set('Python')   B. set(35.2,True)   C. set([35.2,True])   D. set((35.2,True))

10. 下面程序的输出结果是（ ）。

```
m=5
while(m==0):
    m-=1
print(m)
```

    A. 0   B. 4   C. 5   D. −1

11. 已知 M 模块中有一个无参函数 fun，且在脚本文件 N.py 中有 "from M import fun"，则在 N.py 中调用 M 模块中 fun 函数的方式为（ ）。

    A. fun()   B. N.fun()   C. M.fun()   D. N.M.fun()

12. 已知在脚本文件 N.py 中有函数调用 "A.B.C.d()"，则 import 语句的正确写法是（ ）。

    A. from A.B import C   B. from A.B.C import d

    C. import A.B.C   D. import A.B.C.d

13. 构造方法的方法名是（ ）。

    A. __construct__   B. __init__

    C. __begin__   D. __start__

14. 已知 csvwriter 是调用 csv.writer 函数得到 writer 对象，如果通过 csvwriter 对象调用一次方法将一个二维列表中的所有数据写入 CSV 文件中，则应调用的方法是（ ）。

    A. writerow   B. writerows

    C. write   D. writeall

15. 如果需要查看 csv 模块 reader 函数的详细帮助信息，则应编写代码 _____。

16. 如果需要查看 csv 模块提供的类、函数等标识符名称列表，则应编写代码 _____。

17. 如果需要使用 random 模块在区间 [2, 1000] 上生成一个随机偶数，则应编写代码 _____。

18. 如果需要使用 random 模块按均值为 1.2、方差为 2.1 的正态分布生成一个随机偶数，则应编写代码 _____。

19. 如果需要使用 random 模块将列表 *x* 中的元素顺序随机打乱，则应编写代码 _____。

20. 如果需要使用 time 模块使程序暂停 3.2 秒，则应编写代码 _____。

21. 已知 t=time.localtime()，如果要将 t 转换为"年－月－日"形式的字符串，则应编写代码 _____。

22. 已知有字符串 s='2021-1-1'，如果要将 s 转换为 time.struct_time 对象，则应编写代码 _____。

第 2 章

科学计算基础工具包 NumPy

NumPy 是 Python 中用于科学计算的基础工具包，它提供了用于对数组进行快速操作的多维数组对象，还包括大量用于数据分析/处理的函数和方法，可方便高效地完成数学运算、逻辑运算、排序、选择、I/O（输入/输出）、离散傅立叶变换、基本线性代数、基本统计运算、随机模拟等操作。

本章首先介绍用于数组数据存储的 ndarray 类。然后，给出本章示例数据的获取方法，同时介绍 ndarray 类数组对象的 I/O 操作。接着，以股票数据分析处理为例，依次介绍索引和切片基础、数据拷贝、数据处理及高级索引等方面的知识。

2.1 ndarray 类

NumPy 是使用 Python 进行科学计算的基础工具包，它提供了 ndarray（N-dimension Array，N 维数组）类用于数组数据的存储。ndarray 类在数据分析任务中被广泛使用，如代码清单 1-1 中所使用的波士顿房价数据集就涉及 ndarray 类，如代码清单 2-1 所示。

代码清单 2-1　波士顿房价数据集数据类型分析

```
1   from sklearn.datasets import load_boston
2   boston = load_boston() # 加载sklearn包中提供的波士顿房价数据集
3   print('boston对象的数据类型: ',type(boston)) # 输出boston对象的数据类型
4   print('boston.data的数据类型: ',type(boston.data)) # 输出boston.data的数据类型
5   print('boston.target的数据类型: ',type(boston.target)) # 输出boston.target的数据类型
```

程序执行完毕后，输出结果为：

```
boston对象的数据类型: <class 'sklearn.utils.Bunch'>
boston.data的数据类型: <class 'numpy.ndarray'>
boston.target的数据类型: <class 'numpy.ndarray'>
```

可以看到，boston.data 和 boston.target 都是 numpy.ndarray 类对象。本节先介绍 ndarray 类的基本使用，接下来再围绕 ndarray 进一步讨论相关操作方法。

■ 提示 ───

1）在学习一个新的工具包时，首先应先掌握该工具包提供的数据类型（即可以用于存储哪些数据），然后根据需要掌握常用的数据操作方法（即可以对数据做哪些操作）。我们在做系统设计时亦是如此，先确定系统中涉及的数据，再考虑可以对这些数据进行哪些具体操作。

2）使用 dir（类名或对象名）可以看到类中包括的方法和属性名称列表。如图 2-1 所示，通过 dir(boston) 可以看到 boston 对象中具有 DESCR、data、feature_names、filename 和 target 等属性 / 方法名（这里都是属性名）。

```
1  dir(boston)
['DESCR', 'data', 'feature_names', 'filename', 'target']
```

图 2-1　利用 dir(boston) 查看 boston 对象中的属性 / 方法名

3）当需要查看一个数据的类型时，可以使用 Python 内置的 type 函数。

2.1.1　为什么使用 ndarray

ndarray 类与 Python 内置的列表数据类型类似，但 ndarray 的计算效率明显优于列表。下面对第 1 章中的代码清单 1-9 进行扩展，通过代码清单 2-2 对列表与 ndarray 的排序及求和时间进行比较，以说明在大数据分析中应尽量使用 ndarray，而非 Python 内置的列表数据类型，从而提高计算效率。另外，通过该程序示例，读者也能够了解 NumPy 工具包的基本使用过程。

代码清单 2-2　列表与 ndarray 的排序和求和时间比较

```
1   import random # 导入random模块
2   from time import perf_counter # 从time模块导入perf_counter
3   import numpy as np # 导入numpy模块并通过as将其重命名为np
4
5   n=100000 # 待处理的元素数量
6   repeats = 10 # 实验重复次数（重复多次实验取平均计算时间以使结果更加稳定）
7
8   ls_sort_total_seconds = 0 # 记录列表repeats次排序所需要的总时间
9   arr_sort_total_seconds = 0 # 记录ndarray数组repeats次排序所需要的总时间
10  ls_sum_total_seconds = 0 # 记录列表repeats次求和所需要的总时间
11  arr_sum_total_seconds = 0 # 记录ndarray数组repeats次求和所需要的总时间
12  for i in range(repeats): # 重复repeats次排序
13      ls = random.sample(range(1,200000),n)
        # 随机生成n个整数（不重复），生成随机数的计算时间未统计在内
14      arr = np.array(ls) # 根据列表ls创建ndarray数组arr, arr中的元素与ls中的元素相同
15
16      # 列表元素排序时间统计
17      start = perf_counter() # 排序前记录一个时间点
18      ls.sort(reverse=False) # 调用列表的sort方法进行元素升序排序
19      end = perf_counter() # 排序后记录一个时间点
```

```
20        ls_sort_total_seconds += end-start  # 两个时间点的差即列表排序所用时间
21
22        # ndarray数组元素排序时间统计
23        start = perf_counter()  # 排序前记录一个时间点
24        np.sort(arr)  # 调用numpy的sort函数进行ndarray数组元素升序排序
25        end = perf_counter()  # 排序后记录一个时间点
26        arr_sort_total_seconds += end-start  # 两个时间点的差即ndarray数组排序所用时间
27
28        # 列表元素求和时间统计
29        start = perf_counter()  # 排序前记录一个时间点
30        ls_sum = sum(ls)  # 调用sum函数进行列表元素求和
31        end = perf_counter()  # 排序后记录一个时间点
32        ls_sum_total_seconds += end-start  # 两个时间点的差即列表元素求和所用时间
33
34        # ndarray数组元素求和时间统计
35        start = perf_counter()  # 排序前记录一个时间点
36        arr_sum = np.sum(arr)  # 调用numpy的sum函数进行ndarray数组元素求和
37        end = perf_counter()  # 排序后记录一个时间点
38        arr_sum_total_seconds += end-start  # 两个时间点的差即数组元素求和所用时间
39
40 print('列表%6d个元素平均排序时间：%.8f秒'%(n,ls_sort_total_seconds/repeats))
            # 输出列表n个元素的平均排序时间
41 print('数组%6d个元素平均排序时间：%.8f秒'%(n,arr_sort_total_seconds/repeats))
            # 输出ndarray数组n个元素的平均排序时间
42 print('列表%6d个元素平均求和时间：%.8f秒'%(n,ls_sum_total_seconds/repeats))
            # 输出列表n个元素的平均求和时间
43 print('数组%6d个元素平均求和时间：%.8f秒'%(n,arr_sum_total_seconds/repeats))
            # 输出ndarray数组n个元素的平均求和时间
```

程序执行完毕后，输出结果为：

```
列表100000个元素平均排序时间：0.05611551秒
数组100000个元素平均排序时间：0.01017438秒
列表100000个元素平均求和时间：0.00557586秒
数组100000个元素平均求和时间：0.00015212秒
```

█▌ 提示

1）从输出结果中可以看到，无论是对于排序还是求和计算，ndarray 数组的计算效率（即更少的计算时间）明显优于列表。数据规模越大，ndarray 的优势就会越明显。读者可尝试修改第 5 行代码中的 n 值，观察不同 n 值下列表和数组计算时间的变化情况；也可在学习数据可视化部分的内容后，修改该程序输出列表和数组计算时间随数据规模的变化曲线。

2）由于每次取到的随机数不同以及机器环境配置不同，每次运行程序后得到的平均排序时间及平均求和时间也会有所不同。

下面对代码清单 2-2 做简要说明（对于代码清单 1-9 已给出的说明，此处不再赘述，读者如有疑问可查看代码清单 1-9）。

❑ 第 3 行代码中，通过 import numpy as np 导入 numpy 模块并将其重命名为 np，即要使用 NumPy 工具包提供的功能，必须先导入 numpy 模块。这里需要注意，在导入模块时通过 as 将其重命名后，在后面使用该模块时只能使用重命名的标识符（即 np），而不能使用原始模块名（即 numpy）。

❑ 第 14 行代码中，通过 arr = np.array(ls)，根据列表 ls 创建了一个 ndarray 类数组对象 arr。读者在查看别人编写的代码时，如果遇到陌生的标识符，可按第 1 章中介绍的方法通过 help 或 dir 查看相关帮助信息。例如，这里用到了 np.array 创建数组对象，则可以按图 2-2 所示的 help(np.array) 查看相关帮助信息。可以看到，np.array 是 numpy 模块的内置函数，其作用是创建一个数组对象，各参数的含义在帮助信息中已做了详细说明。第 14 行代码将列表 ls 传给了形参 object，其他形参都直接使用默认值。

❑ 第 24 行和第 36 行代码中，分别通过 np.sort(arr) 和 np.sum(arr) 对数组对象 arr 中的元素进行排序和求和计算。同样，读者可使用 help(np.sort) 和 help(np.sum) 查看相关帮助信息。

```
1  import numpy as np
2  help(np.array)

Help on built-in function array in module numpy:

array(...)
    array(object, dtype=None, copy=True, order='K', subok=False, ndmin=0)

    Create an array.

    Parameters
    ----------
    object : array_like
        An array, any object exposing the array interface, an object whose
        __array__ method returns an array, or any (nested) sequence.
    dtype : data-type, optional
        The desired data-type for the array.  If not given, then the type will
        be determined as the minimum type required to hold the objects in the
        sequence.  This argument can only be used to 'upcast' the array.  For
        downcasting, use the .astype(t) method.
    copy : bool, optional
        If true (default), then the object is copied.  Otherwise, a copy will
        only be made if __array__ returns a copy, if obj is a nested sequence,
```

图 2-2 np.array 函数的帮助信息

提示

1）一本书很难覆盖某个领域全部知识，加之计算机领域的知识更新速度很快，所以本书希望通过这些获取帮助信息的示例，使读者逐渐掌握通过获取帮助信息来解决问题的方法，以更好地适应快速更新的计算机知识。

2）除 ndarray 类之外，NumPy 还提供了 matrix 类进行矩阵相关操作，读者可通过 help(np.matrix) 查看相关帮助信息。ndarray 类比 matrix 类在实际中使用更多，且 ndarray 类本身可使用二维数组的形式存储矩阵数据并支持矩阵的计算，因此本书重点介绍 ndarray 类的使用。

2.1.2 ndarray 类对象的常用属性

这里仍然以波士顿房价数据集为例，介绍 ndarray 类对象的常用属性。通过这些属性可以方便地掌握 ndarray 类对象的信息。表 2-1 所示是 ndarray 类对象的常用属性。

表 2-1　ndarray 类对象的常用属性

属　性　名	描　　述
ndarray.ndim	数组的轴数（维度）
ndarray.shape	一个整数元组，表示数组各维度的长度信息。元组中的一个元素对应数组在某一个维度上的长度（尺寸）。例如，对于 n 行 m 列的二维数组，其 shape 属性值是 (n, m) 可见，shape 元组的长度即 ndim 属性的值。例如，对于 n 行 m 列的二维数组，其轴数是 2
ndarray.size	数组中的元素总数，其等于 shape 元组中各元素的乘积
ndarray.dtype	一个用于表示数组中元素类型的对象。该类型既可以是 Python 内置类型或自定义类型，也可以是 NumPy 提供的 numpy.int32、numpy.int16 和 numpy.float64 等数据类型
ndarray.itemsize	数组中每个元素所占用的字节数。例如，对于元素类型为 float64 的数组，其 itemsize 属性值是 8（=64 位 ÷8 位 / 字节），元素类型为 complex32 的数组，其 itemsize 属性值是 4（=32 位 ÷8 位 / 字节） ndarray.dtype.itemsize 与 ndarray.itemsize 功能完全相同

代码清单 2-3 以波士顿房价数据集中的 ndarray 类对象 boston.data 和 boston.target 为例，演示了 ndarray 类对象上述属性值的具体使用。

代码清单 2-3　波士顿房价数据集中 ndarray 类对象的常用属性示例

```
1   from sklearn.datasets import load_boston
2   boston = load_boston() # 加载sklearn包中提供的波士顿房价数据集
3   data = boston.data # 获取特征数据
4   target = boston.target # 获取目标房价
5   print('data的ndim属性值是: ',data.ndim)
6   print('data的shape属性值是: ',data.shape)
7   print('data的size属性值是: ',data.size)
8   print('data的dtype属性值是: ',data.dtype)
9   print('data的itemsize属性值是: ',data.itemsize)
10  print('target的ndim属性值是: ',target.ndim)
11  print('target的shape属性值是: ',target.shape)
12  print('target的size属性值是: ',target.size)
13  print('target的dtype属性值是: ',target.dtype)
14  print('target的itemsize属性值是: ',target.itemsize)
```

程序执行结束后，输出结果如下：

```
data的ndim属性值是: 2
data的shape属性值是: (506, 13)
data的size属性值是: 6578
data的dtype属性值是: float64
data的itemsize属性值是: 8
target的ndim属性值是: 1
target的shape属性值是: (506,)
target的size属性值是: 506
target的dtype属性值是: float64
target的itemsize属性值是: 8
```

可见，**data** 的轴数是 2，即有 2 个维度；2 个维度的长度分别是 506 和 13，表示这是一个 506 行 13 列的二维数组，每一行对应一条数据的 13 个预测因子（可参考 1.1 节中关于代码清单 1-1 的说明）；元素数量为 6578（=506×13）；元素类型是 float64，每个元素占用的空间大小是 8 字节（即 64 位 ÷8 位 / 字节）。target 的轴数是 1，即只有 1 个维度；该维度的长度是 506，即包含了 506 个元素，每个元素代表一个目标房价值；元素数量为 506；元素类型是 float64，每个元素占用的空间大小是 8 字节（即 64 位 ÷8 位 / 字节）。

提示

1）对于任何 ndarray 类对象，读者都可以利用这些属性快速掌握该对象的概况。

2）数组中的元素类型既可以在创建 ndarray 类对象时指定，也可以对已有的 ndarray 类对象调用 astype 方法进行元素类型的修改。2.1.3 节将具体介绍元素类型的指定或修改方法。

2.1.3 创建 ndarray 类对象

创建 ndarray 类对象的方式较多，既可以使用 numpy 的 array 函数基于 Python 内置的列表和元组创建数组对象，也可以使用 numpy 的 zeros、ones、empty、arange 和 linspace 函数根据指定参数快速创建数组。表 2-2 给出了这些函数使用方法的具体描述。

表 2-2　用于创建 ndarray 类对象的 numpy 函数及其描述

函　　数	描　　述

numpy.array(object, dtype=None)	<ul><li>参数：object 是一个类似于数组的对象，可以是元组或列表；dtype 用于指定元素类型，如果不指定则默认由系统自动确定元素类型</li><li>返回值：一个 ndarray 对象</li><li>提示：array 函数除 object 和 dtype 参数以外，还有其他参数。对于初学者来说，其他参数并不常用，因此这里不做介绍。后面给出的函数或方法中，也仅给出常用参数的解释，其他不常用的参数直接使用默认值即可</li><li>示例：
	`import numpy as np`
	`x_int64 = np.array([2,3,4]) # 根据列表创建一维数组`
	`x_float64 = np.array([2,3,4], dtype=np.float64) # 指定元素类型`
	`print(x_int64) # 输出[2 3 4]`
	`print(x_float64) # 输出[2. 3. 4.]，注意与x_int64元素类型的区别`
	`x_2d = np.array([[1,2,3], [4,5,6]]) # 根据二维列表创建二维数组`
	`print(x_2d) # 输出[[1 2 3]`
	`#        [4 5 6]]`</li></ul>

numpy.zeros(shape, dtype)	<ul><li>参数：shape 是整数或整数元组，用于指定创建数组各维度的长度；dtype 用于指定元素类型，默认是 numpy.float64</li><li>返回值：一个所有元素值都是 0 的 ndarray 对象</li><li>示例：
	`import numpy as np`
	`x = np.zeros(5) # 创建一个包含5个零元素的一维数组`
	`y = np.zeros((2,3), dtype=int) # 创建一个包含2行3列零元素的二维数组，并`
	`    指定元素类型是Python内置的int类型`
	`print(x) # 输出[0. 0. 0. 0. 0.]`
	`print(y) # 输出[[0 0 0]`
	`#        [0 0 0]]`</li></ul>

(续)

函　　数	描　　述
numpy.ones(shape, dtype=None) numpy.empty(shape, dtype=float)	• 参数：与 numpy.zeros 参数含义相同 • 返回值：numpy.ones 用于创建一个所有元素值都是 1 的 ndarray 对象；numpy.empty 用于创建一个元素值未初始化（随机值）的 ndarray 对象

numpy.arange
([start,] stop[, step],
dtype=None)
	• 参数：start 是区间的开始值，默认是 0；stop 是区间的结束值；step 是步长，即所创建 ndarray 对象中后一个元素减前一个元素的差值，默认是 1；dtype 是所创建 ndarray 对象中元素的类型，如果未指定该参数值，则由其他参数自动确定
	• 返回值：一个 ndarray 对象，在指定区间 [start, stop) 上以 step 为步长所生成的值组成该 ndarray 对象的元素
	• 提示：
	① 该区间为左闭右开，其生成的值中包括 start，但不包括 stop
	② 对于整数步长情况，该函数与 Python 内置的 range 函数功能相同，区别是 numpy. arange 函数返回的是 ndarray 对象，而 Python 内置的 range 函数返回的是列表
	③ 对于非整数步长情况，可能会由于四舍五入影响所创建 ndarray 对象的长度（因四舍五入可能包含值为 stop 的元素）。对于非整数步长情况，建议使用 numpy.linspace
	• 示例：
	<pre>import numpy as np
	x = np.arange(2, 6, 2)
	y = np.arange(6, 2, -2)
	z = np.arange(5)
	w = np.arange(3,6)
	print(x) # 输出[2 4]
	print(y) # 输出[6 4]
	print(z) # 输出[0 1 2 3 4]
	print(w) # 输出[3 4 5]</pre>

numpy.linspace
(start, stop, num=50,
endpoint=True, …,
dtype=None)
	• 参数：start 是区间的开始值；stop 是区间的结束值；num 是所生成 ndarray 对象的元素数量，默认是 50；endpoint 指定生成元素中是否包括 end，默认 True 表示包含 end；dtype 是所创建 ndarray 对象中元素的类型，如果未指定该参数值，则由其他参数自动确定
	• 返回值：一个 ndarray 对象，在指定区间 [start, stop]（endpoint 参数值为 True）或 [start, stop)（endpoint 参数值为 False）上以等间隔生成的 num 个值组成所创建 ndarray 对象的元素
	• 示例：
	<pre>import numpy as np
	x = np.linspace(0, 1, 6)
	y = np.linspace(0, 1, 5, endpoint=False)
	z = np.linspace(1, 0, 6)
	print(x) # 输出[0. 0.2 0.4 0.6 0.8 1.]
	print(y) # 输出[0. 0.2 0.4 0.6 0.8]
	print(z) # 输出[1. 0.8 0.6 0.4 0.2 0.]</pre>

numpy.arange 和 numpy.linspace 可以生成包含等间隔值元素的 ndarray 对象，但都仅能生成一维数组。如果希望生成多维数组，则可以结合 ndarray 对象的 reshape 方法使用。ndarray.reshape 方法的语法格式为：

```
ndarray.reshape(newshape)
```

其中，newshape 是一个整数或一个整数元组，用于指定将数组改变为何种形状。需要注意，指定的形状必须能够与原来的形状兼容（即改变形状后的数组尺寸与改变形状前的数组尺寸应一致）。如果 newshape 是一个整数，那么将得到一个长度为 newshape 的一维数组；如果 newshape 是一个整数元组，则元组中各元素的值为数组各维度的长度；如果 newshape 的值是 –1 或其某个元素值是 –1，则 ndarray.reshape 方法会根据数组尺寸和其他各维度长度自动确定 –1 所对应维度的长度。代码清单 2-4 给出了 ndarray. reshape 方法的使用示例。

代码清单 2-4   ndarray.reshape 方法使用示例

```
1   import numpy as np
2   x = np.linspace(1,12,12,dtype=int)
3   y = x.reshape((3,4))  # 得到一维数组x的3行4列二维数组表示形式
4   z = x.reshape((4,-1))  # 得到一维数组x的4行3列二维数组表示形式
5   w = z.reshape(-1)  # 得到二维数组z的一维数组表示形式
6   print('x:\n', x)  # 输出x
7   print('y:\n', y)  # 输出y
8   print('z:\n', z)  # 输出z
9   print('w:\n', w)  # 输出w
```

程序运行结束后，将在屏幕上输出下面的结果：

```
x:
 [ 1  2  3  4  5  6  7  8  9 10 11 12]
y:
 [[ 1  2  3  4]
 [ 5  6  7  8]
 [ 9 10 11 12]]
z:
 [[ 1  2  3]
 [ 4  5  6]
 [ 7  8  9]
 [10 11 12]]
w:
 [ 1  2  3  4  5  6  7  8  9 10 11 12]
```

下面对代码清单 2-4 中的代码做简要说明。

❑ 第 2 行代码通过调用 np.linspace 函数创建了一个由 1～12 组成的长度为 12 的一维数组 x，如第 6 行 print 函数的输出结果所示。

❑ 第 3 行代码通过调用 x.reshape 方法根据一维数组 x 得到 3 行 4 列的二维数组，改变形状后的数组 y 如第 7 行 print 函数的输出结果所示。

❑ 第 4 行代码通过调用 x.reshape 方法根据一维数组 x 得到 4 行 3 列的二维数组，改变形状后的数组 z 如第 8 行 print 函数的输出结果所示。其中，传入元组的第 2 个元素是 –1，因此其对应维度的长度由数组尺寸和其他维度长度自动确定为 3，即 12（数组尺寸）/4（z 的第 1 维度长度）。

❑ 第 5 行代码通过调用 z.reshape 方法根据二维数组 z 得到一维数组，改变形状后的数组如第 9 行 print 函数的输出结果所示。其中，传入的参数是整数 –1，因此改变形状后一维数组的长度会根据二维数组 z 的尺寸自动确定为 12，即 4（z 的第 1 维度长度）×3（z 的第 2 维度长度）。

> **提示**
>
> 1）ndarray 类提供了 reshape 和 resize 两种方法用于改变数组的形状，两者的区别在于：reshape 方法不会改变原数组的形状，而是将指定形状的数组表示形式作为返回值，而 resize 方法会直接改变原数组的形状。
>
> 2）如果需要获取一维数组表示形式，也可以直接使用 ndarray 类提供的 ravel 方法或 flat 属性。
>
> 3）使用 ndarray 类提供的 T 属性可以得到数组的转置。

2.2　示例数据

为了使读者更好地掌握 NumPy 工具包在实际中的应用方法，本章将以股票数据为例介绍 NumPy 的使用方法。tushare 是一个免费、开源的 Python 财经数据接口包，这里先给出利用 tushare 工具包获取本章所使用股票数据的方法。

使用 tushare 工具包的 **get_k_data** 函数可以获取股票的 *k* 线数据，其调用格式为：

```
tushare.get_k_data(code=None, start='', end='', ktype='D', …)
```

其中，code 是字符串形式的股票代码；start 表示所获取股票数据的开始日期，其格式为 'YYYY-MM-DD'，如果为空串则取上市首日；end 表示所获取股票数据的结束日期，其格式为 'YYYY-MM-DD'，如果为空串则取最近一个交易日；ktype 表示获取数据类型，默认 'D' 表示日 *k* 线，'W' 表示周，'M' 表示月，5、15、30 和 60 分别表示 5 分钟、15 分钟、30 分钟和 60 分钟；省略号（…）表示该函数还有本书中不会使用的其他参数，读者可在导入 tushare 后通过 help(tushare.get_k_data) 查看其他参数的具体含义。该函数返回的是一个 DataFrame 对象，其包含多列数据，分别是：

- ❑ date：交易日期
- ❑ open：开盘价
- ❑ high：最高价
- ❑ close：收盘价
- ❑ low：最低价
- ❑ volume：成交量
- ❑ code：股票代码

第 3 章将给出关于 DataFrame 数据类型的介绍，本章通过 DataFrame 对象的 values 属性获取 ndarray 类的数据并进行相关操作。

我们从网络上获取数据后通常会将其存储到文件中，以便在进行数据分析时直接从本地文件读取并进行数据分析。CSV 是数据分析中常用的数据存储格式，1.3.1 节已经介绍了如何使用 csv 模块操作 CSV 文件。实际上，我们直接利用 numpy 提供的 savetxt 和 loadtxt 函数也可以完成 CSV 文件的读写，下面给出了 numpy.savetxt 和 numpy.loadtxt 的调用格式。

```
numpy.savetxt(fname, X, fmt='%.18e', delimiter=' ', …)
```

其中，fname 是保存数据的文件路径；X 是待保存到文件中的数据；fmt 用于指定数据存储格式，注意，如果存储数据中有字符串等非数值型数据，则不可使用默认值；delimiter 是各列数据之间的分隔符，默认为空格，对于 CSV 文件应将该参数指定为 ',' ，即各列数据之间以逗号分隔。

```
numpy.loadtxt(fname, dtype=float, …, delimiter=' ', converters=None, …,
        usecols=None, unpack=False, …)
```

其中，fname 是读取数据的文件路径；dtype 是读取数据的类型，默认为 float，注意，如果读取数据时遇到无法转换为 dtype 类型的数据，则会报错；delimiter 是所读取各列数据之间的分隔符，默认为空格。对于 CSV 文件，应将该参数指定为 ',' ，即所读取的 CSV 文件中各列数据之间以逗号分隔；converters 是一个字典，可以通过映射函数对指定列的数据进行转换；usecols 用于指定读取哪些列的数据，可以是一个整数，表示只读取某一列数据，也可以是由多个整数组成的序列，表示读取指定多列数据，注意列号从 0 开始计算，默认读取 CSV 文件中所有列的数据；unpack 用于指定是否将读取的多列数据分开存储，默认值 False 表示读取的多列数据存储在一个 ndarray 类数组对象中，指定为 True 则表示每列数据存储在一个一维 ndarray 类数组对象中。

代码清单 2-5 给出了使用 tushare 工具包获取股票数据及使用 NumPy 进行文件读写的具体示例。

代码清单 2-5　股票数据获取及文件读写示例

```
1   import tushare as ts # 导入tushare
2   import numpy as np # 导入numpy
3   from datetime import datetime # 导入datetime
4
5   def datestr2num(s): # 根据日期获取一周的第几天（0表示周一，1表示周二，…）
6       return datetime.strptime(s.decode('utf-8'),'%Y-%m-%d').date().weekday()
7
8   df = ts.get_k_data('600848', '2020-03-01', '2020-03-31')
        # 获取股票代码为600848在2020年3月的日k线数据
9   arr = df.values # 获取ndarray类形式的股票数据
10  print('所有列数据: ')
11  print(arr) # 输出股票数据
12  np.savetxt('./stock_600848_202003.csv', arr, fmt='%s', delimiter=',')
        # 将股票数据写入CSV文件，注意各列数据用逗号分隔
13  data = np.loadtxt('./stock_600848_202003.csv', delimiter=',', converters={0:datestr2num},
        usecols=(0,1,3)) # 从CSV文件读取股票数据
14  print('读取的第1、2、4列数据: ')
15  print(data)
16  open_price,close_price=np.loadtxt('./stock_600848_202003.csv', delimiter=',',
        usecols=(1,3), unpack=True) # 从CSV文件读取股票数据（每列数据单独存储）
17  print('开盘价: \n', open_price)
18  print('收盘价: \n', close_price)
```

程序执行结束后，在屏幕上输出如下结果（其中省略了部分输出数据）：

所有列数据：

```
[[['2020-03-02' 20.52 21.08 21.1 20.52 51902.0 '600848']
 ['2020-03-03' 21.28 21.3 21.77 21.1 62690.0 '600848']
 ['2020-03-04' 21.13 21.47 21.54 20.97 52519.0 '600848']
 ['2020-03-05' 21.87 21.64 21.87 21.5 63113.0 '600848']
 ['2020-03-06' 21.6 21.46 21.61 21.38 44897.0 '600848']
 ...
 ['2020-03-27' 19.0 18.85 19.16 18.82 29820.0 '600848']
 ['2020-03-30' 18.62 19.6 20.3 18.18 87474.0 '600848']
 ['2020-03-31' 19.5 20.1 20.38 19.21 115167.0 '600848']]
```

读取的第1、2、4列数据：

```
[[ 0.    20.52 21.1 ]
 [ 1.    21.28 21.77]
 [ 2.    21.13 21.54]
 [ 3.    21.87 21.87]
 [ 4.    21.6  21.61]
 ...
 [ 4.    19.   19.16]
 [ 0.    18.62 20.3 ]
 [ 1.    19.5  20.38]]
```

开盘价：

```
[20.52 21.28 21.13 21.87 21.6  21.3  20.4  20.91 20.8  19.85 20.31 20.
 19.58 19.11 19.2  18.7  18.84 19.17 19.17 19.   18.62 19.5 ]
```

收盘价：

```
[21.1  21.77 21.54 21.87 21.61 21.31 20.99 21.5  20.88 20.36 20.61 20.07
 19.78 19.25 19.33 18.9  19.18 19.35 19.19 19.16 20.3  20.38]
```

下面对代码清单 2-5 中的代码做简要说明。

❑ 第 8 行代码通过调用 `ts.get_k_data` 获取股票代码为 600848 在 2020 年 3 月的日 k 线数据，第 9 行代码通过 `df.values` 获取 ndarray 类形式的股票数据并赋给 `arr`。

❑ 第 11 行代码输出 ndarray 类形式的股票数据 `arr`。

❑ 第 12 行代码通过调用 `np.savetxt` 将股票数据存储到当前目录的 stock_ 600848_ 202003.csv 文件中。由于交易日期和股票代码不是数值数据，因此，这里指定 `fmt='%s'`，表示将数组 `arr` 中的各列数据以字符串格式写入 CSV 文件。

❑ 第 13 行代码通过调用 `np.loadtxt` 从当前目录的 stock_600848_202003.csv 文件中读取数据，并将读取的数据赋给 `data`。这里指定 `usecols=(0,1,3)`，表示只读取第 1、2、4 这三列数据，分别对应股票的交易日期、开盘价和收盘价。由于第 1 列交易日期无法转换为浮点数，因此这里通过 `converters={0:datestr2num}` 指定将第 1 列数据通过 `datestr2num` 函数映射为数值。第 5~6 行代码是 `datestr2num` 函数的定义，其用于将传入的日期转换为一周的第几天。2020-03-02 是周一，因此 `datestr2num` 返回的结果是 0。

❑ 第 15 行代码将读取的 3 列数据输出。对比第 15 行代码的输出结果和第 11 行代码的输出结果，可以看到第 15 行代码输出数据是第 11 行代码输出的第 1、2、4 列数据，与前面的分析一致。

❑ 第 16 行代码再次调用 `np.loadtxt`，此时 `usecols=(1,3)` 表示只读取第 2 列和第 4 列数据，分别对应股票的开盘价和收盘价。另外，指定 unpack 参数值为

True，表示将读取的每列数据单独存储，这里分别使用 open_price 和 close_price 接收 np.loadtxt 返回的两列数据。第 17 行和第 18 行代码分别输出 open_price 和 close_price，从输出结果上可以看到，每列数据对应一个一维 ndarray 类数组对象。

2.3 索引和切片

与 Python 内置的列表、元组和字符串这些序列类型相同，ndarray 类数组也可以使用索引和切片方式进行元素的操作。对于具有 n 个维度的 ndarray 对象 arr，通过索引访问单个元素的语法格式如下：

```
arr[idx_1,idx_2,…,idx_i,…,idx_n]
```

其中，idx_i(i=1, 2, …, n) 是待操作元素在每个维度的索引值，与 Python 内置序列类型数据索引方式相同，数组索引从 0 开始。

切片的语法格式如下：

```
arr[range_1,range_2,…,range_i,…,range_n]
```

其中，range_i(i=1, 2, …, n) 既可以是一个索引值，也可以是一个包含多个索引值的序列，还可以是 beg_i:end_i:step_i 这种形式。对于 beg_i:end_i:step_i，与 Python 内置序列类型数据切片方式相同，beg_i 缺省，就从索引为 0 的元素开始截取；end_i 缺省，则截取到最后一个元素；step_i 缺省，将以 1 为步长。

下面通过代码清单 2-6 说明数组索引和切片的具体操作方法。

代码清单 2-6   索引和切片示例

```
1   import numpy as np # 导入numpy
2   from datetime import datetime # 导入datetime
3
4   def datestr2num(s): # 根据日期获取一周的第几天（0表示周一，1表示周二，…）
5       return datetime.strptime(s.decode('utf-8'),'%Y-%m-%d').date().weekday()
6
7   data = np.loadtxt('./stock_600848_202003.csv', delimiter=',', converters=
        {0:datestr2num}, usecols=range(5)) # 从CSV文件读取前5列股票数据
8   print('输出前5行元素: \n',data[0:5,:])
9   print('输出前5行的第2列和第3列元素: \n',data[0:5,1:3])
10  print('输出前5行的第2列和第4列元素: \n',data[0:5,(1,3)])
11  print('输出前5行的第2列元素: \n',data[0:5,1])
12  print('输出第3行和第5行的第2列和第4列元素: \n',data[(2,4),:][:,(1,3)])
13  print('输出倒数第2、3行的第2列和第4列元素: \n',data[(-2,-3),:][:,(1,3)])
14  print('输出第3行的第2列元素: \n',data[2,1])
15  data[2,(1,3)]=-1 # 将第3行的第2列元素和第4列元素置为-1
16  print('部分元素赋值为-1后输出前5行元素: \n',data[0:5,:])
17  print('输出第3行元素: \n',data[2])
```

程序执行完毕后，屏幕上将输出下面的结果：

输出前5行元素：
```
[[ 0.    20.52 21.08 21.1  20.52]
 [ 1.    21.28 21.3  21.77 21.1 ]
 [ 2.    21.13 21.47 21.54 20.97]
 [ 3.    21.87 21.64 21.87 21.5 ]
 [ 4.    21.6  21.46 21.61 21.38]]
```
输出前5行的第2列和第3列元素：
```
[[20.52 21.08]
 [21.28 21.3 ]
 [21.13 21.47]
 [21.87 21.64]
 [21.6  21.46]]
```
输出前5行的第2列和第4列元素：
```
[[20.52 21.1 ]
 [21.28 21.77]
 [21.13 21.54]
 [21.87 21.87]
 [21.6  21.61]]
```
输出前5行的第2列元素：
```
[20.52 21.28 21.13 21.87 21.6 ]
```
输出第3行和第5行的第2列和第4列元素：
```
[[21.13 21.54]
 [21.6  21.61]]
```
输出倒数第2、3行的第2列和第4列元素：
```
[[18.62 20.3 ]
 [19.   19.16]]
```
输出第3行的第2列元素：
```
 21.13
```
部分元素赋值为-1后输出前5行元素：
```
[[ 0.    20.52 21.08 21.1  20.52]
 [ 1.    21.28 21.3  21.77 21.1 ]
 [ 2.    -1.   21.47 -1.   20.97]
 [ 3.    21.87 21.64 21.87 21.5 ]
 [ 4.    21.6  21.46 21.61 21.38]]
```
输出第3行元素：
```
 [ 2.    -1.   21.47 -1.   20.97]
```

下面对代码清单2-6中的代码做简要说明。

❑ 第8行代码的data[0:5,:]中，逗号前面的"0:5"表示截取data的前5行元素，逗号后面的"："表示截取所有列的元素。因此，该切片操作的返回结果对应data的前5行元素。

❑ 第9行代码的data[0:5,1:3]中，逗号前面的"0:5"表示截取data的前5行元素，逗号后面的"1:3"表示截取data中的第2～3列元素。因此，该切片操作的返回结果对应data前5行的第2列和第3列元素。

❑ 第10行代码的data[0:5,(1,3)]中，逗号前面的"0:5"表示截取data的前5行元素，逗号后面的(1,3)表示截取data中的第2列和第4列元素。因此，该切片操作的返回结果对应data前5行的第2列和第4列元素。

❑ 第11行代码的data[0:5,1]中，逗号前面的"0:5"表示截取data的前5行元素，逗号后面的"1"表示截取data的第2列元素。因此，该切片操作的返回结果对应 data 前 5 行的第 2 列元素（即得到一个一维数组）。

❑ 第 12 行代码的 data[(2,4),:][:,(1,3)] 中，前面一对中括号切片操作的返回结果对应 data 第 3 行和第 5 行的元素（为方便叙述，将该切片操作返回结果记为 A）；后面一对中括号是在前面切片操作返回结果 A 的基础上再做切片操作，其返回结果对应 A 中第 2 列和第 4 列的元素。因此，data[(2,4),:][:,(1,3)] 最后返回的结果对应 data 第 3 行和第 5 行的第 2 列和第 4 列元素。需要注意，对于行截取和列截取均基于序列数据的情况，必须分两次切片操作进行。如果将 data[(2,4),:][:,(1,3)] 改写为 data[(2,4),(1,3)]，则其返回的结果会有所不同。

❑ 与第 12 行代码类似，第 13 行代码的 data[(-2,-3),:][:,(1,3)] 通过两次切片操作得到的返回结果对应 data 倒数第 2、3 行的第 2 列和第 4 列元素。

❑ 第 14 行代码中，data[2,1] 的返回结果对应 data 第 3 行的第 2 列元素（即得到的是一个元素，而不再是一个 ndarray 类对象）。

❑ 第 15 行代码中，先通过 data[2,(1,3)] 访问到 data 第 3 行的第 2 列和第 4 列元素，再通过赋值运算将这两个元素置为 -1。从第 16 行代码输出的 data 的前 5 行数据中可以看到，对应元素的值已被修改为 -1。

❑ 第 17 行代码通过 data[2] 只指定了要访问元素的行，而没有指定列，此时会访问 data 中的第 3 行元素，并以一维数组的形式返回结果。

提示

1）在 ndarray 类数组的切片操作中，还可以使用 3 个连续的点（…）表示任意多个逗号分开的冒号（:),以形成与待切片数组维度相同的索引项。例如，x 是一个具有 5 个维度的 ndarray 类数组，则有以下等价写法成立：

❑ x[1,2,…] 等价于 x[1,2,:,:,:]，即前 2 个维度仅分别取索引为 1 和索引为 2 的元素，后 3 个维度的数据则全部截取。

❑ x[…,3] 等价于 x[:,:,:,:,3]，即前 4 个维度的数据全部截取，第 5 个维度仅取索引为 3 的元素。

❑ x[4,…,5,:] 等价于 x[4,:,:,5,:]，即第 1 个维度和第 4 个维度分别取索引为 4 和索引为 5 的元素，其他 3 个维度的数据则全部截取。

2）在数据分析中，一维数据和二维数据的处理最为常见，三维及更高维数据使用较少。对于初学者来说，建议先重点掌握一维和二维数据的处理方法，暂时忽略三维及更高维数据的情况。

2.4 数据拷贝

如果需要实现一个 ndarray 类数组对象中数据的拷贝，则应使用数组对象调用 copy 方法生成数组对象的一个副本。该副本与原数组对象完全独立，即对原数组对象的修改不会对副本数组对象有任何影响，反之亦然。下面通过代码清单 2-7 展示 copy 方法的具体使用。

代码清单 2-7 数组对象 copy 方法使用示例

```
1   a = np.arange(1,13).reshape(3,4) # 创建一个3行4列的二维数组对象a
2   print('a:\n',a) # 输出a
3   b = a.copy() # 调用copy方法生成a的副本并赋给b
4   print('b is a:',b is a) # 使用is判断b和a是否对应同一个数组对象
5   a[2,1] = -1 # 将a中第3行第2列的元素修改为-1
6   print('a:\n',a) # 输出a
7   print('b:\n',b) # 输出b
```

程序执行完毕后，将在屏幕上输出下面的结果：

```
a:
 [[ 1  2  3  4]
 [ 5  6  7  8]
 [ 9 10 11 12]]
b is a: False
a:
 [[ 1  2  3  4]
 [ 5  6  7  8]
 [ 9 -1 11 12]]
b:
 [[ 1  2  3  4]
 [ 5  6  7  8]
 [ 9 10 11 12]]
```

下面对代码清单 2-7 中的代码做简要说明。

❑ 第 3 行代码通过调用 copy 方法生成 a 的副本，并将该副本数组对象赋给 b。

❑ 第 4 行代码使用 is 判断 a 和 b 是否对应同一数组对象，从输出结果 False 可知，a 和 b 对应不同的数组对象。

❑ 第 5 行代码将 a 中第 3 行、第 2 列元素的值修改为 -1。

❑ 第 6 行代码依次输出 a 和 b 的值，从输出结果可知，对 a 所做的修改并没有对 b 产生任何影响，b 仍然保持原来的值。

提示

1）使用 copy 方法进行数组对象拷贝，能够使得生成的副本数组对象与原副本对象完全独立。这种拷贝方法称为**深拷贝**。

2）不使用 copy 方法，而是采用直接赋值的方式，两个变量将对应同一个数组对象。此时，若通过一个变量修改数组对象的值，那么使用另一个变量访问数组对象时也会看到修改后的值。

3）使用 reshape、T 等方法或属性获取改变形状后的数组对象，以及使用切片操作得到由数组对象部分或全部元素组成的数组对象，新的数组对象实际上是原数组对象的一个视图（或称为**浅拷贝**）。新数组对象与原数组对象虽然对应不同的对象，但其数据元素不具有独立性，对一个对象中的元素做修改，则另一个对象中的元素也会随之改变。

下面通过代码清单 2-8 展示数组对象进行直接赋值和浅拷贝操作的结果。

代码清单 2-8 数组对象直接赋值和浅拷贝程序示例

```
1  a = np.arange(1,13).reshape(3,4) # 创建一个3行4列的二维数组对象a
2  print('a:\n',a) # 输出a
3  b = a
4  print('b is a:',b is a) # 使用is判断b和a是否对应同一个数组对象
5  c = a[:,:] # 将对a切片操作的返回结果赋给c
6  print('c is a:',c is a) # 使用is判断c和a是否对应同一个数组对象
7  d = a.reshape(4,3) # 将a.reshape返回的4行3列二维数组对象赋给d
8  print('d is a:',d is a) # 使用is判断d和a是否对应同一个数组对象
9  e = a.T # 将a.T返回的a的转置结果赋给e
10 print('e is a:',e is a) # 使用is判断e和a是否对应同一个数组对象
11 a[2,1] = -1 # 将a中第3行第2列的元素修改为-1
12 print('a:\n',a) # 输出a
13 print('b:\n',b) # 输出b
14 print('c:\n',c) # 输出c
15 print('d:\n',d) # 输出d
16 print('e:\n',e) # 输出e
```

程序执行完毕后，将在屏幕上输出下面的结果：

```
a:
 [[ 1  2  3  4]
 [ 5  6  7  8]
 [ 9 10 11 12]]
b is a: True
c is a: False
d is a: False
e is a: False
a:
 [[ 1  2  3  4]
 [ 5  6  7  8]
 [ 9 -1 11 12]]
b:
 [[ 1  2  3  4]
 [ 5  6  7  8]
 [ 9 -1 11 12]]
c:
 [[ 1  2  3  4]
 [ 5  6  7  8]
 [ 9 -1 11 12]]
d:
 [[ 1  2  3]
 [ 4  5  6]
 [ 7  8  9]
 [-1 11 12]]
e:
 [[ 1  5  9]
 [ 2  6 -1]
 [ 3  7 11]
 [ 4  8 12]]
```

下面对代码清单 2-8 中的代码做简要说明。

❑ 第 3 行代码直接将 a 赋值给 b。从第 4 行代码的输出结果可知，a 和 b 对应同一数组对象。

❑ 第 5 行、第 7 行和第 9 行代码分别将 a 的切片操作结果、reshape 改变形状结果和转置结果赋给了 c、d 和 e。从第 6 行、第 8 行和第 10 行代码的输出结果可知，c、d、e 与 a 对应不同的数组对象。

❑ 第 11 行代码将 a 中第 3 行第 2 列元素的值修改为 −1。

❑ 第 13 行代码输出 b。由于 b 和 a 对应同一数组对象，因此输出的 b 中第 3 行第 2 列元素的值也是 −1。

❑ 第 14～16 行代码分别输出了 c、d 和 e。从输出结果可知，虽然 c、d 和 e 与 a 对应不同的数组对象，但它们实际上都是 a 的视图（即浅拷贝的结果），因此修改 a 中元素值后，c、d、e 对应元素的值也会随之改变。

2.5　数据处理

在对 ndarray 类数组对象进行数据处理时，可以使用运算符、函数或方法，通过运算符的一次运算或函数／方法的一次调用完成数组对象中所有元素的处理。本节分别介绍基础运算、广播机制、通用函数及常用函数和方法。

2.5.1　基础运算

在对 ndarray 类数组对象应用运算符进行处理时，实际上是逐元素完成运算。下面通过代码清单 2-9 展示 ndarray 类对象的基础运算方法。

代码清单 2-9　ndarray 类对象基础运算示例

```
1  import numpy as np
2  x=np.arange(1,7).reshape(2,3)
3  y=np.arange(7,13).reshape(2,3)
4  z=x.T # z为x的转置
5  w=np.array([[1,2,3],[3,2,1]])
6  print('x:\n',x)
7  print('y:\n',y)
8  print('z:\n',z)
9  print('w:\n',w)
10 print('x+y:\n',x+y)  # 输出x和y的逐元素加法结果（x和y的值均不变）
11 print('x+2:\n',x+2)  # 输出x逐元素加2的运算结果（x的值不变）
12 print('x**2:\n',x**2)  # 输出x的逐元素乘方运算结果（x的值不变）
13 print('x*y:\n',x*y)  # 输出x和y的逐元素乘法结果（x和y的值均不变）
14 print('x@z:\n',x@z)  # 输出x和z的矩阵乘法结果（x和z的值均不变）
15 print('x**w:\n',x**w)  # 输出x与w的逐元素幂运算结果（x和w的值均不变）
16 print('x before x+=y:\n',x)  # 输出x+=y运算前的x值
17 x+=y # 将y逐元素加到x上（x的值改变，y的值不变）
18 print('x after x+=y:\n',x)  # 输出x+=y运算后的x值
19 print('y>10:\n',y>10)  # 输出y与10逐元素比较的结果
```

程序执行完毕后，将在屏幕上输出下面的结果：

```
x:
 [[1 2 3]
 [4 5 6]]
y:
 [[ 7  8  9]
 [10 11 12]]
z:
 [[1 4]
 [2 5]
 [3 6]]
w:
 [[1 2 3]
 [3 2 1]]
x+y:
 [[ 8 10 12]
 [14 16 18]]
x+2:
 [[3 4 5]
 [6 7 8]]
x**2:
 [[ 1  4  9]
 [16 25 36]]
x*y:
 [[ 7 16 27]
 [40 55 72]]
x@z:
 [[14 32]
 [32 77]]
x**w:
 [[ 1  4 27]
 [64 25  6]]
x before x+=y:
 [[1 2 3]
 [4 5 6]]
x after x+=y:
 [[ 8 10 12]
 [14 16 18]]
y>10:
[[False False False]
 [False True True]]
```

下面对代码清单 2-9 中的代码做简要说明。

❑ 第 2～5 行代码创建了 4 个 ndarray 类数组对象。

❑ 第 6～9 行代码分别输出了 x、y、z 和 w。从输出结果可以看到，x、y 和 w 是 2 行 3 列的二维数组，而 z 是 3 行 2 列的二维数组（即 x 的转置）。

❑ 第 10 行代码通过 x+y 计算 x 和 y 的逐元素加法，并将计算结果输出到屏幕上。注意，x 和 y 的形状必须完全相同（或者可以通过广播机制自动调整为相同形状），否则会报错。关于广播的具体工作方式，将在 2.5.2 节中介绍。

❑ 第 11 行代码通过 x+2 计算 x 逐元素加 2 的结果，并将计算结果输出到屏幕上。注意，这里实际上会用到广播机制，将右运算数 2 扩展成与 x 相同形状的 2 行 3 列二维数组（每个元素都是 2），再与 x 做加法运算。

- 第 12 行代码通过 x**2 计算 x 逐元素乘方的结果，并将计算结果输出到屏幕上。与第 11 行代码类似，这里也会用到广播机制，将右运算数 2 扩展成与 x 相同形状的 2 行 3 列二维数组（每个元素都是 2）。

- 第 13 行代码通过 x*y 计算 x 和 y 的逐元素乘法结果，并将计算结果输出到屏幕上。注意，x 和 y 的形状必须完全相同（或者可以通过广播机制自动调整为相同形状），否则会报错。

- 第 14 行代码通过 x@z 计算 x 和 z 的矩阵乘法结果，并将计算结果输出到屏幕上。x 是 2 行 3 列的二维数组，而 z 是 3 行 2 列的二维数组，根据矩阵乘法运算规则，结果是 2 行 2 列的二维数组。

- 第 15 行代码通过 x**w 计算 x 与 w 的逐元素幂运算结果，并将计算结果输出到屏幕上。注意，x 和 w 的形状必须完全相同（或者可以通过广播机制自动调整为相同形状），否则会报错。

- 第 16 行代码输出 x+=y 运算前的 x 值，可以看到在前面第 10~15 行代码的执行过程中，x 的值并没有发生改变，说明 x+y、x+2 等运算并不会改变运算数的值。

- 第 17 行代码通过 x+=y 将 y 逐元素加到 x 上。注意，x 和 y 的形状必须完全相同（或者可以通过广播机制自动调整为相同形状），否则会报错。

- 第 18 行代码输出 x+=y 运算后的 x 值，可以看到，通过执行第 17 行的代码，x 的值发生了改变。

- 第 19 行代码通过 y>10 对 y 逐元素计算是否大于 10，并将计算结果输出到屏幕上。从结果中可以看到，对于 y 中大于 10 的元素，其对应结果为 True，表示关系成立；而对于 y 中小于或等于 10 的元素，其对应结果为 False，表示关系不成立。与第 11 行代码类似，这里也会用到广播机制，将右运算数 10 扩展成与 y 相同形状的 2 行 3 列二维数组（每个元素都是 10）。

提示

1）在进行 ndarray 类数组对象的逐像素运算（如加、减、乘、除、乘方、关系运算等）时，要求两个运算数必须是具有相同形状的数组（或者可以通过广播机制自动调整为相同形状），否则程序执行时会报错。例如，如果在上面代码中执行 x*z 则会报如下错误：

```
ValueError: operands could not be broadcast together with shapes (2,3) (3,2)
```

2）@ 是矩阵乘法运算，Python 3.5 或以上版本支持该运算。根据矩阵乘法规则，左操作数数组对象的列数应与右操作数对象的行数相同，否则程序执行时会报错。例如，如果在上面代码中执行 x@y，则会报如下错误：

```
ValueError: matmul: Input operand 1 has a mismatch in its core dimension 0, with
    gufunc signature (n?,k),(k,m?)->(n?,m?) (size 2 is different from 3)
```

下面再通过代码清单 2-10 进一步说明 ndarray 类数组对象基础运算在实际中的应用方

法，该代码的作用是计算股票开盘价、最高价、收盘价、最低价和成交量的平均值。

代码清单 2-10   计算股票各项数据的平均值

```
1   import numpy as np  # 导入numpy
2
3   data = np.loadtxt('./stock_600848_202003.csv', delimiter=',', usecols=range(1,6))
        # 从CSV文件读取第2～6列股票数据（分别对应股票每日的开盘价、最高价、收盘价、最低价和成交量）
4   print('data.shape:',data.shape)
5   avg = np.zeros(5)  # 用于保存平均值
6   print('每日的开盘价、最高价、收盘价、最低价和成交量数据：')
7   for d in data:  # 循环获取每日的股票数据
8       print(d)  # 输出每日的股票数据
9       avg += d  # 将每日数据直接加到avg中
10  avg /= data.shape[0]  # 除以数据条数（即天数）得到各项数据平均值
11  print('开盘价、最高价、收盘价、最低价和成交量的平均值：\n', avg)
```

程序执行完毕后，将在屏幕上输出下面的结果：

```
data.shape: (22, 5)
每日的开盘价、最高价、收盘价、最低价和成交量数据：
[2.0520e+01 2.1080e+01 2.1100e+01 2.0520e+01 5.1902e+04]
[2.128e+01 2.130e+01 2.177e+01 2.110e+01 6.269e+04]
[2.1130e+01 2.1470e+01 2.1540e+01 2.0970e+01 5.2519e+04]
[2.1870e+01 2.1640e+01 2.1870e+01 2.1500e+01 6.3113e+04]
[2.1600e+01 2.1460e+01 2.1610e+01 2.1380e+01 4.4897e+04]
[2.1300e+01 2.0810e+01 2.1310e+01 2.0810e+01 7.0047e+04]
[2.0400e+01 2.0890e+01 2.0990e+01 2.0210e+01 6.7789e+04]
[2.0910e+01 2.1030e+01 2.1500e+01 2.0900e+01 6.6715e+04]
[2.0800e+01 2.0660e+01 2.0880e+01 2.0530e+01 4.8113e+04]
[1.985e+01 2.018e+01 2.036e+01 1.958e+01 7.237e+04]
[2.0310e+01 1.9800e+01 2.0610e+01 1.9700e+01 6.5307e+04]
[2.0000e+01 1.9400e+01 2.0070e+01 1.9180e+01 5.2294e+04]
[1.9580e+01 1.9200e+01 1.9780e+01 1.9050e+01 4.8094e+04]
[1.9110e+01 1.9200e+01 1.9250e+01 1.8660e+01 6.1516e+04]
[1.920e+01 1.924e+01 1.933e+01 1.901e+01 2.962e+04]
[1.8700e+01 1.8650e+01 1.8900e+01 1.8620e+01 3.0648e+04]
[1.8840e+01 1.8900e+01 1.9180e+01 1.8620e+01 3.4618e+04]
[1.9170e+01 1.9230e+01 1.9350e+01 1.9000e+01 5.2548e+04]
[1.9170e+01 1.8910e+01 1.9190e+01 1.8870e+01 3.4692e+04]
[1.900e+01 1.885e+01 1.916e+01 1.882e+01 2.982e+04]
[1.8620e+01 1.9600e+01 2.0300e+01 1.8180e+01 8.7474e+04]
[1.95000e+01 2.01000e+01 2.03800e+01 1.92100e+01 1.15167e+05]
开盘价、最高价、收盘价、最低价和成交量的平均值：
[2.00390909e+01 2.00727273e+01 2.03831818e+01 1.97463636e+01
5.64524091e+04]
```

下面对代码清单 2-10 中的代码做简要说明。

❏ 第 7～9 行代码通过 for 循环逐条获取 data 中保存的每日股票数据。从输出结果
中可以看到：data 是一个 22 行 5 列的二维数组；对二维数组使用 for 循环遍历，
每次得到的是一行数据（即一个一维数组）。每访问到一行数据，通过"+="运算
将其加到 avg 上，此时涉及 ndarray 类数组对象的基础运算。

❑ 第 10 行代码通过 "/=" 得到各项数据平均值，此时右运算数是二维数组 data 的
行数（即 22），其会通过广播机制自动拉伸为与 avg 相同形状的 1 行 5 列一维数
组，即 [22,22,22,22,22]。

2.5.2　广播机制

当使用 ndarray 类数组对象进行运算时，如果数组对象的形状不满足运算要求，则系统
会通过简单的元素复制操作自动对长度为 1 的维度进行拉伸，以使得数组对象可以支持相
应运算，这就是 NumPy 中的广播机制。下面通过代码清单 2-11 给出的简单示例说明广播
机制的工作方式。

代码清单 2-11　广播机制示例

```
1   import numpy as np
2   x=np.arange(1,7).reshape(2,3)
3   y=np.arange(7,10)
4   z=np.arange(7,9).reshape(2,1)
5   print('x:\n',x)
6   print('y:\n',y)
7   print('z:\n',z)
8   print('x*2:\n',x*2)    # 输出x逐元素乘2的运算结果
9   print('x*y:\n',x*y)    # 输出x和y逐元素相乘的运算结果
10  print('x*z:\n',x*z)    # 输出x和z逐元素相乘的运算结果
```

程序执行完毕后，将在屏幕上输出下面的结果：

```
x:
 [[1 2 3]
 [4 5 6]]
y:
 [7 8 9]
z:
 [[7]
 [8]]
x*2:
 [[ 2  4  6]
 [ 8 10 12]]
x*y:
 [[ 7 16 27]
 [28 40 54]]
x*z:
 [[ 7 14 21]
 [32 40 48]]
```

下面对代码清单 2-11 中的代码做简要说明。

❑ 第 2~4 行代码创建了 3 个 ndarray 类数组对象。

❑ 第 5~7 行代码分别输出了 x、y 和 z。从输出结果可以看到，x 是 2 行 3 列的二维
数组，y 是包含 3 个元素的一维数组，而 z 是 2 行 1 列的二维数组。

❑ 第 8 行代码进行 x*2 的运算时，会通过广播机制自动将 2 拉伸为一个 2 行 3 列的
二维数组，即 [[2,2,2],[2,2,2]]。关于拉伸过程可参考下面的提示。

❑ 第 9 行代码进行 x*y 的运算时，会通过广播机制自动将 y 拉伸为一个 2 行 3 列的二维数组，即 [[7,8,9],[7,8,9]]。关于拉伸过程可参考下面的提示。

❑ 第 10 行代码进行 x*z 的运算时，会通过广播机制自动将 2 行 1 列的二维数组 z 沿长度为 1 的维度（即列）进行拉伸，将 1 列元素复制两份得到 2 行 3 列的二维数组，即 [[7,7,7],[8,8,8]]。

提示

1）对于维度较少的数组对象，会自动在其前面追加长度为 1 的维度。例如，在代码清单 2-11 中，x 是一个 2 行 3 列的二维数组，而 y 是一个包含 3 个元素的一维数组；在进行 x*y 的运算时，先通过在 y 前面追加一个长度为 1 的维度得到一个 1 行 3 列的二维数组（即 [[7,8,9]]），再通过对新追加的长度为 1 的第一个维度进行拉伸，得到与 x 形状相同的 2 行 3 列二维数组对象（即 [[7,8,9],[7,8,9]]）。在进行 x*2 的运算时也是类似，先根据右运算数 2 生成只有一个元素的一维数组对象（即 [2]），再通过在前面追加一个长度为 1 的维度得到一个 1 行 1 列的二维数组（即 [[2]]），最后通过对长度为 1 的两个维度分别进行拉伸，得到与 x 形状相同的 2 行 3 列二维数组对象（即 [[2,2,2],[2,2,2]]）。

2）广播机制只是概念上对数组对象长度为 1 的维度进行拉伸，实际上并不会真正进行元素复制操作，而是通过 C 语言的循环实现更加高效的处理。

2.5.3　通用函数

通用函数（universal function，简写为 ufunc）是指对传入的 ndarray 类数组对象以逐元素的方式进行运算，运算结果仍然是 ndarray 类数组对象。例如，NumPy 提供了 sin、cos、exp 等数学函数，与 math 模块提供的数学函数相比，NumPy 提供的这些函数可以对数组对象进行逐元素的运算并返回保存运算结果的数组对象。根据 NumPy 的官方文档[⊖]，通用函数分为数学运算函数、三角运算函数、位运算函数、比较运算函数和浮点运算函数。附录 A 中给出了 NumPy 的通用函数列表。

提示

对于 NumPy 提供的通用函数，可以使用 numpy.info 查看相关信息。例如，执行下面的代码后，可查看 numpy.add 通用函数的详细信息，如图 2-3 所示。从图 2-3 的 Notes 中可以看到，对于两个 ndarray 类数组对象 x1 和 x2，numpy.add(x1,x2) 等价于 x1+x2。

```
import numpy as np
np.info(np.add)
```

⊖ https://numpy.org/doc/stable/reference/ufuncs.html#ufunc。

```
In [1]:    1  import numpy as np
           2  np.info(np.add)
```

```
add(x1, x2, /, out=None, *, where=True, casting='same_kind', order='K', dtype=None, subok=True[, signature, extobj])

Add arguments element-wise.

Parameters
----------
x1, x2 : array_like
    The arrays to be added.  If ``x1.shape != x2.shape``, they must be
    broadcastable to a common shape (which may be the shape of one or
    the other).
out : ndarray, None, or tuple of ndarray and None, optional
    A location into which the result is stored. If provided, it must have
    a shape that the inputs broadcast to. If not provided or `None`,
    a freshly-allocated array is returned. A tuple (possible only as a
    keyword argument) must have length equal to the number of outputs.
where : array_like, optional
    Values of True indicate to calculate the ufunc at that position, values
    of False indicate to leave the value in the output alone.
**kwargs
    For other keyword-only arguments, see the
    :ref:`ufunc docs <ufuncs.kwargs>`.

Returns
-------
add : ndarray or scalar
    The sum of `x1` and `x2`, element-wise.
    This is a scalar if both `x1` and `x2` are scalars.

Notes
-----
Equivalent to `x1` + `x2` in terms of array broadcasting.

Examples
--------
>>> np.add(1.0, 4.0)
5.0
```

图 2-3　使用 numpy.info 查看通用函数详细信息

下面再通过代码清单 2-12 了解 ndarray 类通用函数在实际中的应用方法，该代码的作用是计算股票开盘价、最高价、收盘价、最低价及成交量的最大值和最小值。其中用到了两个通用函数 maximum 和 minimum，它们的语法格式如下：

```
numpy.maximum(x1,x2)
numpy.minimum(x1,x2)
```

x1 和 x2 是两个具有相同形状（或可通过广播机制拉伸为相同形状）的 ndarray 类数组对象。numpy.maximum(x1,x2) 返回一个与 x1 和 x2 形状相同的 ndarray 类数组对象，其每个位置上的元素的值对应 x1 和 x2 中相应位置上的元素的最大值；numpy.minimum(x1,x2) 的功能正好相反，其返回的 ndarray 数组对象中，每个位置上的元素的值对应 x1 和 x2 中相应位置上的元素的最小值。

代码清单 2-12　计算股票各项数据的最大值和最小值

```
1  import numpy as np  # 导入numpy
2
3  data = np.loadtxt('./stock_600848_202003.csv', delimiter=',', usecols=range(1,6))
       # 从CSV文件读取第2～6列股票数据（分别对应股票每日的开盘价、最高价、收盘价、最低价和成交量）
4  print('data.shape:',data.shape)
5  print('每日的开盘价、最高价、收盘价、最低价和成交量数据：')
6  maxval = data[0]  # 用于保存最大值（先假设第1天的股票各数据项为最大值）
7  minval = data[0]  # 用于保存最小值（先假设第1天的股票各数据项为最小值）
```

```
8    print(data[0])  # 输出第1天的股票数据
9    for i in range(1,data.shape[0]):  # 循环获取每日的股票数据
10       print(data[i])  # 输出每日的股票数据
11       maxval = np.maximum(maxval, data[i])  # 用当前股票数据更新当前保存的各数据项最大值
12       minval = np.minimum(minval, data[i])  # 用当前股票数据更新当前保存的各数据项最小值
13   print('开盘价、最高价、收盘价、最低价和成交量的最大值：\n', maxval)
14   print('开盘价、最高价、收盘价、最低价和成交量的最小值：\n', minval)
```

程序执行完毕后，将在屏幕上输出下面的结果：

```
data.shapc: (22, 5)
每日的开盘价、最高价、收盘价、最低价和成交量数据：
[2.0520e+01 2.1080e+01 2.1100e+01 2.0520e+01 5.1902e+04]
[2.128e+01 2.130e+01 2.177e+01 2.110e+01 6.269e+04]
[2.1130e+01 2.1470e+01 2.1540e+01 2.0970e+01 5.2519e+04]
[2.1870e+01 2.1640e+01 2.1870e+01 2.1500e+01 6.3113e+04]
[2.1600e+01 2.1460e+01 2.1610e+01 2.1380e+01 4.4897e+04]
[2.1300e+01 2.0810e+01 2.1310e+01 2.0810e+01 7.0047e+04]
[2.0400e+01 2.0890e+01 2.0990e+01 2.0210e+01 6.7789e+04]
[2.0910e+01 2.1030e+01 2.1500e+01 2.0900e+01 6.6715e+04]
[2.0800e+01 2.0660e+01 2.0880e+01 2.0530e+01 4.8113e+04]
[1.985e+01 2.018e+01 2.036e+01 1.958e+01 7.237e+04]
[2.0310e+01 1.9800e+01 2.0610e+01 1.9700e+01 6.5307e+04]
[2.0000e+01 1.9400e+01 2.0070e+01 1.9180e+01 5.2294e+04]
[1.9580e+01 1.9200e+01 1.9780e+01 1.9050e+01 4.8094e+04]
[1.9110e+01 1.9200e+01 1.9250e+01 1.8660e+01 6.1516e+04]
[1.920e+01 1.924e+01 1.933e+01 1.901e+01 2.962e+04]
[1.8700e+01 1.8650e+01 1.8900e+01 1.8620e+01 3.0648e+04]
[1.8840e+01 1.8900e+01 1.9180e+01 1.8620e+01 3.4618e+04]
[1.9170e+01 1.9230e+01 1.9350e+01 1.9000e+01 5.2548e+04]
[1.9170e+01 1.8910e+01 1.9190e+01 1.8870e+01 3.4692e+04]
[1.900e+01 1.885e+01 1.916e+01 1.882e+01 2.982e+04]
[1.8620e+01 1.9600e+01 2.0300e+01 1.8180e+01 8.7474e+04]
[1.95000e+01 2.01000e+01 2.03800e+01 1.92100e+01 1.15167e+05]
开盘价、最高价、收盘价、最低价和成交量的最大值：
 [2.18700e+01 2.16400e+01 2.18700e+01 2.15000e+01 1.15167e+05]
开盘价、最高价、收盘价、最低价和成交量的最小值：
 [1.862e+01 1.865e+01 1.890e+01 1.818e+01 2.962e+04]
```

下面对代码清单 2-12 中的代码做简要说明。

❑ 第 6～7 行代码先假设第 1 天的股票各项数据为最大值和最小值。

❑ 第 9～12 行代码通过 for 循环依次访问第 2 天及以后的股票数据，并根据当前访问的股票数据分别调用 np.maximum 和 np.minimum 函数更新原来保存的各项数据的最大值和最小值。以 np.maximum 函数为例，如果当前股票数据中的开盘价大于原来保存在 maxval 中的开盘价，则 maxval 中的开盘价会被更新为当前股票数据中的开盘价，否则 maxval 中的开盘价不会被更新；对其他数据项的处理也相同。因此，maxval 中的各数据项对应当前已看到的股票数据各数据项的最大值；当循环执行完毕，maxval 中的各数据项对应所有股票数据各数据项的最大值。

2.5.4　常用函数和方法

NumPy 提供了对 ndarray 类数组对象进行处理的大量函数和方法[⊖]，这里仅介绍本节程序示例所涉及的函数，如表 2-3 所示。

表 2-3　本节程序示例涉及的函数

函　　数	描　　述

numpy.amax(a, axis=None)	• 参数：a 是一个 ndarray 类数组对象；axis 是整数，用于指定计算的轴，即沿哪个维度进行求最大值的计算，默认值 None 表示对 a 中的所有元素进行求最大值的计算
	• 返回值：axis 为 None 则返回一个标量，其对应数组对象 a 中所有元素的最大值；否则返回一个 a.ndim-1 维的数组，数组中的每个元素对应沿 axis 维度计算得到的一个最大值
	• 示例：
	
	```import numpy as np```
	```x = np.arange(1,13).reshape(3,4) # 创建一个3行4列的二维数组```
	```print(x) # 输出[[1 2 3 4]```
	```# [5 6 7 8]```
	```# [9 10 11 12]]```
	```print(np.amax(x)) # 输出12```
	```print(np.amax(x, axis=0)) # 输出[9 10 11 12]，axis=0表示沿行的```
	``` 方向计算最大值，即结果中的每个元素对应一列的最大值```
	```print(np.amax(x, axis=1)) # 输出[4 8 12]，axis=1表示沿列的方向```
	``` 计算最大值，即结果中的每个元素对应一行的最大值```

numpy.amin(a, axis=None)	用于计算数组对象 a 中所有元素的最小值，或沿指定轴 axis 计算元素最小值
numpy.ptp(a, axis=None)	用于计算数组对象 a 中所有元素的波动幅度（即最大值−最小值），或沿指定轴 axis 计算元素波动幅度
numpy.median(a, axis=None)	用于计算数组对象 a 中所有元素的中值，或沿指定轴 axis 计算元素中值
numpy.percentile(a, q, axis=None)	用于计算数组对象 a 中所有元素的 q 百分位数，或沿指定轴 axis 计算元素的 q 百分位数（q 在 [0,100] 区间上取值）
numpy.mean(a, axis=None)	用于计算数组对象 a 中所有元素的均值，或沿指定轴 axis 计算元素均值
numpy.var(a, axis=None)	用于计算数组对象 a 中所有元素的方差，或沿指定轴 axis 计算元素方差
numpy.std(a, axis=None)	用于计算数组对象 a 中所有元素的标准差，或沿指定轴 axis 计算元素标准差

numpy.average(a, axis=None, weights=None)	• 用于计算数组对象 a 中所有元素的加权平均值，或沿指定轴 axis 计算元素的加权平均值。其中 weights 参数指定权值
	• 示例：
	
	```import numpy as np```
	```a=np.arange(1,7).reshape(2,3) # 创建2行3列的二维数组对象```
	```print(a) # 输出[[1 2 3]```
	```# [4 5 6]]```
	```w = [0.1, 0.3, 0.6] # 设置权值```
	```print(np.average(a, axis=1, weights=w)) # 输出[2.5 5.5]，即```
	``` 1*0.1+2*0.3+3*0.6=2.5，4*0.1+5*0.3+6*0.6=5.5```

numpy.sort(a, axis=-1, order=None)	用于沿指定轴 axis 对数组对象 a 进行排序，默认值 axis=-1 表示沿最后一个轴排序。使用 order 参数可指定排序字段的顺序。具体程序示例可参考代码清单 2-14

⊖　https://numpy.org/doc/stable/reference/routines.html#routines。

（续）

函　　数	描　　述

numpy.diff(a, axis=-1)	• 用于沿指定轴 axis 对数组对象 a 中相邻两个元素计算差值（后一个元素 – 前一个元素）。默认值 axis=-1 表示沿最后一个轴计算。
	• 示例：
	<pre>import numpy as np
	a = np.array([[1.1,2.3,1.5],
	              [2.1,1.9,0.7],
	              [1.5,3.5,0.9]])
	print(np.diff(a, axis=0)) # 输出[[1. -0.4 -0.8]
	                         # [-0.6 1.6 0.2]]
	print(np.diff(a, axis=1)) # 输出[[1.2 -0.8]
	                         # [-0.2 -1.2]
	                         # [2. -2.6]]</pre>

numpy.where(conditions)	• 用于获取条件 conditions 返回结果为真的元素所对应的索引
	• 示例：
	<pre>import numpy as np
	a = np.array([1.1,2.3,1.5])
	print(np.where(a>1.2)) # 输出(array([1, 2], dtype=int64),)，表
	    示a>1.2返回结果中索引为1和2的两个元素值为True
	print(a[np.where(a>1.2)]) # 输出[2.3 1.5]，即获取满足条件a>1.2的
	    那些元素
	print(np.where(a<1.8)) # 输出(array([0, 2], dtype=int64),)，表
	    示a<1.8返回结果中索引为0和2的两个元素值为True
	print(a[np.where(a<1.8)]) # 输出[1.1 1.5]，即获取满足条件a<1.8的
	    那些元素</pre>

numpy.log(x)	NumPy 的通用函数，用于逐元素对数组对象 x 计算自然对数

numpy.split(a, indices, axis=0)	• 用于将数组对象 a 沿指定轴 axis 切分成多个子数组对象并以列表形式返回。indices 用于指定切分位置
	• 示例：
	<pre>import numpy as np
	x = np.arange(1,11).reshape(5,2) # 创建5行5列的二维数组
	ind = [1, 3] # 切分位置为1和3
	print(np.split(x, ind, axis=0)) # 输出[array([[1, 2]]),
	    array([[3, 4], [5, 6]]), array([[7, 8], [9, 10]])]，即
	    沿行的方向对数组对象x进行切分得到由3个子数组对象组成的列表。第一个子
	    数组对象只包含原数组对象的第1行、第二个子数组对象包含原数组对象的第2
	    行和第3行（ind中第1个切分位置1对应第二个子数组对象数据在原数组对象
	    的起始位置）、第三个子数组对象包含原数组对象的第4行和第5行（ind中第
	    2个切分位置3对应第三个子数组对象数据在原数组对象的起始位置）</pre>

numpy.hstack(tup)	• 用于将序列 tup 中的多个数组对象进行水平堆叠，返回堆叠后的数组对象
	• 示例：
	<pre>import numpy as np
	a = np.arange(1,5).reshape(2,2) # 创建2行2列的数组对象
	b = np.arange(5,9).reshape(2,2) # 创建2行2列的数组对象
	print(a) # 输出[[1 2]
	         # [3 4]]
	print(b) # 输出[[5 6]
	         # [7 8]]
	print(np.hstack([a,b])) # 输出[[1 2 5 6]
	                        # [3 4 7 8]]</pre>

（续）

函　　数	描　　述
numpy.vstack(tup)	用于将序列 tup 中的多个数组对象进行垂直堆叠，返回堆叠后的数组对象

numpy.unique(ar, return_index=False)	• 用于滤除数组对象中的重复元素值
	• 示例：
	`import numpy as np`
	`a = np.array([1, 3, 3, 2, 3, 2, 1])`
	`print(np.unique(a))` # 输出[1 2 3]，即数组对象a中所包含的元素值（重复值只保留一个）
	`print(np.unique(a, return_index=True))` # 输出(array([1, 2, 3]), array([0, 3, 1], dtype=int64))，将return_index指定为True则会同时返回每一个不重复元素的索引。0对应a中第一个1的索引，3对应a中第一个2的索引，1对应a中第一个3的索引

下面再通过代码清单 2-13～2-16 掌握 ndarray 类函数在实际中的应用。

代码清单 2-13　对股票数据进行基本的统计分析

```
1  import numpy as np # 导入numpy
2
3  data = np.loadtxt('./stock_600848_202003.csv', delimiter=',', usecols=range(1,6))
       # 从CSV文件读取第2～6列股票数据（分别对应股票每日的开盘价、最高价、收盘价、最低价和成交量）
4  data_amax = np.amax(data, axis=0) # 分列计算各数据项最大值
5  data_amin = np.amin(data, axis=0) # 分列计算各数据项最小值
6  data_ptp = np.ptp(data, axis=0) # 分列计算各数据项波动幅度
7  data_median = np.median(data, axis=0) # 分列计算各数据项中值
8  data_p25 = np.percentile(data, q=25, axis=0) # 分列计算各数据项25百分位数
9  data_p75 = np.percentile(data, q=75, axis=0) # 分列计算各数据项75百分位数
10 data_mean = np.mean(data, axis=0) # 分列计算各数据项均值
11 data_var = np.var(data, axis=0) # 分列计算各数据项方差
12 data_std = np.std(data, axis=0) # 分列计算各数据项标准差
13 print('最大值: \n',data_amax)
14 print('最小值: \n',data_amin)
15 print('波动幅度: \n',data_ptp)
16 print('最大值-最小值: \n',data_amax-data_amin)
17 print('中值: \n',data_median)
18 print('25百分位数: \n',data_p25)
19 print('75百分位数: \n',data_p75)
20 print('均值: \n',data_mean)
21 print('方差: \n',data_var)
22 print('根据均值计算方差: \n',np.mean((data-data_mean)**2, axis=0))
23 print('标准差: \n',data_std)
24 price = data[:,(0,2)] # 取第1列和第3列的开盘价和收盘价数据
25 volume = data[:,4] # 取第5列成交量数据
26 data_avg = np.average(price, weights=volume, axis=0) # 计算开盘价和收盘价的加权平均值（以成交量作为权值）
27 print('加权（成交量）平均收盘价: \n',data_avg)
```

程序执行完毕后，将在屏幕上输出下面的结果：

最大值：

```
[2.18700e+01 2.16400e+01 2.18700e+01 2.15000e+01 1.15167e+05]
```

最小值：
```
[1.862e+01 1.865e+01 1.890e+01 1.818e+01 2.962e+04]
```
波动幅度：
```
[3.2500e+00 2.9900e+00 2.9700e+00 3.3200e+00 8.5547e+04]
```
最大值-最小值：
```
[3.2500e+00 2.9900e+00 2.9700e+00 3.3200e+00 8.5547e+04]
```
中值：
```
[1.99250e+01 1.99500e+01 2.03700e+01 1.93950e+01 5.25335e+04]
```
25百分位数：
```
[1.917000e+01 1.920750e+01 1.933500e+01 1.890250e+01 4.569625e+04]
```
75百分位数：
```
[2.08825e+01 2.09950e+01 2.12575e+01 2.07400e+01 6.63630e+04]
```
均值：
```
[2.00390909e+01 2.00727273e+01 2.03831818e+01 1.97463636e+01
 5.64524091e+04]
```
方差：
```
[9.91908264e-01 9.66492562e-01 9.43694421e-01 1.04468678e+00
 3.93459881e+08]
```
根据均值计算方差：
```
[9.91908264e-01 9.66492562e-01 9.43694421e-01 1.04468678e+00
 3.93459881e+08]
```
标准差：
```
[9.95945914e-01 9.83103536e-01 9.71439356e-01 1.02209920e+00
 1.98358232e+04]
```
加权（成交量）平均收盘价：
```
[20.09986837 20.52667968]
```

代码清单 2-14   对股票数据进行排序

```python
1  import numpy as np # 导入numpy
2
3  data = np.loadtxt('./stock_600848_202003.csv', delimiter=',', usecols=range(1,6))
       # 从CSV文件读取第2~6列股票数据（分别对应股票每日的开盘价、最高价、收盘价、最低价和成交量）
4  dt=np.dtype({'names':['open','high','close','low','volume'], 'formats':[np.
       float64]*5}) # 生成np.dtype对象，用于指定ndarray类数组对象的字段（即每一列）名称
5  data.dtype = dt
6  data_sorted = np.sort(data,axis=0,order=['volume'])
7  print('排序结果: \n',data_sorted)
```

程序执行完毕后，屏幕上将输出下面的结果：

排序结果：
```
[[(19.2 , 19.24, 19.33, 19.01,  29620.)]
 [(19.  , 18.85, 19.16, 18.82,  29820.)]
 [(18.7 , 18.65, 18.9 , 18.62,  30648.)]
 [(18.84, 18.9 , 19.18, 18.62,  34618.)]
 [(19.17, 18.91, 19.19, 18.87,  34692.)]
 [(21.6 , 21.46, 21.61, 21.38,  44897.)]
 [(19.58, 19.2 , 19.78, 19.05,  48094.)]
 [(20.8 , 20.66, 20.88, 20.53,  48113.)]
 [(20.52, 21.08, 21.1 , 20.52,  51902.)]
 [(20.  , 19.4 , 20.07, 19.18,  52294.)]
 [(21.13, 21.47, 21.54, 20.97,  52519.)]
 [(19.17, 19.23, 19.35, 19.  ,  52548.)]
```

```
          [(19.11, 19.2 , 19.25, 18.66,  61516.)]
          [(21.28, 21.3 , 21.77, 21.1 ,  62690.)]
          [(21.87, 21.64, 21.87, 21.5 ,  63113.)]
          [(20.31, 19.8 , 20.61, 19.7 ,  65307.)]
          [(20.91, 21.03, 21.5 , 20.9 ,  66715.)]
          [(20.4 , 20.89, 20.99, 20.21,  67789.)]
          [(21.3 , 20.81, 21.31, 20.81,  70047.)]
          [(19.85, 20.18, 20.36, 19.58,  72370.)]
          [(18.62, 19.6 , 20.3 , 18.18,  87474.)]
          [(19.5 , 20.1 , 20.38, 19.21, 115167.)]]
```

┃▌ 提示

在使用 numpy.sort 函数对数组对象进行排序时，如果需要指定排序字段的顺序（即先按哪列排、对于第一排序字段值相同的数据再按哪列排，以此类推），则应通过数组对象的 dtype 属性为数组对象指定字段名称。

例如，代码清单 2-14 中，第 4 行代码定义了一个 np.dtype 对象 dt，其指定了 5 个字段的名称（即 open、high、close、low 和 volume）及类型（均为 np.float64），第 5 行代码将 dt 赋值给 data.dtype。此时，data 中 5 列数据的字段名称为 open、high、close、low 和 volume，第 6 行代码则通过 order 参数指定了先按照 volume 列进行排序。

代码清单 2-15　计算股票收益率

```
1   import numpy as np  # 导入numpy
2   import math
3
4   close_price = np.loadtxt('./stock_600848_202003.csv', delimiter=',', usecols=(3,),
        unpack=True)  # 从CSV文件读取第4列股票数据（对应股票收盘价）
5   print('收盘价: \n', close_price)
6   returns = np.diff(close_price)/close_price[:-1]
        # 计算普通收益率，计算方法：(后一天收盘价-前一天收盘价)/(前一天收盘价)
7   logreturns = np.diff(np.log(close_price))
        # 计算对数收益率，计算方法：ln(后一天收盘价)-ln(前一天收盘价)
8   print('普通收益率: \n', returns)
9   print('对数收益率: \n', logreturns)
10  posret_indices = np.where(returns>0)  # 找出正收益率的数据位置
11  print('正收益率数据索引: \n', posret_indices)
12  print('正收益率详细信息: ')
13  for i in range(posret_indices[0].shape[0]):
14      print('第%d组: '%(i+1))
15      idx = posret_indices[0][i]
16      print('当日收盘价: %f, 下一日收盘价: %f'%(close_price[idx],close_price[idx+1]))
17      print('普通收益率: %f'%((close_price[idx+1]-close_price[idx])/close_price[idx]))
18      print('对数收益率: %f'%(math.log(close_price[idx+1])-math.log(close_price[idx])))
```

程序执行完毕后，将在屏幕上输出下面的结果：

收盘价：
```
[21.1  21.77 21.54 21.87 21.61 21.31 20.99 21.5  20.88 20.36 20.61 20.07
 19.78 19.25 19.33 18.9  19.18 19.35 19.19 19.16 20.3  20.38]
```

普通收益率：
```
[ 0.03175355 -0.010565    0.01532033 -0.01188843 -0.01388246 -0.01501642
  0.02429728 -0.02883721 -0.02490421  0.01227898 -0.02620087 -0.01444943
 -0.02679474  0.00415584 -0.02224521  0.01481481  0.0088634  -0.00826873
 -0.00156331  0.05949896  0.00394089]
```
对数收益率：
```
[ 0.03125983 -0.0106212   0.01520416 -0.01195966 -0.01397972 -0.01513031
  0.0240068  -0.02926117 -0.02521957  0.0122042  -0.02655023 -0.01455484
 -0.02716027  0.00414723 -0.02249637  0.01470615  0.00882435 -0.00830311
 -0.00156454  0.05779611  0.00393314]
```
正收益率数据索引：
```
(array([ 0,  2,  6,  9, 13, 15, 16, 19, 20], dtype=int64),)
```
正收益率详细信息：
第1组：
当日收盘价：21.100000，下一日收盘价：21.770000
普通收益率：0.031754
对数收益率：0.031260
第2组：
当日收盘价：21.540000，下一日收盘价：21.870000
普通收益率：0.015320
对数收益率：0.015204
......
第9组：
当日收盘价：20.300000，下一日收盘价：20.380000
普通收益率：0.003941
对数收益率：0.003933

提示

在代码清单2-15中，根据第11行代码的输出结果可知，posret_indices 是一个元组，其中索引为0的元素（即 posret_indices[0]）对应由正收益率数据索引组成的数组对象；第13行代码开始的 for 循环中，使用 posret_indices[0] 依次访问每一个正收益率数据索引，并根据该索引得到当日收盘价、下一日收盘价数据，再计算普通收益率和对数收益率。

代码清单 2-16   将股票数据由日均线转换为周线

```
1  import numpy as np # 导入numpy
2  from datetime import datetime # 导入datetime
3
4  np.set_printoptions(suppress=True) # 输出ndarray类数组对象时不用科学计数法
5
6  def datestr2num(s): # 获取该日期属于一年中的第几周
7      return datetime.strptime(s.decode('utf-8'),'%Y-%m-%d').date().isocalendar()[1]
8
9  data = np.loadtxt('./stock_600848_202003.csv', delimiter=',', converters=
       {0:datestr2num}, usecols=range(6))
   # 从CSV文件读取前6列股票数据（分别对应股票日期及每日的开盘价、最高价、收盘价、最低价和成交
     量，其中股票日期会被转换为一年中的第几周）
10 print('原始股票数据: \n',data)
11 split_idx = np.unique(data[:,0],return_index=True) # 获取周起始数据索引
```

```
12  print('周起始数据索引: \n',split_idx)
13  week_split = np.split(data, split_idx[1][1:])
       # 根据周起始数据索引进行数据划分(第一个周起始数据索引不用于划分)
14  print('按周分组的数据: \n',week_split)
15  for idx in range(len(week_split)): # 依次访问每周的数据
16      w = week_split[idx] # 获取当前周数据(二维ndarray类数组对象)
17      w_open = w[0, 1] # 第一天的开盘价作为当前周的开盘价
18      w_close = w[-1, 3] # 最后一天的收盘价作为当前周的收盘价
19      w_high = np.amax(w[:, 2]) # 最高价的最大值作为当前周的最高价
20      w_low = np.amin(w[:, 4]) # 最低价的最小值作为当前周的最低价
21      w_volume = np.sum(w[:, 5]) # 成交量的总和作为当前周的成交量
22      w_no = w[0, 0] # 一年中的第几周
23      w_days = w.shape[0] # 当前周的天数
24      w_data = np.array([w_no, w_open, w_high, w_close, w_low, w_volume, w_days])
              # 根据当前周数据生成一维ndarray类数组对象
25      if idx==0: # 如果是第一个周数据, 则直接赋给week_data
26          week_data = w_data
27      else: # 否则, 通过垂直堆叠将当前周数据放在已有周数据后面
28          week_data = np.vstack((week_data, w_data))
29  print('周线数据: \n',week_data)
```

程序执行完毕后, 将在屏幕上输出下面的结果:

原始股票数据:
```
 [[ 10.        20.52       21.08       21.1        20.52  51902. ]
  [ 10.        21.28       21.3        21.77       21.1   62690. ]
  [ 10.        21.13       21.47       21.54       20.97  52519. ]
  [ 10.        21.87       21.64       21.87       21.5   63113. ]
  [ 10.        21.6        21.46       21.61       21.38  44897. ]
  ......
  [ 13.        18.7        18.65       18.9        18.62  30648. ]
  [ 13.        18.84       18.9        19.18       18.62  34618. ]
  [ 13.        19.17       19.23       19.35       19.    52548. ]
  [ 13.        19.17       18.91       19.19       18.87  34692. ]
  [ 13.        19.        18.85       19.16       18.82  29820. ]
  [ 14.        18.62       19.6        20.3        18.18  87474. ]
  [ 14.        19.5        20.1        20.38       19.21 115167. ]]
```
周起始数据索引:
```
 (array([10., 11., 12., 13., 14.]), array([ 0,  5, 10, 15, 20], dtype=int64))
```
按周分组的数据:
```
 [array([[ 10.  ,    20.52,    21.08,    21.1 ,    20.52, 51902. ],
         [ 10.  ,    21.28,    21.3 ,    21.77,    21.1 , 62690. ],
         [ 10.  ,    21.13,    21.47,    21.54,    20.97, 52519. ],
         [ 10.  ,    21.87,    21.64,    21.87,    21.5 , 63113. ],
         [ 10.  ,    21.6 ,    21.46,    21.61,    21.38, 44897. ]]),
  ......
  array([[ 13.  ,    18.7 ,    18.65,    18.9 ,    18.62, 30648. ],
         [ 13.  ,    18.84,    18.9 ,    19.18,    18.62, 34618. ],
         [ 13.  ,    19.17,    19.23,    19.35,    19.  , 52548. ],
         [ 13.  ,    19.17,    18.91,    19.19,    18.87, 34692. ],
         [ 13.  ,    19.  ,    18.85,    19.16,    18.82, 29820. ]]),
  array([[ 14.  ,    18.62,    19.6 ,    20.3 ,    18.18,  87474. ],
         [ 14.  ,    19.5 ,    20.1 ,    20.38,    19.21, 115167. ]])]
```

周线数据：
```
[[     10.        20.52      21.64      21.61      20.52 275121.        5.  ]
 [     11.        21.3       21.03      20.36      19.58 325034.        5.  ]
 [     12.        20.31      19.8       19.33      18.66 256831.        5.  ]
 [     13.        18.7       19.23      19.16      18.62 182326.        5.  ]
 [     14.        18.62      20.1       20.38      18.18 202641.        2.  ]]
```

> **提示**
>
> 在代码清单 2-16 中，根据第 12 行代码的输出结果可知，split_idx 是一个元组，其中索引为 1 的元素（即 split_idx[1]）对应由每周第一条数据索引组成的数组对象；第 13 行代码通过 split_idx[1][1:] 将第一周第一条数据的索引去除，使其不参与 data 数组对象的划分，否则将在划分结果中多出一个不包含任何数据的空数组对象（即第一周第一条数据前面的空数据组成的数组对象）；根据第 14 行代码的输出结果可知，data 的划分结果 week_split 是一个由多个子数组对象组成的列表，其中第 1 个子数组对象对应周序号为 10 的数据，第 2 个子数组对象对应周序号为 11 的数据，……，第 5 个子数组对象对应周序号为 14 的数据；第 15 行代码开始的 for 循环中，依次对每周数据进行处理，得到每周的开盘价、收盘价、最高价、最低价和成交量，并通过 np.vstack 将得到的结果垂直堆叠为一个数组对象；第 29 行代码输出周线数据。

2.6 高级索引

除 2.3 节介绍的索引方法之外，NumPy 还提供了整型数组和布尔数组两种索引方式。整型数组索引是指利用整数指定数组对象中待访问数据的方法；布尔数组索引是指利用布尔值指定数组对象中待访问数据的方法。下面通过代码清单 2-17 展示整型数组索引和布尔数组索引的使用方法。

代码清单 2-17   高级索引程序示例

```
1   import numpy as np
2   a = np.array([ # 创建3行3列的二维数组
3       [1.1, 2.3, 1.5],
4       [2.1, 1.9, 0.7],
5       [1.5, 3.5, 0.9]
6   ])
7   x = np.array([2,1,2])
8   print('a[x]:\n',a[x])
9   y = np.array([[0,1,1],[2,1,0]])
10  print('a[y]:\n',a[y])
11  m = np.array([1,2])
12  n = np.array([0,1])
13  print('a[m,n]:\n',a[m,n])
14  print('a[(1,2),(0,1)]:\n',a[(1,2),(0,1)])
15  i = np.array([[1,2],[0,1]])
16  j = np.array([[0,1],[1,2]])
17  print('a[i,j]:\n',a[i,j])
```

```
18  w = a>1.5
19  print('w:\n',w)
20  print('a[w]:\n',a[w])
21  a[w] = 0
22  print('a:\n',a)
```

程序执行完毕后，屏幕上将输出下面的结果：

```
a[x]:
 [[1.5 3.5 0.9]
 [2.1 1.9 0.7]
 [1.5 3.5 0.9]]
a[y]:
 [[[1.1 2.3 1.5]
  [2.1 1.9 0.7]
  [2.1 1.9 0.7]]

 [[1.5 3.5 0.9]
  [2.1 1.9 0.7]
  [1.1 2.3 1.5]]]
a[m,n]:
 [2.1 3.5]
a[(1,2),(0,1)]:
 [2.1 3.5]
a[i,j]:
 [[2.1 3.5]
 [2.3 0.7]]
w:
 [[False  True False]
 [ True  True False]
 [False  True False]]
a[w]:
 [2.3 2.1 1.9 3.5]
a:
 [[1.1 0.  1.5]
 [0.  0.  0.7]
 [1.5 0.  0.9]]
```

下面对代码清单 2-17 中的代码做简要说明。

❑ 第 7 行代码创建了一个包含 3 个整型元素的数组对象 x；第 8 行代码以 x 作为整型数组索引，依次获取 a 中行索引为 2、1、2（即第 3 行、第 2 行、第 1 行）的数据生成数组对象并返回。

❑ 第 9 行代码创建了一个 2 行 3 列的整型数组对象 y；第 10 行代码以 y 作为整型数组索引，先依次获取 a 中行索引为 0、1、1（即第 1 行、第 2 行、第 2 行）的数据生成第一个子数组对象，再依次获取 a 中行索引为 2、1、0（即第 3 行、第 2 行、第 1 行）的数据生成第二个子数组对象，两个子数组对象组成了最后返回的数组对象。

❑ 第 11~12 行代码创建了两个一维整型数组对象 m 和 n；第 13 行代码以 m 和 n 作为整型数组索引，其中 m 和 n 中的元素一一对应，m 中的元素用于指定行索引，n 中的元素用于指定列索引，从 a 中依次获取第 2 行第 1 列（即行索引为 1、列索引为 0）和第 3 行第 2 列（即行索引为 2、列索引为 1）的两个元素，生成数组对象并返回。直接用元组、列表代替整型数组指定待访问元素的各维度索引也可以，如第 14 行代码所示。

- 第 15～16 行代码创建了两个 2 行 2 列的二维数组对象 i 和 j；第 17 行代码以 i 和 j 作为整型数组索引，其中 i 和 j 中的元素一一对应，i 中的元素用于指定行索引，j 中的元素用于指定列索引，先从 a 中依次获取第 2 行第 1 列（即行索引为 1、列索引为 0）和第 3 行第 2 列（即行索引为 2、列索引为 1）的两个元素，生成第一个子数组对象，再从 a 中依次获取第 1 行第 2 列（即行索引为 0、列索引为 1）和第 2 行第 3 列（即行索引为 1、列索引为 2）的两个元素，生成第二个子数组对象；最后返回由两个子数组对象组成的数组对象。

- 第 18 行代码通过 a>1.5 得到一个布尔数组对象 w，并在第 19 行代码输出 w。根据第 19 行的输出可知，在该布尔数组对象中，a 中大于 1.5 的元素对应位置的值为 True，a 中小于等于 1.5 的元素对应位置的值为 False。

- 第 20 行代码以 w 作为布尔数组索引，根据 w 中值为 True 的元素所在位置，从 a 中获取相应元素，生成数组对象并返回。根据第 19 行输出的 w 可知，最后返回的数组对象应包含 a 中第 1 行第 2 列、第 2 行第 1 列、第 2 行第 2 列和第 3 行第 2 列的 4 个元素。

- 第 21 行代码以 w 作为布尔数组索引，根据 w 中值为 True 的元素所在位置，将 a 中相应元素都赋值为 0；从第 22 行的输出结果可知，实际上是将 a 中值大于 1.5 的元素都置为 0。

下面再以股票数据处理为例，通过代码清单 2-18 和代码清单 2-19 说明高级索引在实际中的使用方法。

代码清单 2-18 　根据收盘价和开盘价大小关系获取股票数据

```
1  import numpy as np # 导入numpy
2
3  open_price,close_price = np.loadtxt('./stock_600848_202003.csv',
       delimiter=',', usecols=(1,3), unpack=True)
   # 从CSV文件读取第2列和第4列股票数据（分别对应股票每日的开盘价和收盘价）
4  boolidx = close_price>open_price # 收盘价大于开盘价
5  print('收盘价大于开盘价判断结果：\n',boolidx)
6  price = np.hstack((open_price.reshape(-1,1), close_price.reshape(-1,1)))
       # 将open_price和close_price水平堆叠
7  print('开盘价和收盘价水平堆叠结果：\n',price)
8  raise_data = price[boolidx] # 获取收盘价大于开盘价的数据
9  print('收盘价大于开盘价的数据：\n',raise_data)
10 print('收盘价大于开盘价的比例：%.2f'%(len(raise_data)/len(price)))
11 print('收盘价小于等于开盘价的比例：%.2f'%(len(price[close_price<=open_price])/len(price)))
```

程序执行完毕后，将在屏幕上输出下面的结果：

收盘价大于开盘价判断结果：
　　[True　True　True　False　True　True　True　True　True　True　True　True

```
     True  True  True  True  True  True  True  True  True  True]
```
开盘价和收盘价水平堆叠结果：
```
    [[20.52 21.1 ]
     [21.28 21.77]
     [21.13 21.54]
     [21.87 21.87]
     [21.6  21.61]
     ......
     [19.5  20.38]]
```
收盘价大于开盘价的数据：
```
    [[20.52 21.1 ]
     [21.28 21.77]
     [21.13 21.54]
     [21.6  21.61]
     ......
     [19.5  20.38]]
```
收盘价大于开盘价的比例：0.95
收盘价小于等于开盘价的比例：0.05

提示

在代码清单 2-18 中，第 4 行代码得到了布尔数组 boolidx，其中满足"收盘价大于开盘价"条件的元素对应位置的值为 True，不满足该条件的元素对应位置的值为 False。为了方便进行后继处理，第 6 行代码通过 np.hstack 将开盘价和收盘价进行了水平堆叠，得到的结果是包括两列数据的二维数组对象，第 1 列数据对应开盘价，第 2 列数据对应收盘价。第 8 行代码以 boolidx 作为布尔数组索引，获取收盘价大于开盘价的数据。第 10 行代码计算了收盘价大于开盘价的数据比例。第 11 行代码将多个运算写在一条语句中，完成了收盘价小于等于开盘价的数据比例的计算。

代码清单 2-19　按周序号进行股票数据分组

```
1   import numpy as np # 导入numpy
2   from datetime import datetime # 导入datetime
3
4   np.set_printoptions(suppress=True) # 输出ndarray类数组对象时不用科学计数法
5
6   def datestr2num(s): # 获取该日期属于一年中的第几周
7       return datetime.strptime(s.decode('utf-8'),'%Y-%m-%d').date().isocalendar()[1]
8
9   data = np.loadtxt('./stock_600848_202003.csv', delimiter=',', converters=
    {0:datestr2num}, usecols=range(6))
    # 从CSV文件读取前6列股票数据（分别对应股票日期及每日的开盘价、最高价、收盘价、最低价和成
    交量，其中股票日期会被转换为一年中的第几周）
10  week_no = np.unique(data[:,0]) # 获取所有周序号（即一年中的第几周，滤除重复的周序号）
11  print('周序号: \n',week_no)
12  week_data = [data[data[:,0]==x] for x in week_no]
13  print('按周序号分组的数据: \n',week_data)
```

程序执行完毕后，将在屏幕上输出下面的结果：

周序号：
```
[10. 11. 12. 13. 14.]
```
按周序号分组的数据：
```
[array([[  10. ,    20.52,   21.08,    21.1 ,   20.52, 51902. ],
        [  10. ,    21.28,   21.3 ,   21.77,    21.1 , 62690. ],
        [  10. ,    21.13,   21.47,   21.54,   20.97, 52519. ],
        [  10. ,    21.87,   21.64,   21.87,    21.5 , 63113. ],
        [  10. ,    21.6 ,   21.46,   21.61,   21.38, 44897. ]]),
 array([[  11. ,    21.3 ,   20.81,   21.31,   20.81, 70047. ],
        [  11. ,    20.4 ,   20.89,   20.99,   20.21, 67789. ],
        [  11. ,    20.91,   21.03,    21.5 ,    20.9 , 66715. ],
        [  11. ,    20.8 ,   20.66,   20.88,   20.53, 48113. ],
        [  11. ,    19.85,   20.18,   20.36,   19.58, 72370. ]]),
......
 array([[  14. ,    18.62,    19.6 ,    20.3 ,   18.18,  87474. ],
        [  14. ,     19.5 ,    20.1 ,   20.38,   19.21, 115167. ]])]
```

▌ 提示

代码清单 2-19 中，第 12 行代码通过列表生成表达式得到了一个列表。其中，`for` 循环使 x 能够依次取到每一个周序号；对于每一个 x 值，`data[:,0]==x` 返回一个布尔数组；该布尔数组中元素的值由 `data` 每一行数据第 1 列（即周序号）的值确定，如果某行数据第 1 列的值等于 x，则布尔数组对应元素值为 `True`，否则布尔数组对应元素值为 `False`；利用 `data[data[:,0]==x]` 即可得到 `data` 中周序号为 x 的数据组成的数组对象；最后 `week_data` 对应一个列表，列表中的每个元素是一个数组对象，该对象对应某一周序号的全部数据。

2.7 本章小结

本章首先介绍了 NumPy 中用于数组数据存储的 ndarray 类，通过对列表与 ndarray 类的排序和求和时间的比较分析，讨论了 ndarray 类在大数据分析中的优势，并依次介绍了 ndarray 类对象的常用属性和 ndarray 类对象的创建方法。然后，介绍了利用 tushare 工具包获取本章示例所使用股票数据的方法，并介绍了如何利用 NumPy 提供的 loadtxt 和 savetxt 函数完成 CSV 文件的读写操作。本章后面的内容结合获取的股票数据，通过应用实例详细介绍了索引和切片、数据拷贝、数据处理及高级索引等方面的知识，使读者能够更好地掌握 NumPy 在实际中的应用方法。

学完本章后，读者应掌握 ndarray 类对象的常用属性和创建方法，掌握使用 NumPy 操作 CSV 文件的方法，熟练使用各种索引和切片方法操作 ndarray 类对象，理解数据深拷贝和浅拷贝的概念并掌握相关操作方法，掌握 ndarray 类对象的基础运算方法，理解广播机制的工作方式，掌握包括通用函数在内的 NumPy 常用函数和方法的使用，并初步具备应用 NumPy 解决实际问题的能力。

2.8　习题

1. NumPy 是使用 Python 进行科学计算的基础工具包，它提供了 _____ 类用于数组数据的存储。

2. 已知 a 是 *n* 行 *m* 列的 ndarray 类对象，则 a.shape 返回结果是（　）。
   A. n,m
   B. [n,m]
   C. (n,m)
   D. {n,m}

3. 已知 b=np.arange(36).reshape(2, 3, -1)，则 b.shape[2] 返回结果是（　）。
   A. 1
   B. 2
   C. 3
   D. 6

4. 已知 x=np.linspace(1,24,6,dtype=int)，则 x[2] 返回结果是（　）。
   A. 2
   B. 10
   C. 12
   D. 13

5. 使用 np.savetxt 函数将数据写入 CSV 文件时，应将关键字参数 _____ 的值设置为 ','。

6. 使用 np.loadtxt 函数从 CSV 文件读取第 1、2、4 列数据时，应将关键字参数 _____ 的值设置为 (0,1,3)。

7. 已知 arr=np.array([[1, 2, 3, 4, 5],[4, 5, 6, 7, 8], [7, 8, 9, 10, 11]])，则 arr[1:2, 2:4] 的值是（　）。
   A. arr([[6,7,8], [9,10,11]])
   B. arr([[6,7,8]])
   C. arr([[6,7], [9,10]])
   D. arr([[6,7]])

8. 请写出下面程序段的输出结果。

```
import numpy as np
a = np.arange(1,13).reshape(4,3)
b = a.copy()
a[2,1]=-1
print(b)
```

9. 请写出下面程序段的输出结果。

```
import numpy as np
a = np.arange(1,13).reshape(4,3)
b = a[:,:]
a[2,1]=-1
print(b)
```

10. 请写出下面程序段的输出结果。

```
import numpy as np
x=np.arange(1,12,2).reshape(3,2)
y=np.arange(12,1,-2).reshape(2,3)
print(x@y)
```

11. 请写出下面程序段的输出结果。

```
import numpy as np
x=np.arange(1,12,2).reshape(3,2)
print(x*2%3==0)
```

12. 当使用 ndarray 类数组对象进行运算时，如果数组对象的形状不满足运算要求，则系统会通过简单的元素复制操作自动对长度为 _____ 的维度进行拉伸，使得数组对象可以支持相应运算，这就是 NumPy 中的 _____ 机制。

13. 请写出下面程序段的输出结果。

```
import numpy as np
x=np.arange(1,12,2).reshape(3,2)
y=np.arange(1,4).reshape(3,-1)
print(x*y)
```

14. 请写出下面程序段的输出结果。

```
import numpy as np
x = np.arange(1,13).reshape(4,3)
print(np.amax(x, axis=1))
```

15. 请写出下面程序段的输出结果。

```
import numpy as np
x = np.arange(1,13).reshape(4,3)
print(np.mean(x, axis=0))
```

16. 请写出下面程序段的输出结果。

```
import numpy as np
x = np.arange(1,7).reshape(3,2)
w = [0.2, 0.3, 0.5]
print(np.average(x, axis=0, weights=w))
```

17. 如果要沿指定轴计算数组对象中相邻两个元素的差值，则应使用 NumPy 中的函数（　　）。

    A. minus   B. sub

    C. diff   D. ptp

18. 如果要沿指定轴对数组对象中计算所有元素的波动幅度，则应使用 NumPy 中的函数（　　）。

    A. minus   B. sub

    C. diff   D. ptp

19. 请写出下面程序段的输出结果。

```
import numpy as np
x=np.arange(1,12,2).reshape(3,2)
print(np.where(x*2%3==0))
```

20. 已知 a=np.array([[1,2,3]]),b=np.array([[4,5,6],[7,8,9]]),x=np.vstack((a, b)),
则 x 的值为（　　）。

    A. [[1,2,3]]   B. [[1,2,3],[4,5,6],[7,8,9]]

    C. [[1,2,3,4,5,6,7,8,9]]   D. [1,2,3,4,5,6,7,8,9]

21. 请写出下面程序段的输出结果。

```
import numpy as np
a = np.array([[1,2],[3,4]])
b = np.array([[5,6],[7,8]])
x = np.hstack((a, b))
print(x)
```

22. 如果要滤除数组对象中的重复元素，且返回保留的不重复元素的索引，则应将 NumPy 的 unique 函数中关键字参数 _____ 的值设置为 True。

23. 请写出下面程序段的输出结果。

```
import numpy as np
x=np.arange(1,7).reshape(3,2)
```

```
print(x[(0,2),(1,1)])
```

24. 请写出下面程序段的输出结果。

```
import numpy as np
x=np.arange(1,10).reshape(3,3)
print(x[[(0,2),(1,1)],[(1,1),(0,2)]])
```

25. 请写出下面程序段的输出结果。

```
import numpy as np
x=np.array([1.2, 3.7, 2.5, 4.6, 5.7])
print(x[x<3])
```

第3章
数据分析工具库 Pandas

Pandas 是基于 Numpy 的开源数据分析工具，它提供了快速、灵活、明确的数据结构，旨在方便且直观地处理关系型和标记型数据。

Pandas 中常用的数据结构包括以下几种。

- ❏ Series：一维数组，与 Numpy 中的一维数组类似，能保存不同类型的数据，如字符串、布尔值、数字等。
- ❏ DataFrame：二维的表格型数据结构，可以将其理解为 Series 的容器。
- ❏ Panel：三维的数组，可以将其理解为 DataFrame 的容器。

Pandas 纳入了大量的 Python 库和标准的数据模型，提供了大量能快速、便捷地处理数据的函数和方法[⊖]。Pandas 适用于处理包含异构列的表格数据、时间序列数据、带行列标签的矩阵数据等，已广泛应用于金融、统计、社会科学、工程等领域。

3.1 Series 类

Series 是带索引（轴标签）的一维同构数组（包括时间序列），可存储整数、浮点数、字符串、Python 对象等类型的数据。其标签可以有重复值，但必须是一个 hashable（可哈希）类型。Series 对象既支持整数位置索引，也支持基于标签的索引，它还提供了许多方法来执行涉及索引的操作。

3.1.1 Series 对象的常用属性

Pandas 定义了 Series 对象的属性，通过这些属性可以方便地掌握一个 Series 对象的信息。表 3-1 所示是 Series 对象的常用属性。

表 3-1　Series 对象的常用属性

属 性 名	描 述
Series.index	Series 对象的索引（轴标签）
Series.array	Sereies 对象中基础数据的扩展数组

⊖　参见 https://pandas.pydata.org/pandas-docs/stable/index.html。

（续）

属 性 名	描　　　述
Series.values	Sereies 对象的基础数据，根据 dtype 以 ndarray 或类似 ndarray 的形式返回
Series.dtype	Series 对象中基础数据的 dtype 对象
Series.shape	Series 对象的 shape 元素，表示行数
Series.nbytes	Series 对象中基础数据的字节数
Series.ndim	Series 对象的维度，默认值为 1，即一维数组
Series.size	Series 对象中基础数据的个数
Series.empty	Series 对象是否为空的指示符
Series.name	Series 对象的名称

3.1.2　创建 Series 对象

Pandas 提供了 Series 类的构造函数，用于创建 Series 对象，具体的语法格式如下：

```
s = pandas.Series(data, index, dtype, name, …)
```

其中，`data` 指定存储在 Series 对象中的数据，其类型可以是类数组、可迭代对象、字典或标量值；`index` 是标签列表，必须是可哈希的，如果未指定，则默认为 `RangeIndex`（0，1，2，…，n-1）（n 为 `data` 数据长度）；`dtype` 指定 Series 对象中元素的数据类型，如果未指定，则从 `data` 中推断；`name` 指定 Series 对象的名称，可以缺省。

下面通过代码清单 3-1 演示 Series 对象的创建及其常用属性的使用方法。

代码清单 3-1　Series 对象的创建及其常用属性示例

```
1  import pandas as pd
2  import numpy as np
3  s1 = pd.Series([10,20,30,40]) #用值列表生成 Series
4  s2 = pd.Series(np.random.randn(5), index=['a', 'b', 'c', 'd', 'e'],
      name='series_example') #用ndarray类对象生成Series
5  d = {'b': 20, 'a': 10, 'c': 30}
6  s3 = pd.Series(d) #用字典生成Series,按字典的插入顺序对索引排序
7  s4 = pd.Series(d,index=['a', 'b', 'c', 'd'])#如果设置了index 参数，则按index提取
      d中元素对应的值
8  s5 = pd.Series(5, index=['a', 'b', 'c', 'd', 'e']) # data是标量值时，必须提供index
9  print('s1:\n',s1)
10 print('s2:\n',s2)
11 print('s3:\n',s3)
12 print('s4:\n',s4)
13 print('s5:\n',s5)
14 print('s2的index属性值是：',s2.index)
15 print('s2的array属性值是：',s2.array)
16 print('s2的values属性值是：',s2.values)
17 print('s2的dtype属性值是：',s2.dtype)
18 print('s2的shape属性值是：',s2.shape)
19 print('s2的nbytes属性值是：',s2.nbytes)
20 print('s2的ndim属性值是：',s2.ndim)
21 print('s2的size属性值是：',s2.size)
22 print('s2的name属性值是：',s2.name)
```

程序执行结束后，输出结果如下：

```
s1:
    0    10
    1    20
    2    30
    3    40
    dtype: int64
s2:
    a    -0.063296
    b    0.774366
    c    -0.574620
    d    1.908793
    e    1.236049
    Name: series_example, dtype: float64
s3:
    b    20
    a    10
    c    30
    dtype: int64
s4:
    a    10.0
    b    20.0
    c    30.0
    d    NaN
    dtype: float64
s5:
    a    5
    b    5
    c    5
    d    5
    e    5
    dtype: int64
s2的index属性值是：  Index(['a', 'b', 'c', 'd', 'e'], dtype='object')
s2的array属性值是：  <PandasArray>
[-0.06329607834187455,   0.7743663132499943,   -0.5746199909892031,
   1.9087929161105184,   1.2360489497361111]
Length: 5, dtype: float64
s2的values属性值是：  [-0.06329608  0.77436631 -0.57461999  1.90879292  1.23604895]
s2的dtype属性值是：  float64
s2的shape属性值是：  (5,)
s2的nbytes属性值是：  40
s2的ndim属性值是：  1
s2的size属性值是：  5
s2的name属性值是：  series_example
```

下面对代码清单 3-1 中的代码做简要说明。

❑ 第 3 行代码通过值列表创建了一个长度为 4 的 Series 对象，没有设置 index 参数，则 Pandas 自动生成对应长度的整数索引，即 [0，1，2，3]，如第 9 行 print 函数的输出结果所示。

❑ 第 4 行代码通过调用 np.random.randn(5) 方法生成一个由 5 个服从标准正态分布的随机数组成的一维 ndarray 数组，并用该 ndarray 数组创建一个 Series 对象。

设置 index 标签为 ['a', 'b', 'c', 'd', 'e']，其长度为 5，与 data 的长度一致，如第 10 行 print 函数的输出结果所示。

- ❑ 第 6 行代码通过字典 d 创建了一个长度为 3 的 Series 对象，没有设置 index 参数，则 Series 按字典的插入顺序对 index 标签进行排序，如第 11 行 print 函数的输出结果所示。

- ❑ 第 7 行代码通过字典 d 创建了一个长度为 4 的 Series 对象，并设置 index 参数为 ['a', 'b', 'c', 'd']，Series 按照 index 标签顺序提取字典中对应的值，如第 12 行 print 函数的输出结果所示。如果字典的键列表中不存在某个 index 标签，则该标签的数值对应设为缺失值 NaN。Pandas 会自动将 NaN 所在列的数据类型转换成 float 类型，所以 s4 的 dtype 属性是 float64。

- ❑ 第 8 行代码通过一个标量值 5，创建了一个长度为 5 的 Series 对象，此时一定要设置 index 参数，Series 按照 index 长度重复该标量值进行填充，如第 13 行 print 函数的输出结果所示。

- ❑ 根据 s2 的属性分析，s2 的 index 标签是一个 Index 对象；values 是一个 5×1 的一维 Pandas 数组；元素类型 dtype 是 float64；基础元素个数为 5；所有元素占用的空间大小 nbytes 是 40 字节（即 8 字节 ×5）；s2 的 ndim 是 1，即只有 1 个维度；s2 的自定义名称为 series_example，如第 14~22 行 print 函数的输出结果所示。

> **提示**
>
> 1）Pandas 数据结构的索引值可以重复。将 Pandas 数据作为不支持重复索引值的操作的参数会触发异常。
>
> 2）创建 Series 对象时，如果指定了 index 参数，则 index 长度必须与 data 长度一致。如果没有指定 index，则 Pandas 会自动创建数值型索引，即 [0, …, len(data)-1]。
>
> 3）创建 Series 对象，data 为字典且未设置 index 参数时，如果 Python 为 3.6 及以上版本且 Pandas 为 0.23 及以上版本，Series 则按照字典的插入顺序对索引排序。如果 Python 版本小于 3.6 或 Pandas 版本小于 0.23，且未设置 index 参数，Series 则按照字母顺序对字典的键（key）列表排序。

3.2　DataFrame 对象

DataFrame 是具有行标签和列标签的二维表格型数据结构，类似于 Excel 和 SQL 表。可以将 DataFrame 看作一列列的 Series 序列左右拼接构成的类字典容器，每个 Series 序列具有相同的轴标签，也就是 DataFrame 对象的行标签。DataFrame 对象的大小可变，每一列的数据类型也可以不同。

与 Series 一样，DataFrame 支持多种类型的输入数据，比如：

- ❑ 一维 ndarray、列表、字典、Series 字典
- ❑ 二维 ndarray

❏ 结构多维数组或记录多维数组

❏ Series

❏ DataFrame

3.2.1 DataFrame 对象的常用属性

Pandas 同样定义了一些表示 DataFrame 对象信息的属性，表 3-2 所示是 DataFrame 对象的常用属性。

表 3-2　DataFrame 对象的常用属性

属 性 名	描　　述
DataFrame.index	DataFrame 对象的行标签
DataFrame.columns	DataFrame 对象的列标签
DataFrame.dtypes	DataFrame 对象中基础数据的 dtypes
DataFrame.info([verbose, buf, max_cols, …])	DataFrame 对象的简要信息
DataFrame.select_dtypes([include, exclude])	根据列的 dtypes 返回 DataFrame 对象的列子集
DataFrame.values	DataFrame 对象的数值，ndarray 数组形式
DataFrame.axes	表示 DataFrame 对象的轴标签（行和列）信息的列表
DataFrame.ndim	DataFrame 对象中数组的维度，即轴数，默认值为 2
DataFrame.size	DataFrame 对象中元素的个数
DataFrame.shape	表示 DataFrame 对象行数和列数的 shape 元组
DataFrame.memory_usage([index, deep])	DataFrame 对象每一列内存的使用情况（以字节为单位）
DataFrame.empty	DataFrame 对象是否为空的指示符

代码清单 3-2 以第 2 章使用的 tushare 工具包获取股票数据为例，演示了 DataFrame 对象常用属性值的具体使用。

代码清单 3-2　以股票数据为例的 DataFrame 对象常用属性示例

```
1   import pandas as pd
2   import tushare as ts # 导入tushare
3   df = ts.get_k_data('600848', '2019-01-01', '2019-12-31')
    # 获取股票代码为600848在2019年的日k线数据
4   print('股票代码为600848在2019年的日k线数据为: \n',df)
5   print('df的index属性值是: \n',df.index)
6   print('df的columns属性值是: \n',df.columns)
7   print('df的dtypes属性值是: \n',df.dtypes)
8   print('df的info属性值是: \n',df.info)
9   print('df的values属性值是: \n',df.values)
10  print('df的ndim属性值是: ',df.ndim)
11  print('df的size属性值是: ',df.size)
12  print('df的shape属性值是: ',df.shape)
```

程序执行结束后，输出结果如下：

股票代码为600848在2019年的日k线数据为：

```
         date    open   close    high     low   volume      code
0   2019-01-02   20.37   20.67   20.94   20.37  35378.0    600848
```

```
1     2019-01-03   20.75  20.02  20.99  19.99  53287.0  600848
2     2019-01-04   19.70  20.53  20.60  19.60  46048.0  600848
3     2019-01-07   20.65  21.26  21.66  20.60  76365.0  600848
4     2019-01-08   21.26  20.90  21.58  20.89  57656.0  600848
...          ...     ...    ...    ...    ...      ...     ...
238   2019-12-25   24.30  23.93  24.30  23.86  44607.0  600848
239   2019-12-26   23.93  23.98  24.14  23.77  34415.0  600848
240   2019-12-27   23.97  23.75  24.09  23.75  36809.0  600848
241   2019-12-30   23.72  24.08  24.16  23.72  52275.0  600848
242   2019-12-31   24.89  24.55  25.23  24.43  86431.0  600848
[243 rows x 7 columns]
```
df的index属性值是:
```
Int64Index([  0,   1,   2,   3,   4,   5,   6,   7,   8,   9,
            ...
            233, 234, 235, 236, 237, 238, 239, 240, 241, 242],
            dtype='int64', length=243)
```
df的columns属性值是:
```
Index(['date', 'open', 'close', 'high', 'low', 'volume', 'code'], dtype='object')
```
df的dtypes属性值是:
```
date        object
open        float64
close       float64
high        float64
low         float64
volume      float64
code        object
dtype: object
```
df的info属性值是:
```
<bound method DataFrame.info of
             date   open  close   high    low  volume    code
0     2019-01-02  20.37  20.67  20.94  20.37  35378.0  600848
1     2019-01-03  20.75  20.02  20.99  19.99  53287.0  600848
2     2019-01-04  19.70  20.53  20.60  19.60  46048.0  600848
3     2019-01-07  20.65  21.26  21.66  20.60  76365.0  600848
4     2019-01-08  21.26  20.90  21.58  20.89  57656.0  600848
...          ...    ...    ...    ...    ...      ...     ...
238   2019-12-25  24.30  23.93  24.30  23.86  44607.0  600848
239   2019-12-26  23.93  23.98  24.14  23.77  34415.0  600848
240   2019-12-27  23.97  23.75  24.09  23.75  36809.0  600848
241   2019-12-30  23.72  24.08  24.16  23.72  52275.0  600848
242   2019-12-31  24.89  24.55  25.23  24.43  86431.0  600848
[243 rows x 7 columns]>
```
df的values属性值是:
```
[['2019-01-02' 20.37 20.67 ... 20.37 35378.0 '600848']
 ['2019-01-03' 20.75 20.02 ... 19.99 53287.0 '600848']
 ['2019-01-04v 19.7 20.53 ... 19.6 46048.0 '600848']
 ...
 ['2019-12-27' 23.97 23.75 ... 23.75 36809.0 '600848']
 ['2019-12-30' 23.72 24.08 ... 23.72 52275.0 '600848']
 ['2019-12-31' 24.89 24.55 ... 24.43 86431.0 '600848']]
```
df的ndim属性值是: 2
df的size属性值是: 1701
df的shape属性值是: (243, 7)

可见，df 的 index 行标签是由整数序列 [0, 1, 2,…, 241, 242] 构成的 Index 对象；columns 列标签是由 [date', 'open', 'close', 'high', 'low', 'volume', 'code'] 序列构成的 Index 对象；values 是 243 行×7 列的二维数组；df 的轴数是 2，即有 2 个维度；元素数量为 1701（即 243×7）。

3.2.2 创建 DataFrame 对象

Pandas 提供了 DataFrame 类的构造函数，用于创建 DataFrame 对象，具体的语法格式如下：

```
df = pandas.DataFrame(data, index, columns, dtype,…)
```

其中，data 是存储在 DataFrame 对象中的数据，其类型可以是 ndarray 数组、可迭代对象、字典或 DataFrame 对象，其中，字典可以包含 Series 对象、数组、常量或类列表对象等；index 是行标签，如果未指定，则默认为 RangeIndex$(0,1,2,…,n-1)$（n 为行数）；columns 是列标签，如果未指定，则默认为 RangeIndex$(0, 1, 2, …, m-1)$（m 为列数）；dtype 是强制设置的数据类型，只允许传递单个 dtype，如果未指定，则 Pandas 会自动从数据中推断。

下面通过代码清单 3-3 演示 DataFrame 对象的创建方法。

代码清单 3-3　DataFrame 对象的创建示例

```
1   import pandas as pd
2   import numpy as np
3   #用字典生成 DataFrame
4   d ={'A': [1., 2., 3., 4.],
5       'B': pd.Timestamp('20200101'),
6       'C': pd.Series(1, index=list(range(4)), dtype='float32'),
7       'D': np.array([3] * 4, dtype='int32'),
8       'E': ["test", "train", "test", "train"],
9       'F': 'foo'}
10  df1 = pd.DataFrame(d)
11  df2 = pd.DataFrame(d,index=['a', 'b', 'c','d'], columns=['B', 'C','D'])
12  #用ndarry多维数组生成 DataFrame
13  df3 = pd.DataFrame(np.random.randn(6, 4), index=pd.date_range('20200101',
        periods=6), columns=list('ABCD'))
14  #用字典列表生成 DataFrame
15  df4=pd.DataFrame([{'A': 1, 'B': 2}, {'A': 5, 'B': 10, 'C': 20}])
16  print('df1为: \n',df1)
17  print('df2为: \n',df2)
18  print('df3为: \n',df3)
19  print('df4为: \n',df4)
```

程序执行结束后，输出结果如下：

```
df1为:
     A         B      C   D   E       F
0   1.0   2020-01-01  1.0  3   test    foo
1   2.0   2020-01-01  1.0  3   train   foo
2   3.0   2020-01-01  1.0  3   test    foo
```

```
3  4.0  2020-01-01  1.0  3  train  foo
```

df2 为：

```
       B           C    D
a  2020-01-01    NaN    3
b  2020-01-01    NaN    3
c  2020-01-01    NaN    3
d  2020-01-01    NaN    3
```

df3 为：

```
                 A           B           C           D
2020-01-01  -0.430908    1.074580    1.220332   -0.466829
2020-01-02   0.390270    0.682738   -0.828719    0.037555
2020-01-03   0.097940    1.298600   -1.103852    1.922481
2020-01-04  -0.969341    3.640817   -0.015888   -0.750659
2020-01-05  -0.153933   -0.221109   -1.415965    0.121996
2020-01-06  -1.882904   -1.563976   -0.280044   -0.397594
```

df4 为：

```
   A   B    C
0  1   2   NaN
1  5  10   20.0
```

下面对代码清单 3-3 中的代码做简要说明。

- 第 10 行代码通过字典 d 创建了一个 4 行 6 列的 DataFrame 对象 df1，各列的数据类型分别为数值列表、时间戳、Series 序列、一维 ndarry 数组、字符串序列、标量值，如第 16 行 print 函数的输出结果所示。其中 B、E 两列的标量值会以广播的方式填充列，而其他各列的序列长度必须相同，否则会报错。没有设置 index 和 columns 参数，df1 的行标签默认为字典 d 各个 value 对应行标签的并集，列标签默认为字典 d 的键列表。

- 第 11 行代码通过字典 d 创建了一个 4 行 3 列的 DataFrame 对象 df2，index 行标签设置为 ['a', 'b', 'c', 'd']，index 的长度必须与 DataFrame 对象的行数相等；同时 columns 列标签设置为 ['B', 'C', 'D']，df2 则只选取字典中与 columns 相同的键所对应的序列，每列的缺失值用 NaN 补齐，如第 17 行 print 函数的输出结果所示。由于字典 d 中 C 键对应的 Series 对象的标签为 [1,2,3,4]，与设置的行标签 ['a', 'b', 'c', 'd'] 完全不同，因此 df2 中 C 列的数据全部是 NaN。

- 第 13 行代码通过 ndarray 多维数组创建了一个 6 行 4 列的 DataFrame 对象 df3，index 参数设置为 2020-01-01 至 2020-01-06 的日期索引序列，columns 参数设置为字符列表，如第 18 行 print 函数的输出结果所示。

- 第 15 行代码通过字典列表创建了一个 2 行 3 列的 DataFrame 对象 df4，没有设置 index 和 columns 参数，Pandas 自动生成对应长度的行标签 [0,1]，列标签默认为列表中各字典键值的并集，每列的缺失值用 NaN 补齐，如第 19 行 print 函数的输出结果所示。Pandas 会自动将 NaN 所在列的数据类型转换成 float，所以 df4 的 C 列的数据类型为 float64。

提示

通过字典或多维数组创建 DataFrame 对象时，如果设置 index 参数，则 index 的长度必须与行的长度一致。columns 参数的内容和长度则可以任意设置，DataFrame 对象

只选取原数据中与 `columns` 相对应的列，如果原数据中不存在设置的某个列标签，则以 NaN 填充该列。Pandas 会自动将 NaN 所在列的数据类型转换成 `float` 类型。

3.3　Index 对象

Index 对象是有序、可索引、不可修改的一维数组，它负责存储 Pandas 对象的轴标签、轴名称等元数据。在构建 Series 或 DataFrame 对象时，所用到的任何数据或类数组标签都会被转换为一个 Index 对象。Index 对象是一个从标签到数据值的映射，当数据是一列时，Index 是列标签；当数据是一行数据时，Index 是行标签。

3.3.1　Index 对象的常用属性

Pandas 定义了一些表示 Index 对象信息的属性，表 3-3 所示为 Index 对象的常用属性及其描述。

表 3-3　Index 对象的常用属性

属　性　名	描　　　述
Index.values	以 ndarray 数组形式返回 Index 对象中的基础数据
Index.array	引用索引中基础数据的数组
Index.to_numpy	表示 Index 对象中基础数据的 numpy 数组
Index.dtype	Index 对象中基础数据的数据类型
Index.name	Index 对象的名称
Index.shape	Index 对象中基础数据的 shape 元组
Index.size	Index 对象中基础数据的元素个数
Index.ndim	Index 对象中基础数据的维度，定义为 1

3.3.2　创建 Index 对象

Pandas 的 Index 类提供了构造方法，用于创建 Index 对象，具体的语法格式如下：

```
index = pandas.Index(data, dtype, copy, name, …)
```

其中，`data` 是类似于一维数组的对象；`dtype` 用于设置 Index 元素的数据类型，其默认值是 `object`，如果将其设置为 `None`，则自动从数据中推断合适的类型；`copy` 表示是否复制输入数据，它是布尔类型，默认值是 `False`；`name` 是存储在 Index 对象中的名称。创建 Index 对象的简单方法是直接传递一个序列。

下面通过代码清单 3-4 演示 Index 对象的创建及其常用属性的使用方法。

代码清单 3-4　Index 对象的创建及其常用属性示例

```
1    import pandas as pd
2    import numpy as np
3    idx = pd.Index(list(range(5)), name='rows')
4    col = pd.Index(['A', 'B', 'C'], name='cols')
```

```
5  df = pd.DataFrame(np.random.randn(5, 3), index=idx, columns=col)
6  print('idx:',idx)
7  print('col:',col)
8  print('df:\n',df)
9  print('idx的values属性值是: ',idx.values)
10 print('idx的name属性值是: ',idx.name)
11 print('idx的dtype属性值是: ',idx.dtype)
12 print('idx的shape属性值是: ',idx.shape)
13 print('idx的size属性值是: ',idx.size)
14 print('idx的ndim属性值是: ',idx.ndim)
```

程序执行结束后，输出结果如下：

```
idx: Int64Index([0, 1, 2, 3, 4], dtype='int64', name='rows')
col: Index(['A', 'B', 'C'], dtype='object', name='cols')
df:
cols         A          B          C
rows
0     -0.814024  -0.654532   0.659793
1      0.917908   0.845435   0.537845
2     -1.079445  -0.538183   0.080286
3      0.704570  -1.762709  -0.487374
4     -0.955546  -1.075658  -0.610211
idx的values属性值是:  [0 1 2 3 4]
idx的name属性值是:  rows
idx的dtype属性值是:  int64
idx的shape属性值是:  (5,)
idx的size属性值是:  5
idx的ndim属性值是:  1
```

下面对代码清单 3-4 中的代码做简要说明。

❏ 第 3 行代码通过整数列表创建了一个长度为 5 的 Index 对象 idx，并设置 name 参数为 rows，dtype 被自动设置为 int64，如第 6 行 print 函数的输出结果所示。

❏ 第 4 行代码通过字符列表创建了一个长度为 3 的 Index 对象 col，并设置 name 参数为 cols，dtype 被自动设置为 object，如第 7 行 print 函数的输出结果所示。

❏ 第 5 行代码创建了一个 DataFrame 对象，设置 index 参数为 idx，columns 参数为 col，如第 8 行 print 函数的输出结果所示。

❏ 根据 idx 的属性分析，idx 的 values 是整数序列 [0 1 2 3 4]；名称为 rows；元素类型 dtype 为 int64；元素个数为 5；ndim 为 1，即只有 1 个维度。如第 9～14 行 print 函数的输出结果所示。

3.4　元素访问方式

Pandas 对象中的轴标签允许直观地获取和设置数据集的子集、启用自动和显式数据对，还可以使用已知标签识别数据（即提供元数据），这对于数据分析和可视化非常重要。Pandas 为 Series 和 DataFrame 对象提供了访问元素和提取子集的多种方法，其中 Series 对象的访问操作与 ndarray 类似，还支持大多数 NumPy 函数。

3.4.1 属性运算符访问

Pandas 的数据结构支持 Python 和 NumPy 中的属性运算符 "."，Series 的轴标签和 DataFrame 的列标签可以作为属性直接访问对应的数据元素，其语法格式如表 3-4 所示。

表 3-4 属性运算符访问的语法格式

对 象 类 型	语 法 格 式	参 数 说 明	返回值类型
Series	s.label	label 表示轴标签数据	dtype
DataFrame	df.col	col 表示列标签数据	Series
DataFrame	df.col.row	col 表示列标签数据，row 表示行标签数据	dtype

属性操作符适用于 DataFrame 提取单列或者访问具体标量元素的操作。可以将 DataFrame 的每一列看作一个 Series 对象，属性操作符访问标量元素的本质是先根据列标签得到对应的 Series 对象，再根据 Series 对象的行标签来访问其中的元素。下面通过代码清单 3-5 演示如何使用属性运算符访问 Pandas 数据。

代码清单 3-5 属性运算符访问 Pandas 数据示例

```
1  import pandas as pd
2  import numpy as np
3  s = pd.Series([1,2,3,4],index=list("abcd"))
4  df = pd.DataFrame(np.arange(1,16).reshape(5,3), index=['r1','r2','r3','r4',
       'r5'], columns=['c1', 'c2', 'c3'])
5  print('s:\n',s)
6  print('df:\n',df)
7  print('s中标签为a的元素: ',s.a)
8  print('df中列标签为c1的列: \n',df.c1)
9  print('df中列标签为c1, 行标签为r2的元素: ',df.c1.r2)
```

程序执行结束后，输出结果如下：

```
s:
a    1
b    2
c    3
d    4
dtype: int64
df:
    c1  c2  c3
r1   1   2   3
r2   4   5   6
r3   7   8   9
r4  10  11  12
r5  13  14  15
s中标签为a的元素: 1
df中列标签为c1的列:
r1    1
r2    4
r3    7
r4   10
r5   13
```

Name: c1, dtype: int32
df中列标签为c1，行标签为r2的元素：　4

下面对代码清单 3-5 中的代码做简要说明。

- ❑ 第 3 行代码创建了一个长度为 4 的 Series 对象 s，index 设置为 ['a','b','c', 'd']，如第 5 行 print 函数的输出结果所示。
- ❑ 第 4 行代码创建了一个 5 行 3 列的 DataFrame 对象 df，index 设置为 ['r1','r2', 'r3','r4','r5']，columns 设置为 ['c1', 'c2', 'c3']，如第 6 行 print 函数的输出结果所示。
- ❑ 第 7 行代码通过 s.a 访问 s 中标签为 a 的元素，返回值为 dtype 类型，即 int64。
- ❑ 第 8 行代码通过 df.c1 访问 df 中列标签 c1 所对应的列，返回值为 Series 对象。
- ❑ 第 9 行代码通过 df.c1.r2 访问 df 中列标签 c1、行标签 r2 对应的元素，返回值 为 dtype 类型，即 int32。

| 提示 |

只有当 Index 对象是有效的 Python 标识符时才可以使用属性操作符访问元素，例如 s.1 会报错。如果该 Index 对象与现有方法或属性的名称相冲突，则该属性访问将不可用，例 如 s.min、s.index 和 s.items 的返回结果并不是标签对应的元素，而是相关方法和属性的运 行结果。

3.4.2　索引运算符访问

Pandas 对象还支持索引运算符 " [] " 形式的元素访问，具体分为位置索引和标签 索引。

1. 位置索引和切片

Pandas 支持使用索引运算符 " [] "，通过整数位置索引访问数据元素。Series 对象的索 引访问方法与 Python 内置列表、ndarray 类似，DataFrame 对象只支持索引运算符对行进行 切片操作，其具体的语法格式如表 3-5 所示。

表 3-5　位置索引访问的语法格式

对象类型	语法格式	参数说明
Series	s[range]	range 可为以下几种形式： ● 一个下标位置索引值，从 0 开始的整数 ● 一个包含多个位置索引值的列表 ● beg:end:step 形式，与 Python 内置序列类型数据切片方式相同。若 beg 缺省，则 从位置索引为 0 的元素开始截取；若 end 缺省，则截取到最后一个元素；若 step 缺省，则默认为 1 ● 一个与 s 的轴标签长度相同的布尔数组，提取 True 所对应的元素
DataFrame	df[row_range]	row_range 可为以下几种形式： ● beg:end:step 形式，对行进行切片。若 beg 缺省，则从位置索引为 0 的行开始截 取；若 end 缺省，则截取到最后一行；若 step 缺省，则默认为 1 ● 一个与 df 行长度相同的布尔数组，提取 True 对应的行切片

2. 标签索引

Pandas 还支持使用索引运算符 "[]"，通过轴标签索引访问数据元素。Series 对象类似于 Python 内置的字典数据类型，Series 的轴标签类似于字典中的键，可以用轴标签索引的方式访问元素。DataFrame 对象支持使用列标签索引访问对应的列，其语法格式如表 3-6 所示。

表 3-6   标签索引访问的语法格式

对象类型	语法格式	参数说明
Series	s[label]	label 既可以是一个 Series 对象中定义的标签，也可以是包含多个标签的列表
DataFrame	df[col]	col 既可以是一个 DataFrame 对象中定义的列标签，也可以是一个包含多个列标签的列表

下面通过代码清单 3-6 演示如何使用索引运算符访问 Pandas 数据。

代码清单 3-6   索引运算符访问 Pandas 数据示例

```
1   import pandas as pd
2   import numpy as np
3   s = pd.Series([1,2,3,4],index=list("abcd"))
4   df = pd.DataFrame(np.arange(1,16).reshape(5,3), index=['r1','r2','r3','r4','r5'],
        columns=['c1', 'c2', 'c3'])
5   #位置索引访问
6   print('s的第1个元素: ',s[0])
7   print('s的最后一个元素: ',s[-1])
8   print('s的第4个和第2个元素序列: \n',s[[3,1]])
9   print('s的第1个到第3个元素序列: \n',s[:3])
10  print('s中大于平均值的元素序列: \n',s[s>s.mean()])
11  print('df的第2行到第4行序列: \n',df[1:4])
12  print('df的行倒序序列: \n',df[::-1])
13  print('df的第2行到第4行序列，再取第3行: \n',df[1:4][2:3])
14  #标签索引访问
15  print('s中标签为a的元素: ',s['a'])
16  s['e']=5 #当标签不存在的时候，则增加该值
17  print('增加标签为e的元素后的s: \n',s)
18  print('df中列标签为c1的列: \n',df['c1'])
19  print('df中列标签为c1和c2的列: \n',df[['c1','c2']])
20  print('df中列标签为c1，行标签为r2的元素: ',df['c1']['r2'])
21  print('df的第1行的c1列: \n',df[:1]['c1'])
22  df[['c2','c1']]=df[['c1','c2']]#交换c1和c2列
23  print('交换了c1列和c2列后的df: \n',df)
```

程序执行结束后，输出结果如下：

```
s的第1个元素:  1
s的最后一个元素:  4
s的第4个和第2个元素序列:
d    4
b    2
dtype: int64
s的第1个到第3个元素序列:
a    1
```

```
b    2
c    3
dtype: int64
```
s中大于平均值的元素序列:
```
c    3
d    4
dtype: int64
```
df的第2行到第4行序列:
```
     c1  c2  c3
r2   4   5   6
r3   7   8   9
r4   10  11  12
```
df的行倒序序列:
```
     c1  c2  c3
r5   13  14  15
r4   10  11  12
r3   7   8   9
r2   4   5   6
r1   1   2   3
```
df的第2行到第4行序列,再取第3行:
```
     c1  c2  c3
r4   10  11  12
```
s中标签为a的元素: 1
增加标签为e的元素后的s:
```
a    1
b    2
c    3
d    4
e    5
dtype: int64
```
df中列标签为c1的列:
```
r1    1
r2    4
r3    7
r4    10
r5    13
Name: c1, dtype: int32
```
df中列标签为c1和c2的列:
```
     c1  c2
r1   1   2
r2   4   5
r3   7   8
r4   10  11
r5   13  14
```
df中列标签为c1,行标签为r2的元素: 4
df的第1行的c1列:
```
r1    1
Name: c1, dtype: int32
```
交换了c1列和c2列后的df:
```
     c1  c2  c3
r1   2   1   3
r2   5   4   6
r3   8   7   9
```

```
r4   11   10   12
r5   14   13   15
```

下面对代码清单 3-6 中的代码做简要说明。

❑ 第 6 行代码通过位置索引 s[0] 访问 s 中的第 1 个元素，位置索引从 0 开始。

❑ 第 7 行代码通过位置索引 s[-1] 访问 s 中的最后 1 个元素。Pandas 也支持索引运算符的负数索引，其语法规则与 Python 内置的序列类似。

❑ 第 8 行代码通过整数序列 [3,1] 依次访问 s 中的第 4 个和第 2 个元素，返回值为 Series 对象。

❑ 第 9 行代码通过 s[:3] 对 s 进行切片，位置索引取 0、1、2，即截取 s 的第 1~3 个元素，返回值为 Series 对象。

❑ 第 10 行代码通过 s>s.mean() 返回的布尔数组，截取 s 中大于平均值的元素，返回值为 Series 对象。s.mean() 的返回结果为 s 中所有元素的平均值。

❑ 第 11 行代码通过 df[1:4] 对 df 进行行切片，截取第 2~4 行元素，返回值为 DataFrame 对象。

❑ 第 12 行代码通过 df[::-1] 对 df 进行行切片，beg 和 end 缺省表示截取全部行，step 为 -1 则表示倒序截取，返回值为行倒序后的 df，但不会改变 df 本身。

❑ 第 13 行代码通过 df[1:4][2:3] 连续两次进行行切片，第一次通过 [1:4] 截取 df 的第 2~4 行元素，得到新的 DataFrame 对象，又通过 [2:3] 截取了新 DataFrame 对象的第 3 行。

❑ 第 15 行代码通过标签索引 s['a'] 访问 s 中标签 a 对应的元素。

❑ 第 16 行代码设置 s 中标签为 e 的元素为 5，由于 s 本身不存在 e 标签，则在 s 中自动增加该标签并赋值，如第 17 行 print 函数的输出结果所示。

❑ 第 18 行代码通过标签索引 df['c1'] 访问 df 中列标签 c1 所对应的列，返回值为 Series 对象。

❑ 第 19 行代码通过标签数组 df[['c1','c2']] 依次访问 df 中列标签 c1 和 c2 所对应的元素，返回值为 DataFrame 对象。

❑ 第 20 行代码通过 df['c1']['r2'] 进行了两次标签索引，得到 df 中 c1 列 r2 行对应的元素。df['c1'] 得到的是 c1 列对应的 Series 对象，df 的行标签是该 Series 对象的轴标签，因此利用标签索引进行访问，返回值是标量。

❑ 第 21 行代码结合使用了位置索引和标签索引，先通过位置索引 [:1] 截取 df 的第 1 行，再通过标签索引 ['c1'] 截取 c1 列，从而得到 df 的第 1 行第 1 列的元素，但返回值是 Series 对象，不是标量。注意，位置索引和标签索引的先后顺序可以调整。

❑ 第 22 行代码通过标签数组访问的形式，对 df 中 c1 和 c2 列对应的数据进行了交换，但列标签不变，如第 23 行 print 函数的输出结果所示。

▮▮ 提示

1）Series 和 DataFrame 对象的位置索引与切片支持负数索引，其语法规则与 Python 内置的列表相似，但是注意不能超出元素的个数范围。

2）索引操作符"[]"一次只能访问 DataFrame 对象的一个维度，位置索引只能实现对 DataFrame 对象的行切片，标签索引只能截取 DataFrame 对象的列。

3）通过列表对 Pandas 数据进行索引时，要有两组方括号，例如 df[['c1','c2']]。

3.4.3 loc 访问方法

虽然索引运算符"[]"和属性运算符"."可以在各种用例中快速访问 Pandas 数据结构，但是如果预先不知道要访问的数据类型，直接使用标准运算符会有一些优化限制，因此建议使用 Pandas 提供的优化后的 loc 和 iloc 元素访问方法。

loc 方法提供了基于标签的索引与切片。访问 DataFrame 对象时，规定先操作行标签，再操作列标签。与"[]"标签索引不同，loc 索引要求使用的标签必须存在，否则会提示 KeyError。其语法格式如表 3-7 所示。

表 3-7 loc 访问的语法格式

对象类型	语法格式	参数说明
Series	s.loc[label_range]	label_range 可为以下几种形式： • 一个 Series 对象中定义的标签 • 一个包含多个标签的列表 • beg:end:step 形式，返回位于 beg 和 end 之间的元素，包括开始和结束的标签，step 缺省时默认为 1 • 一个与 Series 对象轴标签长度相同的布尔数组，提取 True 所对应的切片
DataFrame	df.loc[row_range]	row_range 可为以下几种形式： • 一个 DataFrame 对象中定义的行标签 • 一个包含多个行标签的列表 • beg:end:step 形式，根据行标签切片，返回位于 beg 和 end 之间的元素，包括开始和结束的标签，step 缺省时默认为 1 • 一个与 DataFrame 对象行标签长度相同的布尔数组，提取 True 对应的行切片
DataFrame	df.loc[row_range, col_range]	row_range 参数说明同上 col_range 可为以下几种形式： • 一个 DataFrame 对象中定义的列标签 • 一个包含多个列标签的列表 • beg:end:step 形式，根据列标签切片，返回位于 beg 和 end 之间的元素，包括开始和结束的标签，step 缺省时默认为 1 • 一个与 DataFrame 对象列标签长度相同的布尔数组，提取 True 对应的切片

下面通过代码清单 3-7 演示如何通过 loc 方法访问 Pandas 数据。

代码清单 3-7 loc 方法访问 Pandas 数据示例

```
1   import pandas as pd
2   import numpy as np
3   s = pd.Series([1,2,3,4],index=list("abcd"))
4   df = pd.DataFrame(np.arange(1,16).reshape(5,3), columns=['c1', 'c2', 'c3'])
        # 没有设置index参数
5   print('s中标签为a的元素: ',s.loc['a'])
6   s.loc['e']=5
7   print('增加标签为e的元素后的s: \n',s)
```

```
8    print('s中标签为a和c的元素: \n',s.loc[['a','c']])
9    print('df中行标签为0的行(第一行): \n',df.loc[0])
10   print('df中行标签为1,列标签为c1的元素: ',df.loc[1,'c1'])
11   print('df中c1和c2列: \n',df.loc[: ,['c1','c2']])
12   print('df中第2行到第4行的c2和c3列: \n',df.loc[1:3 ,'c2':'c3'])
13   print('df中第一行元素大于2的列: \n',df.loc[: ,df.loc[0] > 2])
14   df.loc[5]=1 #自动追加了行标签为5的内容
15   print('增加行标签5对应的行后的df:\n',df)
```

程序执行结束后，输出结果如下：

```
s中标签为a的元素:  1
增加标签为e的元素后的s:
a    1
b    2
c    3
d    4
e    5
dtype: int64
s中标签为a和c的元素:
a    1
c    3
dtype: int64
df中行标签为0的行（第1行）:
c1    1
c2    2
c3    3
Name: 0, dtype: int32
df中行标签为1, 列标签为c1的元素:  4
df中c1和c2列:
    c1  c2
0    1    2
1    4    5
2    7    8
3   10   11
4   13   14
df中第2行到第4行的c2和c3列:
    c2  c3
1    5    6
2    8    9
3   11   12
df中第一行元素大于2的列:
    c3
0    3
1    6
2    9
3   12
4   15
增加行标签5对应的行后的df:
    c1  c2  c3
0    1    2    3
1    4    5    6
2    7    8    9
```

```
3  10  11  12
4  13  14  15
5   1   1   1
```

下面对代码清单 3-7 中的代码做简要说明。

❑ 第 5 行代码中的 s.loc['a'] 通过标签索引访问 s 中标签 a 对应的元素。

❑ 第 6 行代码中的 s.loc['e']=5 设置 s 中标签为 e 的元素为 5，由于 s 本身不存在 e 标签，则在 s 中自动增加该标签及其对应的元素，如第 7 行 print 函数的输出结果所示。

❑ 第 8 行代码中的 s.loc[['a','c']] 通过标签列表 ['a','c'] 访问 s 中标签 a 和 c 对应的元素，返回值为 Series 对象。

❑ 第 9 行代码中的 df.loc[0] 通过单个标签 0 访问 df 中的第一行，返回值为 Series 对象。需要特别注意的是，为了更直观地说明，代码清单 3-7 中的 df 在创建时没有设置 index 参数，df 的行标签默认为 [0,1,2,3,4]，所以 df.loc[0] 中的 0 表示的是行标签，而不是下标位置。

❑ 第 10 行代码中的 df.loc[1,'c1'] 通过单个的行列标签访问 df 中第 2 行的 c1 列元素。其中逗号前的 1 为行标签，逗号后的 c1 为列标签。

❑ 第 11 行代码通过 df.loc[: ,['c1','c2']] 访问 df 的 c1 和 c2 列，返回值为 DataFrame 对象。其中逗号前的冒号表示所有行标签，逗号后的列表 ['c1','c2'] 会依次截取列标签为 c1 和 c2 的列。

❑ 第 12 行代码通过 df.loc[1:3 ,'c2':'c3'] 访问 df 的第 2～4 行的 c2 和 c3 列，返回值为 DataFrame 对象。其中逗号前的 1:3 表示对行标签 1～3 进行切片（包括 1 和 3），逗号后的 'c2':'c3' 表示对列标签 c2～c3 进行切片（包括 c2 和 c3）。

❑ 第 13 行代码通过 df.loc[: ,df.loc[0] > 2] 访问 df 中第一行元素大于 2 的列，返回值为 DataFrame 对象。其中逗号前的冒号表示所有行标签，逗号后 df.loc[0] > 2 的值是一个布尔数组，截取第一行元素大于 2 的列，即第 3 列。

❑ 第 14 行代码 df.loc[5]=1，由于 df 中本身没有行标签 5，Pandas 会自动在 df 后面增加标签为 5 的行，该行的元素用 1 填充，如第 15 行 print 函数的输出结果所示。

提示

1）利用 loc 方法访问元素，传入的参数为整数标签时，例如 loc[5]，这里的整数 5 不是下标位置，而是索引的标签值，不需要加引号。

2）DataFrame 对象调用 loc 方法时，若只提供一个标签，则为行标签。

3）与 "[]" 标签访问方法相比，loc 访问方法可以同时访问 DataFrame 对象的两个维度。

3.4.4　iloc 访问方法

Pandas 还提供了纯粹的基于整数位置访问元素的方式 iloc，其用法与 loc 类似，但是要将标签替换为下标位置。`iloc` 索引也是非常严格的，如果使用了非整数，则会提示 `IndexError`。其语法格式如表 3-8 所示。

表 3-8　iloc 访问的语法格式

对象类型	语法格式	参数说明
Series	s.iloc[i_range]	i_range 可为以下几种形式： • 一个整数位置索引值，从 0 开始 • 一个包含多个整数位置索引值的列表 • beg:end:step 形式，根据标签切片，与内置的 Python 索引切片规则相同，step 缺省时默认为 1 • 一个与 Series 对象轴标签长度相同的布尔数组，提取 True 所对应的切片
DataFrame	df.iloc[i_range]	i_range 可为以下几种形式： • 一个表示 DataFrame 对象的行位置的下标索引值，选取对应的行 • 一个包含多个表示行位置的下标索引的列表 • beg:end:step 形式，根据行下标索引进行切片，与内置的 Python 索引切片规则相同，step 缺省时默认为 1 • 布尔数组，提取 True 对应的行切片
DataFrame	df.iloc[i_range, j_range]	i_range 参数说明同上 j_range 可为以下几种形式： • 一个表示 DataFrame 对象的列位置的下标索引值 • 一个包含多个表示列位置的下标索引的列表 • beg:end:step 形式，根据列下标索引进行切片，与内置的 Python 索引切片规则相同，step 缺省时默认为 1 • 布尔数组，提取 True 对应的切片

下面通过代码清单 3-8 演示如何通过 iloc 方法访问 Pandas 数据。

代码清单 3-8　iloc 方法访问 Pandas 数据示例

```
1   import pandas as pd
2   import numpy as np
3   s = pd.Series([1,2,3,4],index=list("abcd"))
4   df = pd.DataFrame(np.arange(1,16).reshape(5,3),
    index=['r1','r2','r3','r4','r5'], columns=['c1', 'c2', 'c3'])
5   print('s的第1个元素: ',s.iloc[0])
6   print('s的最后一个元素: ',s.iloc[-1])
7   print('s的第4个和第2个元素序列: \n',s.iloc[[3,1]])
8   print('s的第1个到第3个元素序列: \n',s.iloc[:3])
9   print('df的第1行: \n',df.iloc[0])
10  print('df的第1行和第2行: \n',df.iloc[[0, 1]])
11  print('df的第2行到第4行: \n',df.iloc[1:4])
12  print('df的第1行第1列的元素: ',df.iloc[0,0])
13  print('df的前两行的前两列: \n', df.iloc[[0,1], :2])
14  print('df的后两列: \n', df.iloc[: , -2:])
```

程序执行结束后，输出结果如下：

s的第1个元素：　1
s的最后一个元素：　4
s的第4个和第2个元素序列：

```
d    4
b    2
dtype: int64
```
s的第1个到第3个元素序列:
```
a    1
b    2
c    3
dtype: int64
```
df的第1行:
```
c1    1
c2    2
c3    3
Name: r1, dtype: int32
```
df的第1行和第2行:
```
    c1  c2  c3
r1   1   2   3
r2   4   5   6
```
df的第2行到第4行:
```
    c1  c2  c3
r2   4   5   6
r3   7   8   9
r4  10  11  12
```
df的第1行第1列的元素:　1
```
df的前两行的前两列:
    c1  c2
r1   1   2
r2   4   5
```
df的后两列:
```
    c2  c3
r1   2   3
r2   5   6
r3   8   9
r4  11  12
r5  14  15
```

下面对代码清单 3-8 中的代码做简要说明。

❑ 第 5 行代码中的 s.iloc[0] 通过位置索引访问 s 中的第 1 个元素。

❑ 第 6 行代码中的 s.iloc[-1] 通过负索引访问 s 中的最后 1 个元素。Pandas 也支持 iloc 负数索引,其语法规则与 Python 内置的序列类似。

❑ 第 7 行代码中的 s.iloc[[3,1]] 通过整数序列 [3,1] 依次访问 s 中的第 4 个和第 2 个元素,返回值为 Series 对象。

❑ 第 8 行代码通过 s.iloc[:3] 对 s 进行切片,索引下标取 0~2,即截取 s 的第 1~3 个元素,返回值为 Series 对象。

❑ 第 9 行代码中的 df.iloc[0] 通过位置索引访问 df 的第 1 行,返回值为 Series 对象。

❑ 第 10 行代码中的 df.iloc[[0, 1]] 通过整数序列 [0,1] 访问 df 中的第 1 行和第 2 行,返回值为 DataFrame 对象。

❑ 第 11 行代码通过 df.iloc[1:4] 对 df 进行行切片,截取 df 中第 2~4 行的元素,返回值为 DataFrame 对象。

❑ 第 12 行代码中的 `df.iloc[0,0]` 通过单个行列位置索引访问 `df` 中第 1 行第 1 列的元素。其中逗号前的 0 表示行所在位置，逗号后面的 0 表示列所在位置。

❑ 第 13 行代码中通过 `df.iloc[[0,1], :2]` 截取 `df` 中前两行、前两列的元素，返回值为 DataFrame 对象。其中逗号前的整数序列 `[0,1]` 访问 `df` 的第 1 行和第 2 行，逗号后的 `:2` 又对列进行切片，截取第 1 列和第 2 列。

❑ 第 14 行代码中通过 `df.iloc[: , -2:]` 截取 `df` 中后两列的元素，返回值为 DataFrame 对象。其中逗号前的冒号表示访问 `df` 的所有行，逗号后的 `-2:` 采用负数索引切片的形式截取了后两列。

提示

1）Series 和 DataFrame 对象的 `iloc` 位置访问同样支持负数索引，其语法规则与 Python 内置的列表相似，但是注意不能超出元素的个数范围。

2）DataFrame 对象调用 `iloc` 方法时，若只提供一个整数位置，则为行的下标位置。

3）与 "[]" 位置索引方法相比，`iloc` 访问方法可以同时访问 DataFrame 对象的两个维度。

3.4.5   at 和 iat 索引方法

如果只需要获取或设置一个 Series 或 DataFrame 对象中的单个元素，最快的方法是使用 at 和 iat 方法。at 方法与 loc 方法类似，提供基于标签的查找。iat 方法与 iloc 方法类似，提供基于整数位置的查找。它们的语法格式如表 3-9 所示。

表 3-9   at 和 iat 方法访问的语法格式

对象类型	语法格式	参数说明	返回值类型
Series	s.at[label]	label 是一个 Series 对象中定义的标签	dtype
Series	s.iat[i]	i 是一个 Series 对象中元素的整数位置	dtype
DataFrame	df.at[col,row]	col 是一个 DataFrame 对象中定义的列标签，row 是一个 DataFrame 对象中定义的行标签	dtype
DataFrame	df.iat[i,j]	i 是一个表示 DataFrame 对象中行位置的整数 j 是一个表示 DataFrame 对象中列位置的整数	dtype

下面通过代码清单 3-9 演示如何通过 at 和 iat 方法访问 Pandas 数据。

代码清单 3-9   at 和 iat 方法访问 Pandas 数据示例

```
1   import pandas as pd
2   import numpy as np
3   s = pd.Series([1,2,3,4],index=list("abcd"))
4   df = pd.DataFrame(np.arange(1,16).reshape(5,3), index=['r1','r2','r3','r4','r5'],
        columns=['c1', 'c2', 'c3'])
5   print('s中标签为a的元素: ',s.at['a'])
6   print('df中行标签为r1, 列标签为c1的元素: ',df.at['r1','c1'])
7   print('s的第1个元素: ',s.iat[0])
8   print('df的第1行第1列的元素: ',df.iat[0,0])
```

程序执行结束后，输出结果如下：

```
s中标签为a的元素： 1
df中行标签为r1，列标签为c1的元素： 1
s的第1个元素： 1
df的第1行第1列的元素： 1
```

下面对代码清单 3-9 做简要说明。

- ❑ 第 5 行代码通过标签索引 s.at['a'] 访问 s 中标签为 a 的元素。
- ❑ 第 6 行代码通过标签索引 df.at['r1','c1'] 访问 df 中行标签为 r1、列标签为 c1 的元素。
- ❑ 第 7 行代码通过位置索引 s.iat[0] 访问 s 的第 1 个元素。
- ❑ 第 8 行代码通过位置索引 df.iat[0,0] 访问 df 第 1 行第 1 列的元素。

3.4.6　head 和 tail 方法

Pandas 还提供了 head 和 tail 方法，用于快速获取多行数据，其语法格式如表 3-10 所示。

表 3-10　head 和 tail 方法的语法格式

对象类型	语法格式	参数说明	返回值类型
Series	s.head(n) s.tail(n)	n 为整数值，head 方法表示获取前 n 个数据，tail 方法表示获取后 n 个数据。n 缺省时默认为 5	Series
DataFrame	df.head(n) df.tail(n)	n 为整数值，head 方法表示获取前 n 行数据，tail 方法表示获取后 n 行数据。n 缺省时默认为 5	DataFrame

下面通过代码清单 3-10 演示如何通过 head 和 tail 方法访问 Pandas 数据。

代码清单 3-10　head 和 tail 方法访问 Pandas 数据示例

```
1  import pandas as pd
2  import numpy as np
3  import tushare as ts
4  s = pd.Series(np.arange(1,7), index=['a', 'b', 'c', 'd', 'e','f'])
5  df = ts.get_k_data('600848', '2019-01-01', '2019-12-31')
6  print('s的前5个元素：\n',s.head())
7  print('s的后2个元素：\n',s.tail(2))
8  print('df的前2行元素：\n',df.head(2))
9  print('df的后5行元素：\n',df.tail())
```

程序执行结束后，输出结果如下：

```
s的前5个元素：
a    1
b    2
c    3
d    4
e    5
dtype: int32
s的后2个元素：
e    5
```

```
f    6
dtype: int32
```
df的前2行元素:
```
        date   open  close  high   low   volume    code
0  2019-01-02  20.37  20.67  20.94  20.37  35378.0  600848
1  2019-01-03  20.75  20.02  20.99  19.99  53287.0  600848
```
df的后5行元素:
```
          date   open  close  high   low   volume    code
238  2019-12-25  24.30  23.93  24.30  23.86  44607.0  600848
239  2019-12-26  23.93  23.98  24.14  23.77  34415.0  600848
240  2019-12-27  23.97  23.75  24.09  23.75  36809.0  600848
241  2019-12-30  23.72  24.08  24.16  23.72  52275.0  600848
242  2019-12-31  24.89  24.55  25.23  24.43  86431.0  600848
```

下面对代码清单 3-10 中的代码做简要说明。

❑ 第 4 行代码通过整数 1~7 构成的 ndarray 一维数组创建了一个长度为 6 的 Series 对象 s，index 设置为 ['a', 'b', 'c', 'd', 'e','f']。

❑ 第 5 行代码使用 tushare 工具获取股票代码为 600848 的股票在 2019 年的日 k 线数据，并存储在 DataFrame 对象 df 中，以便更清楚地展示 head 和 tail 方法的返回结果。

❑ 第 6 行代码通过 s.head() 访问 s 的前 5 个元素，返回值为 Series 对象。

❑ 第 7 行代码通过 s.tail(2) 访问 s 的后 2 个元素，返回值为 Series 对象。

❑ 第 8 行代码通过 df.head(2) 访问 df 的前 2 行元素，返回值为 DataFrame 对象。

❑ 第 9 行代码通过 df.tail() 访问 df 的后 5 行元素，返回值为 DataFrame 对象。

3.5　数据清洗

数据清洗（Data Cleaning）是指对数据进行重新审查和校验的过程，目的在于纠正数据文件中可识别的错误，包括检查数据一致性、处理无效值和缺失值等。Pandas 为用户提供了多种具有数据清洗功能的方法。

3.5.1　处理缺失数据

缺失数据是数据文件中最常见的问题之一。在 Pandas 中的缺失值表示为 NA，其中数值类型的缺失值标记为 NaN（Not a Number），datetime 类型的缺失值标记为 NaT（Not a Time）。缺失值的存在可能会引起后续的数据分析错误。

在清洗数据之前，首先要确定数据中是否存在缺失值以及缺失值的确切位置。Pandas 提供了 isna() 和 notna() 方法，用于快速确定 Series 和 DataFrame 对象中缺失值的位置，其语法格式如下：

```
pd.isna(data) 或者 data.isna()
pd.notna(data) 或者 data.notna()
```

data 可以是一个 Series 对象，返回值为布尔 Series 对象；也可以是一个 DataFrame 对象，返回值为布尔 DataFrame 对象；还可以是一个标量值，此时返回一个布尔值。对于

isna 方法，data 中如果包含 NA 值，则返回值对应的位置为 True，其余正常元素对应的位置为 False。notna 方法与 isna 方法相反，data 中如果包含 NA 值，则返回值对应的位置为 False，其余正常元素对应的位置为 True。

Pandas 提供了几种处理缺失值的方法，即为缺失值重新赋值、删除缺失值所在的行、删除数据缺失率较高的列等。删除缺失值的方法一般用于缺失值较少、对整体数据影响不大的情况。

1）Pandas 提供了 fillna 方法用于将缺失值重新赋值为新的元素值，常用的语法格式如下：

```
result=data.fillna(value,method=None,…)
```

其中 data 既可以是 Series 对象，也可以是 DataFrame 对象。value 可以是一个固定的元素，比如 0；value 也可以是一个字典对象、Series 对象或 DataFrame 对象，用于将 data 中匹配标签（Series 对象）或匹配列标签（DataFrame 对象）所对应的缺失值替换为不同的值，未与 value 匹配的 data 中的缺失值则不会被替换。method 表示填充 NA 值的方法，缺省时默认为 None。method='ffill' 或者 'method=pad' 时使用上一个有效值填充 NA 值，而 method='bfill' 或者 'method=backfill' 时使用下一个有效值来填充 NA 值。fillna 的返回值为新赋值的 Series 或 DataFrame 对象。

2）Pandas 提供了 dropna 方法，实现按行或列删除 NA 值的功能，其语法格式如下：

```
result =data.dropna(axis=0, how='any',…)
```

如果 data 是 Series 对象，则 axis 只能等于 0，直接删除所有的 NA 值。如果 data 是 DataFrame 对象，参数 axis 为 0 或 'index'，实现删除缺失值所在的行；如果设置 axis 为 1 或 'columns'，则删除缺失值所在的列；axis 缺省时默认为 0。how = 'any' 表示只要有 NA 值存在，就会删除所在的行或列；how='all' 表示只有当全部元素都是 NA 值时才会执行删除操作；how 缺省时默认为 'any'。dropna 的返回值为删掉缺失值的 Series 或 DataFrame 对象。

3）Pandas 还为 Series 和 DataFrame 提供了 interpolate() 方法，通过插值法补充缺失的数据点，其语法格式如下：

```
result=data.interpolate(method='linear',axis=0,…)
```

method 表示使用的插值方法，缺省时默认为线性插值 'linear'。常用的还有 'time'，即根据时间间隔进行插值。除此之外，method 还提供了更高级的插值方法，比如 Scipy 库中的 'nearest'、'zero'、'slinear'、'quadratic'、'cubic'、'spline'、'barycentric'、'polynomial' 等。axis 参数的用法与 dropna 方法相同。

下面通过代码清单 3-11 演示 Pandas 提供的处理缺失数据方法的用法。

代码清单 3-11　Pandas 处理缺失数据方法的用法示例

```
1   import pandas as pd
2   import numpy as np
3   df = pd.DataFrame({'A': [1, 2.1, np.nan, 4.7, 5.6], 'B': [.25, np.nan,
        np.nan, 4, 12.2]})
```

```
4   print('df: \n',df)
5   print('df中的元素是否为缺失值: \n',pd.isna(df))
6   df1 = df.fillna(0)#用固定值来填充
7   print('用0填充缺失值后的数据: \n',df1)
8   df2 = df.fillna(value={'A': 1, 'B': 2}) #将A、B列中的NaN分别替换为1、2
9   print('用字典填充缺失值后的数据: \n',df2)
10  df3 = df.fillna(df.mean()) #用每列的平均值来填充
11  print('用每列的平均值填充缺失值后的数据: \n',df3)
12  df4 = df.dropna()
13  print('删除缺失值后的数据: \n',df4)
14  df5=df.interpolate()
15  print('线性插值法填充缺失值后的数据: \n',df5)
16  df6= df.interpolate(method='polynomial',order=2)
17  print('多项式插值法填充缺失值后的数据: \n',df6)
```

程序执行结束后，输出结果如下：

df：

```
     A        B
0   1.0     0.25
1   2.1     NaN
2   NaN     NaN
3   4.7     4.00
4   5.6    12.20
```

df中的元素是否为缺失值：

```
      A        B
0  False    False
1  False    True
2   True    True
3  False    False
4  False    False
```

用0填充缺失值后的数据：

```
     A        B
0   1.0     0.25
1   2.1     0.00
2   0.0     0.00
3   4.7     4.00
4   5.6    12.20
```

用字典填充缺失值后的数据：

```
     A       B
0   1.0    0.25
1   2.1    2.00
2   1.0    2.00
3   4.7    4.00
4   5.6   12.20
```

用每列的平均值填充缺失值后的数据：

```
      A          B
0   1.00    0.250000
1   2.10    5.483333
2   3.35    5.483333
3   4.70    4.000000
4   5.60   12.200000
```

删除缺失值后的数据:
```
     A      B
0   1.0    0.25
3   4.7    4.00
4   5.6   12.20
```
线性插值法填充缺失值后的数据:
```
     A      B
0   1.0    0.25
1   2.1    1.50
2   3.4    2.75
3   4.7    4.00
4   5.6   12.20
```
多项式插值法填充缺失值后的数据:
```
       A         B
0   1.000000    0.250
1   2.100000   -1.975
2   3.433333   -0.725
3   4.700000    4.000
4   5.600000   12.200
```

下面对代码清单 3-11 中的代码做简要说明。

❑ 第 3 行代码通过字典创建了一个 5 行 2 列的 DataFrame 对象 df,其中使用 Numpy 库中的 np.nan 设置了几个缺失值,如第 4 行 print 函数的输出结果所示。

❑ 第 5 行代码通过 isna 方法来确认 df 中的哪些元素是缺失值,返回的结果中,True 表示 df 中对应位置为缺失值,False 则表示对应位置为正常值。

❑ 第 6 行代码通过 fillna 方法使用固定值 0 对 df 中的缺失值进行填充,并将返回结果赋值给新的 DataFrame 对象 df1,如第 7 行 print 函数的输出结果所示。

❑ 第 8 行代码通过 fillna 方法使用字典 {'A': 1, 'B': 2} 对 df 中的缺失值进行填充,A 列中的 NaN 填充为 1,B 列中的 NaN 填充为 2,并将返回结果赋值给新的 DataFrame 对象 df2,如第 9 行 print 函数的输出结果所示。

❑ 第 10 行代码通过 fillna 方法,使用 df.mean() 对 df 中的缺失值进行填充。df.mean() 的返回值是 Series 对象类型,表示 df 每列的平均值,fillna 方法再用该平均值对 df 每列的缺失值依次进行填充,并将返回结果赋值给新的 DataFrame 对象 df3,如第 11 行 print 函数的输出结果所示。

❑ 第 12 行代码通过 dropna 方法对 df 中的缺失值进行删除,采用默认的参数设置,即删除所有至少包含一个缺失值的行,并将返回结果赋值给新的 DataFrame 对象 df4,如第 13 行 print 函数的输出结果所示。

❑ 第 14 行代码通过 interpolate 方法对 df 中的缺失值进行插值处理,采用默认的参数设置,即以列为单位进行线性插值,并将返回结果赋值给新的 DataFrame 对象 df5,如第 15 行 print 函数的输出结果所示。

❑ 第 16 行代码通过 interpolate 方法对 df 中的缺失值进行了插值处理,参数 method='polynomial' 表示采用多项式插值法,order=2 指定多项式的阶数为 2,并将返回结果赋值给新的 DataFrame 对象 df6,如第 17 行 print 函数的输出结果所示。

▌ 提示

本节介绍的 fillna、dropna、interpolate 等处理缺失值的方法都是在数据的拷贝上进行处理，不会改变原数据。

3.5.2 删除重复数据

除数据缺失之外，数据文件中还可能存在重复的数据，这会对分析结果产生影响，因此，在数据清洗阶段还需要删除重复数据。

要识别数据中是否存在重复行，可以使用 Pandas 提供的 duplicated 方法。常用的语法格式如下：

```
data.duplicated(subset=None,keep='first',…)
```

data 可以是一个 Series 对象，也可以是一个 DataFrame 对象，返回值为一个表示重复行的布尔类型 Series 对象。当 data 是 Series 对象时，duplicated 方法中没有 subset 参数。subset 是列标签参数，表示考虑某些特定列来标识重复数据，缺省时默认为考虑全部列。keep 决定标记哪个重复数据，缺省时默认为 'first'，即对于 data 中的每一组重复数据，第一次出现的位置标记为 False，其他重复出现的位置则标记为 True。keep='last' 时则表示重复数据最后一次出现的位置才标记为 False，其余位置为 True。

可以使用 drop_duplicates 方法删除重复的行，常用的语法格式如下：

```
result=data.drop_duplicates(subset=None,keep='first',…)
```

drop_duplicates 方法的参数含义与 duplicated 方法相同。keep 参数决定保留哪一行重复数据。返回值为删掉重复数据的 Series 或 DataFrame 对象。

Pandas 还可以利用 drop_duplicates 方法处理数据标签中存在重复项的情况，具体方法是：先使用 Index.duplicated 方法确定数据标签中是否存在重复值，然后再利用得到的布尔数组对数据执行行切片。

下面通过代码清单 3-12 演示 Pandas 提供的处理重复数据方法的用法。

代码清单 3-12 Pandas 处理重复数据方法的用法示例

```
1   import pandas as pd
2   df = pd.DataFrame({'brand': ['YumYum', 'YumYum', 'Indomie', 'Indomie',
        'Indomie'], 'style': ['cup', 'cup', 'cup', 'pack', 'pack'], 'rating': [4,
        4, 3.5, 15, 5]},index=['a', 'a', 'b', 'c', 'd'])
3   print('df: \n',df)
4   print('对于全列，df的行中是否存在重复项: \n',df.duplicated())
5   df1=df.drop_duplicates()
6   print('删除上述重复项后的df: \n',df1)
7   print('对于brand和style列，df的行中是否存在重复项: \n',df.duplicated(subset= ['brand',
        'style']))
8   df2=df.drop_duplicates(subset= ['brand', 'style'])
9   print('删除上述重复项后的df: \n',df2)
10  print('df的index是否存在重复项: \n',df.index.duplicated(keep='last'))
11  df3=df[~df.index.duplicated(keep='last')]
12  print('删除index重复项后的df: \n',df3)
```

程序执行结束后，输出结果如下：

df：
```
      brand   style   rating
a    YumYum    cup     4.0
a    YumYum    cup     4.0
b    Indomie   cup     3.5
c    Indomie   pack   15.0
d    Indomie   pack    5.0
```
对于全列，df的行中是否存在重复项：
```
a    False
a     True
b    False
c    False
d    False
dtype: bool
```
删除上述重复项后的df：
```
      brand   style   rating
a    YumYum    cup     4.0
b    Indomie   cup     3.5
c    Indomie   pack   15.0
d    Indomie   pack    5.0
```
对于brand和style列，df的行中是否存在重复项：
```
a    False
a     True
b    False
c    False
d     True
dtype: bool
```
删除上述重复项后的df：
```
      brand   style   rating
a    YumYum    cup     4.0
b    Indomie   cup     3.5
c    Indomie   pack   15.0
```
df的index是否存在重复项：
```
[ True False False False False]
```
删除index重复项后的df：
```
      brand   style   rating
a    YumYum    cup     4.0
b    Indomie   cup     3.5
c    Indomie   pack   15.0
d    Indomie   pack    5.0
```

下面对代码清单 3-12 中的代码做简要说明。

❑ 第 2 行代码通过字典创建了一个 5 行 3 列的 DataFrame 对象 df，并设置 index 参数为 ['a', 'a', 'b', 'c', 'd']，如第 3 行 print 函数的输出结果所示。

❑ 第 4 行代码通过 duplicated 方法来确认 df 中是否存在重复数据，采用了默认的参数设置，即根据 df 的所有列来标识重复数据。对于 df 中的每一组重复数据，第一次出现的位置标记为 False，其他重复出现的位置则标记为 True，返回值为 Series 对象。从 print 函数的输出结果分析得到，df 中的第 2 行为重复数据。

❑ 第 5 行代码通过 drop_duplicates 方法删除了第 4 行代码中确定的重复数据所

在的行，并将返回结果赋值给新的 DataFrame 对象 df1，如第 6 行 print 函数的输出结果所示。

❑ 第 7 行代码通过 duplicated 方法来确认 df 中是否存在重复数据，subset=['brand', 'style'] 表示根据 df 的 brand 和 style 两列来标识重复数据。对于 df 中的每一组重复数据，第一次出现的位置标记为 False，其他重复出现的位置则标记为 True，返回值为 Series 对象。从 print 函数的输出结果分析得到，df 中的第 2 行和第 5 行为重复数据。

❑ 第 8 行代码通过 drop_duplicates 方法删除了第 6 行代码中确定的重复数据所在的行，并将返回结果赋值给新的 DataFrame 对象 df2，如第 9 行 print 函数的输出结果所示。

❑ 第 10 行代码通过 duplicated 方法来确认 df.index（即 df 的行标签）中是否存在重复项，keep='last' 表示对于 df.index 中的每一组重复数据，最后一次出现的位置标记为 Fasle，其他重复出现的位置则标记为 True，返回值为一维布尔数组。从 print 函数的输出结果分析得到，df 中第 1 行的行标签为重复项。

❑ 第 11 行代码通过布尔数组切片的方法删除了 df 中行标签重复的行。首先对第 10 行代码得到的布尔数组进行取反操作，即将第 1 行重复项标记为 Fasle，其他项标记为 True；然后再利用得到的新布尔数组对 df 进行切片，截取 True 对应的行，并将返回结果赋值给新的 DataFrame 对象 df3，如第 12 行 print 函数的输出结果所示。

> **提示**
>
> 1）本节介绍的 drop_duplicates 方法也是在数据的拷贝上进行删除，不会改变原数据。
>
> 2）Pandas 还提供了 del 和 drop 等方法，通过位置索引或标签索引删除数据中的指定行或列。

3.6　数据合并

在数据分析过程中，有时候需要将不同的数据文件进行合并处理。Pandas 提供了多功能、高性能的内存连接操作，本质上类似于 SQL 等关系数据库，比如，merge、join、concat 等方法可以方便地将具有多种集合逻辑的 Series 或 DataFrame 数据合并、拼接在一起，用于实现索引和关系代数功能。merge 方法主要基于数据表共同的列标签进行合并，join 方法主要基于数据表的 index 标签进行合并，concat 方法是对数据表进行行拼接或列拼接。

3.6.1　merge 方法

merge 方法的主要应用场景是针对存在同一个或多个相同列标签（主键）的包含不同特征的两个数据表，通过主键的连接将这两个数据表进行合并。其语法格式如下：

```
result=pd.merge(left, right, how='inner', on=None, left_on=None, right_on=None,
    left_index=False, right_index=False,…)
```

常用的参数含义说明如下。

❑ `left`/`right`：参与合并的左 / 右侧的 Series 或 DataFrame 对象（数据表）。

❑ `how`：数据合并的方式。默认为 `'inner'`，表示内连接（交集），`'outer'` 表示外连接（并集），`'left'` 表示基于左侧数据列的左连接，`'right'` 表示基于右侧数据列的右连接。

❑ `on`：指定用于连接的列标签，可以是一个列标签，也可以是一个包含多个列标签的列表。默认为 `left` 和 `right` 中相同的列标签。

❑ `left_on`/`right_on`：当 `left` 和 `right` 中合并的列标签名称不同时，用来分别指定左 / 右两表合并的列标签。

❑ `left_index`/`right_index`：布尔类型，默认为 `False`。当设置为 `True` 时，则以左 / 右侧的行标签作为连接键。

下面通过代码清单 3-13 演示 merge 方法的用法。

代码清单 3-13　merge 方法的用法示例

```
1  import pandas as pd
2  left = pd.DataFrame({'key1': ['K0', 'K1', 'K2'],'key2': ['K0', 'K1', 'K0'],'A':
      ['A0', 'A1', 'A2'],'B': ['B0', 'B1', 'B2']})
3  right = pd.DataFrame({'key1': ['K0', 'K1', 'K2'],'key2': ['K0', 'K0','K0'],'C':
      ['C0', 'C1', 'C2',], 'D': ['D0', 'D1', 'D2']})
4  print('left:\n',left)
5  print('right:\n',right)
6  result1 = pd.merge(left, right, on='key1') # 内连接
7  print('根据key1列将left和right内连接: \n',result1)
8  result2 = pd.merge(left, right, on=['key1', 'key2'])
9  print('根据key1和key2列将left和right内连接: \n',result2)
10 result3 = pd.merge(left, right, how='outer', on=['key1', 'key2'])
11 print('根据key1和key2列将left和right外连接: \n',result3)
12 result4 = pd.merge(left, right, how='left', on=['key1', 'key2'])
13 print('根据key1和key2列将left和right左连接: \n',result4)
14 result5 = pd.merge(left, right, how='right', on=['key1', 'key2'])
15 print('根据key1和key2列将left和right右连接: \n',result5)
```

程序执行结束后，输出结果如下：

```
left:
   key1  key2   A    B
0  K0    K0     A0   B0
1  K1    K1     A1   B1
2  K2    K0     A2   B2
right:
   key1  key2   C    D
0  K0    K0     C0   D0
1  K1    K0     C1   D1
2  K2    K0     C2   D2
```

根据**key1**列将**left**和**right**内连接：

	key1	key2_x	A	B	key2_y	C	D
0	K0	K0	A0	B0	K0	C0	D0
1	K1	K1	A1	B1	K0	C1	D1
2	K2	K0	A2	B2	K0	C2	D2

根据**key1**和**key2**列将**left**和**right**内连接：

	key1	key2	A	B	C	D
0	K0	K0	A0	B0	C0	D0
1	K2	K0	A2	B2	C2	D2

根据**key1**和**key2**列将**left**和**right**外连接：

	key1	key2	A	B	C	D
0	K0	K0	A0	B0	C0	D0
1	K1	K1	A1	B1	NaN	NaN
2	K2	K0	A2	B2	C2	D2
3	K1	K0	NaN	NaN	C1	D1

根据**key1**和**key2**列将**left**和**right**左连接：

	key1	key2	A	B	C	D
0	K0	K0	A0	B0	C0	D0
1	K1	K1	A1	B1	NaN	NaN
2	K2	K0	A2	B2	C2	D2

根据**key1**和**key2**列将**left**和**right**右连接：

	key1	key2	A	B	C	D
0	K0	K0	A0	B0	C0	D0
1	K2	K0	A2	B2	C2	D2
2	K1	K0	NaN	NaN	C1	D1

下面对代码清单 3-13 中的代码做简要说明。

❏ 第 2 行代码通过字典创建了一个 3 行 4 列的 DataFrame 对象 left，如第 4 行 print 函数的输出结果所示。

❏ 第 3 行代码通过字典创建了一个 3 行 4 列的 DataFrame 对象 right，如第 5 行 print 函数的输出结果所示。

❏ 第 6 行代码通过 merge 方法将 left 与 right 合并，on='key1' 指定根据列标签 key1 进行合并，合并方式默认为内连接，合并后的结果为一个 3 行 7 列的 DataFrame 对象，如第 7 行 print 函数的输出结果所示。

　　内连接是取 left 和 right 的交集，由于 left 和 right 中 key1 列的数据完全相同，因此保留了两个数据表中的所有行。除 key1 之外，left 和 right 中还存在另一个相同的列标签 key2，为了在合并后的对象中加以区分，Pandas 自动将 left 中的 key2 重命名为 key2_x，right 中的 key2 重命名为 key2_y。

❏ 第 8 行代码通过 merge 方法将 left 与 right 合并，on=['key1', 'key2'] 指定根据列标签 key1 和 key2 进行合并，合并方式默认为内连接，合并后的结果为一个 2 行 6 列的 DataFrame 对象，如第 9 行 print 函数的输出结果所示。

　　由于 left 和 right 中 key2 列数据不完全相同，因此要取 left 和 right 的交集，只将 ['key1', 'key2'] 两列组合数据完全相同的行进行合并，即将第 1 行和第 3 行合并，并自动调整合并后 DataFrame 对象的 index。

❏ 第 10 行代码通过 merge 方法将 left 与 right 合并，on=['key1', 'key2'] 指

定根据列标签 key1 和 key2 进行合并，how='outer' 指定合并方式为外连接，合并后的结果为一个 4 行 6 列的 DataFrame 对象，如第 11 行 print 函数的输出结果所示。

　　外连接是取 left 和 right 的并集，['key1', 'key2'] 两列组合数据对应的行都会进行合并。对于 left 和 right 中没有的列标签，要在对应位置设置 NA，并自动调整合并后 DataFrame 对象的 index。

❑ 第 12 行代码通过 merge 方法将 left 与 right 合并，on=['key1', 'key2'] 指定根据列标签 key1 和 key2 进行合并，how='left' 指定合并方式为左连接，合并后的结果为一个 3 行 6 列的 DataFrame 对象，如第 13 行 print 函数的输出结果所示。

　　左连接是保留 left 的所有数据，只取 right 中与 left 的 ['key1', 'key2'] 组合数据相同的行进行合并。对于 left 中没有的列标签，要在对应位置设置 NA，并自动调整合并后 DataFrame 对象的 index。

❑ 第 14 行代码通过 merge 方法将 left 与 right 合并，on=['key1', 'key2'] 指定根据列标签 key1 和 key2 进行合并，how='right' 指定合并方式为右连接，合并后的结果为一个 3 行 6 列的 DataFrame 对象，如第 15 行 print 函数输出结果所示。

　　右连接是保留 right 的所有数据，只取 left 中与 right 的 ['key1', 'key2'] 组合数据相同的行进行合并。对于 right 中没有的列标签，要在对应位置设置 NA，并自动调整合并后 DataFrame 对象的 index。

提示

1）使用 merge 合并两个数据表，如果左侧或右侧的数据表中没有某个列标签，则连接表中对应的值将设置为 NA。

2）merge 方法不会修改原始数据表，而是生成一个合并后的副本。

3.6.2　join 方法

Pandas 还提供了一种基于 index 标签的快速合并方法——join 方法。join 连接数据的方法与 merge 一样，包括内连接、外连接、左连接和右连接。其语法格式如下：

```
result = data.join(other, on=None, how='left',…)
```

❑ data 是一个 Series 或 DataFrame 对象（数据表）。

❑ other：要合并的 Series 或 DataFrame 对象（数据表）。

❑ on：可以是一个 data 中的列标签，也可以是一个包含多个 data 列标签的列表，表示 other 要在 data 的特定列上对齐。在实际应用中，如果 other 的 index 的值与 data 某一列的值相等，可以通过将 other 的 index 和 data 中的特定列对齐进行合并，这类似于 Excel 中的 VLOOKUP 操作。

❑ how：数据合并的方式。默认为 'left'，表示左连接，基于 data 的 index 标签进行连接；'right' 表示右连接，基于 other 的 index 标签进行连接；'inner' 表示内连接（交集）；'outer' 表示外连接（并集）。

下面通过代码清单 3-14 演示 join 方法的用法。

代码清单 3-14   join 方法的用法示例

```
1  import pandas as pd
2  left = pd.DataFrame({'A': ['A0', 'A1', 'A2'],'B': ['B0', 'B1', 'B2']},
       index=['K0', 'K1', 'K2'])
3  right = pd.DataFrame({'C': ['C0', 'C2', 'C3'], 'D': ['D0', 'D2', 'D3']},
       index=['K0', 'K2', 'K3'])
4  print('left:\n',left)
5  print('right:\n',right)
6  result1 = left.join(right)
7  print('left和right左连接（join方法）: \n',result1)
8  result2 = pd.merge(left, right, left_index=True, right_index=True, how='left')
9  print('left和right左连接（merge方法）: \n',result2)
10 result3 = left.join(right, how='inner')
11 print('left和right内连接（join方法）: \n',result3)
12 result4 = pd.merge(left, right, left_index=True, right_index=True, how='inner')
13 print('left和right内连接（merge方法）: \n',result4)
14 left2 = pd.DataFrame({'key': ['K0', 'K1', 'K0'],'A': ['A0', 'A1', 'A2'],'B':
       ['B0', 'B1', 'B2']})
15 print('left2:\n',left2)
16 result5 = left2.join(right,on='key')
17 print('left2和right左连接（join方法）: \n',result5)
18 result6= pd.merge(left2, right, left_on='key', right_index=True, how='left');
19 print('left2和right左连接（merge方法）: \n',result6)
```

程序执行结束后，输出结果如下：

left:
```
      A    B
K0   A0   B0
K1   A1   B1
K2   A2   B2
```

right:
```
      C    D
K0   C0   D0
K2   C2   D2
K3   C3   D3
```

left和right左连接（join方法）:
```
      A    B    C     D
K0   A0   B0   C0    D0
K1   A1   B1   NaN   NaN
K2   A2   B2   C2    D2
```

left和right左连接（merge方法）:
```
      A    B    C     D
K0   A0   B0   C0    D0
K1   A1   B1   NaN   NaN
K2   A2   B2   C2    D2
```

left和right内连接（join方法）:
```
      A    B    C    D
K0   A0   B0   C0   D0
K2   A2   B2   C2   D2
```

```
left和right内连接（merge方法）：
      A      B      C      D
K0    A0     B0     C0     D0
K2    A2     B2     C2     D2
left2:
      key    A      B
0     K0     A0     B0
1     K1     A1     B1
2     K0     A2     B2
left2和right左连接（join方法）：
      key    A      B      C      D
0     K0     A0     B0     C0     D0
1     K1     A1     B1     NaN    NaN
2     K0     A2     B2     C0     D0
left2和right左连接（merge方法）：
      key    A      B      C      D
0     K0     A0     B0     C0     D0
1     K1     A1     B1     NaN    NaN
2     K0     A2     B2     C0     D0
```

下面对代码清单 3-14 中的代码做简要说明。

❑ 第 2 行代码通过字典创建了一个 3 行 2 列的 DataFrame 对象 left，index 被设置为 ['K0', 'K1', 'K2']，如第 4 行 print 函数的输出结果所示。

❑ 第 3 行代码通过字典创建了一个 3 行 2 列的 DataFrame 对象 right，index 被设置为 ['K0', 'K2', 'K3']，如第 5 行 print 函数的输出结果所示。

❑ 第 6 行代码通过 join 方法将 left 与 right 合并，合并方式默认为基于 left 的左连接，合并后的结果为一个 3 行 4 列的 DataFrame 对象，如第 7 行 print 函数的输出结果所示。

❑ 第 8 行代码通过 merge 方法将 left 与 right 合并，合并方式和结果与第 6 行代码相同，left_index 和 right_index 参数被设置为 True，表示以 left 和 right 的 index 行标签作为连接键，如第 9 行 print 函数的输出结果所示。

❑ 第 10 行代码通过 join 方法将 left 与 right 合并，how='inner' 指定合并方式为内连接，合并后的结果为一个 2 行 4 列的 DataFrame 对象，如第 11 行 print 函数的输出结果所示。

❑ 第 12 行代码通过 merge 方法将 left 与 right 合并，合并方式和结果与第 10 行代码相同，left_index 和 right_index 参数被设置为 True，表示以 left 和 right 的 index 行标签作为连接键，如第 13 行 print 函数的输出结果所示。

❑ 第 14 行代码通过字典创建了一个 3 行 3 列的 DataFrame 对象 left2，没有设置 index 参数，如第 15 行 print 函数的输出结果所示。

❑ 第 16 行代码通过 join 方法将 left2 与 right 合并，由于 left2 与 right 不具有相同的行标签，但是 right 的 index 与 left2 的 key 列有相同的数值，因此通过 on='key' 指定将 left2 中的 key 与 right 中的 index 对齐，合并方式默认为左连接，合并后的结果为一个 3 行 5 列的 DataFrame 对象，如第 17 行 print 函数的输出结果所示。

❑ 第 18 行代码通过 merge 方法将 left2 与 right 合并，合并方式和结果与第 16 行代码相同，left_on='key' 表示表 left 以 key 列为连接键，right_index=True 表示表 right 以 index 行标签为连接键，how='left' 表示连接方式为左连接，如第 19 行 print 函数的输出结果所示。

提示

1）join 方法实现的数据表合并也可以用 merge 方法实现，但 join 方法更简单、更快速。

2）join 方法不会修改原始数据表，而是生成一个合并后的副本。

3.6.3   concat 方法

concat 方法的功能为沿着一个特定轴，对一组相同类型的 Pandas 对象执行连接操作。如果操作对象是 DataFrame，还可以同时在其他轴上执行索引的可选集合逻辑操作（并集或交集）。concat 方法接受一列或一组相同类型的对象，并通过一些可配置的处理将它们连接起来，这些处理可用于其他轴。其语法格式如下：

result=pd.concat(objs, axis=0, join='outer', ignore_index=False, keys=None,…)

常用的参数含义说明如下。

❑ objs 是需要拼接的对象集合，一般为 Series 或 DataFrame 对象的列表或者字典。

❑ axis 表示连接的轴向，默认为 0，表示纵向拼接，即基于列标签的拼接，拼接之后行数增加。axis=1 时表示横向拼接，即基于行标签的拼接，拼接之后列数增加。

❑ join 表示连接方式，默认为 'outer'，拼接方法为外连接（并集）。join='inner' 时，拼接方法为内连接（交集）。

❑ ignore_index 是布尔类型，默认为 False，表示保留连接轴上的标签。如果将其设置为 True，则不保留连接轴上的标签，而是产生一组新的标签。

❑ keys 是列表类型。如果连接轴上有相同的标签，为了区分，可以用 keys 在最外层定义标签的分组情况，形成连接轴上的层次化索引。

下面通过代码清单 3-15 演示 concat 方法的用法。

代码清单 3-15   concat 方法的用法示例

```
1   import pandas as pd
2   df1 = pd.DataFrame({'A':['A0','A1','A2'],  'B':['B0','B1','B2'],
        'C':['C0','C1','C2'], 'D':['D0','D1','D2']}, index=[0,1,2])
3   df2 = pd.DataFrame({'A':['A3','A4',  'A5'],  'B':['B3','B4',  'B5'],'C':
        ['C3','C4', 'C5'], 'D':['D3','D4', 'D5']}, index=[3,4,5])
4   df3 = pd.DataFrame({'A':['A6','A7','A8'],  'B':['B6','B7','B8'],
        'C':['C6','C7','C8'], 'D':['D6','D7','D8']}, index=[6,7,8])
5   df4 = pd.DataFrame({'B':['B2','B3','B6'],  'D':['D2','D3','D6'],
        'F':['F2','F3','F6']}, index=[2,3,6])
6   result1 = pd.concat([df1,df2,df3])
7   print('df1、df2和df3纵向外拼接: \n',result1)
8   result2=pd.concat([df1,df2],axis=1,keys=['df1','df2'])
```

```
9   print('df1和df2横向外拼接（concat方法）: \n',result2)
10  result3=df1.join(df2, how='outer',lsuffix='_df1',rsuffix='_df2')
11  print('df1和df2横向外拼接（join方法）: \n',result3)
12  result4=pd.concat([df1,df3])
13  print('df1和df3纵向外拼接: \n',result4)
14  result5=pd.concat([df1,df3],ignore_index=True)
15  print('df1和df3纵向外拼接并生成新的行标签: \n',result5)
16  result6=pd.concat([result1,df4], axis=1, join='inner', keys = ['result1','df2'])
17  print('result1和df4横向内拼接: \n',result6)
```

程序执行结束后，输出结果如下：

df1、df2和df3纵向外拼接：

	A	B	C	D
0	A0	B0	C0	D0
1	A1	B1	C1	D1
2	A2	B2	C2	D2
3	A3	B3	C3	D3
4	A4	B4	C4	D4
5	A5	B5	C5	D5
6	A6	B6	C6	D6
7	A7	B7	C7	D7
8	A8	B8	C8	D8

df1和df2横向外拼接（concat方法）：

	df1				df2			
	A	B	C	D	A	B	C	D
0	A0	B0	C0	D0	NaN	NaN	NaN	NaN
1	A1	B1	C1	D1	NaN	NaN	NaN	NaN
2	A2	B2	C2	D2	NaN	NaN	NaN	NaN
3	NaN	NaN	NaN	NaN	A3	B3	C3	D3
4	NaN	NaN	NaN	NaN	A4	B4	C4	D4
5	NaN	NaN	NaN	NaN	A5	B5	C5	D5

df1和df2横向外拼接（join方法）：

	A_df1	B_df1	C_df1	D_df1	A_df2	B_df2	C_df2	D_df2
0	A0	B0	C0	D0	NaN	NaN	NaN	NaN
1	A1	B1	C1	D1	NaN	NaN	NaN	NaN
2	A2	B2	C2	D2	NaN	NaN	NaN	NaN
3	NaN	NaN	NaN	NaN	A3	B3	C3	D3
4	NaN	NaN	NaN	NaN	A4	B4	C4	D4
5	NaN	NaN	NaN	NaN	A5	B5	C5	D5

df1和df3纵向外拼接：

	A	B	C	D
0	A0	B0	C0	D0
1	A1	B1	C1	D1
2	A2	B2	C2	D2
6	A6	B6	C6	D6
7	A7	B7	C7	D7
8	A8	B8	C8	D8

df1和df3纵向外拼接并生成新的行标签：

	A	B	C	D
0	A0	B0	C0	D0

```
1   A1   B1   C1   D1
2   A2   B2   C2   D2
3   A6   B6   C6   D6
4   A7   B7   C7   D7
5   A8   B8   C8   D8
```
result1和df4横向内拼接:
```
    A    B    C    D    B    D    F
2   A2   B2   C2   D2   B2   D2   F2
3   A3   B3   C3   D3   B3   D3   F3
6   A6   B6   C6   D6   B6   D6   F6
```

下面对代码清单 3-15 中的代码做简要说明。

❑ 第 2~5 行代码分别通过字典创建了 4 个 3 行 4 列的 DataFrame 对象 df1、df2、df3、df4，index 分别被设置为 [0,1,2]、[3,4,5]、[6,7,8]、[2,3,6]。

❑ 第 6 行代码通过 concat 方法将 df1、df2 和 df3 拼接，采用默认的参数设置，即纵向外拼接。由于 df1、df2 和 df3 的列标签完全相等，但行标签没有重叠的部分，拼接后的结果为一个 9 行 4 列的 DataFrame 对象，如第 7 行 print 函数的输出结果所示。

❑ 第 8 行代码通过 concat 方法将 df1 和 df2 拼接，axis=1 表示横向拼接，拼接方式默认为外拼接。由于 df1 和 df2 的列标签完全相等，拼接后的列会有重复的列标签。为了便于区分，设置参数 keys=['df1','df2'] 在最外层定义标签的分组情况，df1 的列标签的外层索引为 'df1'，df2 的列标签的外层索引为 'df2'。拼接后的结果为一个 6 行 8 列的 DataFrame 对象，如第 9 行 print 函数的输出结果所示。

❑ 第 10 行代码通过 join 方法将 df1 和 df2 拼接，拼接方式与第 8 行代码相同。how='outer' 设置为外拼接，为了区分拼接后的对象中重复的列标签，设置 lsuffix='_df1'，指定 df1 的列名加上后缀 '_df1'；设置 rsuffix='_df2'，指定 df2 的列名加上后缀 '_df2'，如第 11 行 print 函数的输出结果所示。可以看到，result3 中的元素数据与 result2 相同，不同之处在于 result2 采用外层索引的方式区分重复列，而 result3 采用列名加后缀的方法。

❑ 第 12 行代码通过 concat 方法将 df1 和 df3 拼接，采用默认的参数设置，即纵向外拼接。拼接后的结果为一个 6 行 4 列的 DataFrame 对象，如第 13 行 print 函数的输出结果所示，可以看到 result3 的行标签完全保留了 df1 和 df3 的行标签。

❑ 第 14 行代码在第 12 行代码的基础上，增加了参数设置 ignore_index=True，表示会重新生成新的整数序列作为拼接后的 DataFrame 对象的行标签，如第 15 行 print 函数的输出结果所示。

❑ 第 16 行代码通过 concat 方法将第 6 行代码的 result1 和 df4 拼接，axis=1 表示横向拼接，join='inner' 指定内拼接。拼接后的结果为一个 3 行 7 列的 DataFrame 对象，如第 17 行 print 函数的输出结果所示，保留了 result1 和 df4 中相同的行标签。

1) 在实际应用中，join 方法常用于基于行标签对数据表的列进行拼接，concat 方法则常用于基于列标签对数据表的行进行拼接。

2) concat 方法不会修改原始数据表，而是生成一个合并后的副本。

3.7　数据重塑

数据重塑是指转换一个数据表格的结构，使其适合做进一步分析。Pandas 为用户提供了多种数据重塑方法，常用的有 pivot 和 melt 方法。

3.7.1　pivot 方法

pivot 方法通过轴向旋转将一个数据表从长格式转换成宽格式，多用于时间序列。其常用语法格式如下：

```
result = data.pivot(index=None, columns=None, values=None,…)
```

❑ data 是需要重塑的 DataFrame 对象，result 是返回的重塑后的 DataFrame 对象。

❑ index 指定 data 中的列作为 result 的 index 行标签，默认使用现有的 index。

❑ columns 指定 data 中的列作为 result 的 columns 列标签。

❑ values 指定 data 中的列作为填充 result 的数值，默认使用剩余的所有列，结果可能会具有分层索引的列。

下面通过代码清单 3-16 演示 pivot 方法的用法。

代码清单 3-16　pivot 方法的用法示例

```
1  import pandas as pd
2  df = pd.DataFrame({'date': ['2020-01-01', '2020-01-02', '2020-01-01',' 2020-01-
       02', '2020-01-03', '2020-01-01'], 'variable': ['A', 'A', 'B', 'B', 'B', 'C'],
       'value1': [3,4,6,2,8,10],'value2': [13.4, 22.0, 15.3, 7.8, 9.4, 18.0]})
3  print('df:\n',df)
4  result1 = df.pivot(index='date', columns='variable', values='value1')
5  print('重塑为以date列为行标签，variable列为列标签，value1列为数值的对象:\n',result1)
6  result2 = df.pivot(index='date', columns='variable')
7  print('重塑为以date列为行标签，variable列为列标签，value1和value2列为数值的对象:\n', result2)
```

程序执行结束后，输出结果如下：

```
df:
        date   variable   value1   value2
0  2020-01-01      A          3     13.4
1  2020-01-02      A          4     22.0
2  2020-01-01      B          6     15.3
3  2020-01-02      B          2      7.8
4  2020-01-03      B          8      9.4
5  2020-01-01      C         10     18.0
```

重塑为以date列为行标签，variable列为列标签，value1列为数值的对象：

```
variable     A     B     C
date
2020-01-01  3.0   6.0   10.0
2020-01-02  4.0   2.0   NaN
2020-01-03  NaN   8.0   NaN
```

重塑为以date列为行标签，variable列为列标签，value1和value2列为数值的对象：

```
            value1              value2
variable     A     B     C       A      B     C
date
2020-01-01  3.0   6.0   10.0   13.4   15.3   18.0
2020-01-02  4.0   2.0   NaN    22.0    7.8   NaN
2020-01-03  NaN   8.0   NaN    NaN     9.4   NaN
```

下面对代码清单 3-16 中的代码做简要说明。

❑ 第 2 行代码通过字典创建了一个 6 行 4 列的 DataFrame 对象 df，列标签为 ['date', 'variable', 'value1', 'value2']，如第 3 行 print 函数的输出结果所示。

❑ 第 4 行代码通过 pivot 方法对 df 进行重塑，指定 date 列为重塑后的 index，variable 列为重塑后的 columns，value1 列为重塑后的 values，重塑后的结果为一个 9 行 4 列的 DataFrame 对象，如第 5 行 print 函数的输出结果所示。若 result1 中的某些位置在 df 中没有相对应的数据，则自动用 NaN 填充。

❑ 第 6 行代码通过 pivot 方法对 df 进行重塑，与第 4 行代码的不同之处在于没有设置 values 参数，默认指定 df 中除 date 和 variable 之外的所有列，即 value1 和 value2 列，为重塑后的 values。重塑后的结果为一个 3 行 6 列的 DataFrame 对象，如第 7 行 print 函数的输出结果所示。由于设置了 df 中的多列元素作为填充数据，result2 中会产生重复的列标签，因此 Pandas 会自动用 df 的列标签作为外层索引。

提示

如果原始数据 data 中 index 和 columns 数据对中存在重复的数值，则 pivot 方法会提示 ValueError。此时就需要调用另外一个方法：pivot_table。

3.7.2　melt 方法

melt 方法是将数据表从宽格式调整为长格式，其中一列或多列作为标识符变量（id_vars），而其他列是转换为测量变量（value_vars），填充两个新增的非标识符列。即 'variable' 和 'value'。其语法格式如下：

```
result = data.melt(id_vars=None, value_vars=None, var_name=None, value_name=
    'value',…)
```

❑ data 是需要重塑的 DataFrame 对象，result 是返回的重塑后的 DataFrame 对象。

❑ id_vars 指定 data 中的列作为 result 的标识符变量，即不需要被转换的列。可以是元组、列表或 ndarray 类型。

❑ value_vars 指定 data 中的列作为 result 的测量变量,即需要转换的列,默认为 id_vars 中指定列以外的所有列。可以是元组、列表或 ndarray 类型。

❑ var_name 是 'variable' 列的自定义名称,默认使用 data.columns.name 或者 'varibale'。

❑ value_name 是 'value' 列的自定义名称默认使用 'value'。

下面通过代码清单 3-17 演示 melt 方法的用法。

代码清单 3-17   melt 方法的用法示例

```
1  import pandas as pd
2  df = pd.DataFrame({'first': ['John', 'Mary'], 'last': ['Doe', 'Bo'], 'height':
       [5.5, 6.0], 'weight': [130, 150]})
3  print('df:\n',df)
4  result1=df.melt(id_vars=['first', 'last'])
5  print('重塑为以first和last列作为标识符,其余列作为测量值的对象:\n',result1)
6  result2=df.melt(id_vars=['first', 'last'], value_vars='height', var_name='quantity')
7  print('重塑为以first和last列作为标识符,height列作为测量值的对象:\n', result2)
```

程序执行结束后,输出结果如下:

```
df:
   first   last   height   weight
0  John    Doe    5.5      130
1  Mary    Bo     6.0      150
```
重塑为以first和last列作为标识符,其余列作为测量值的对象:
```
   first   last   variable   value
0  John    Doe    height     5.5
1  Mary    Bo     height     6.0
2  John    Doe    weight     130.0
3  Mary    Bo     weight     150.0
```
重塑为以first和last列作为标识符,height列作为测量值的对象:
```
   first   last   quantity   value
0  John    Doe    height     5.5
1  Mary    Bo     height     6.0
```

下面对代码清单 3-17 做简要说明。

❑ 第 2 行代码通过字典创建了一个 2 行 4 列的 DataFrame 对象 df,如第 3 行 print 函数的输出结果所示。

❑ 第 4 行代码通过 melt 方法对 df 进行重塑,id_vars=['first', 'last'] 指定 df 的 first 和 last 列作为标识符变量,其他参数采用默认值,即 height 和 weight 列作为测量变量,以填充两个新增列 variable 和 value。重塑后的结果为一个 4 行 4 列的 DataFrame 对象,如第 5 行 print 函数的输出结果所示。

❑ 第 6 行代码通过 melt 方法对 df 进行重塑,id_vars=['first', 'last'] 指定 df 的 first 和 last 列作为标识符变量,value_vars='height' 指定 df 的 height 列作为测量变量,var_name='quantity' 将新增的 variable 列命名为 quantity。重塑后的结果为一个 2 行 4 列的 DataFrame 对象,如第 7 行 print 函数的输出结果所示,可以看到,quantity 列的元素只有 'height'。

提示

pivot 和 melt 方法不会修改原始数据表，而是生成一个重塑后的副本。

3.8   Pandas 数据处理实例

3.8.1   药品销售数据处理实例

为了使读者更好地掌握 Pandas 工具库在实际中的应用方法，本节将以药品销售数据[一]为例介绍利用 Pandas 进行数据清洗的操作过程。下面通过代码清单 3-18 演示药品销售数据处理的实例。

代码清单 3-18   药品销售数据处理实例

```
1   import pandas as pd
2   data = pd.read_excel('./朝阳医院2018年销售数据.xlsx')
3   print('前5行数据: \n',data.head())
4   data = pd.read_excel('./朝阳医院2018年销售数据.xlsx',dtype={'社保卡号':str,'商品编码':str})
5   print('数据类型规范后的前5行: \n',data.head())
6   print('data的shape属性: ',data.shape)
7   # 重命名'购药时间'列
8   data = data.rename(columns={'购药时间':'销售时间'})
9   # 处理缺失值
10  print('每列缺失值的个数: \n',data.isna().sum())
11  data=data.dropna(how='any')
12  print('删除缺失值后的shape属性: ',data.shape)
13  # 检查重复数据
14  print('重复数据的统计: ',data.duplicated().sum())
15  # 销售时间的数据只保留日期，并转换为日期类型
16  time=data.loc[:,'销售时间'].str.split(' ',expand=True)
17  data.loc[:,'销售时间']=time.loc[:,0] #将分隔后的日期重新赋值为"销售时间"列
18  data.loc[:,'销售时间']=pd.to_datetime(data.loc[:,'销售时间'], format='%Y-%m-
        %d',errors='coerce')
19  print('每列缺失值的个数: \n',data.isna().sum())
20  data = data.dropna(subset=['销售时间'])
21  print('data每列数据类型: \n',data.dtypes)
22  # 查看数据的描述统计信息
23  print('数据的描述统计信息: \n',data.describe())
24  # 删除销售数量小于0的数据
25  vec_bool=data.loc[:,'销售数量']>0 #布尔数组
26  data = data.loc[vec_bool,:]
27  print('删除销售数量小于0的数据后的描述统计信息: \n',data.describe())
28  # 重新设置index
29  data=data.reset_index(drop=True)
30  print('清洗后的数据概览: \n',data.info)
```

程序执行结束后，输出结果如下：

○　https://blog.csdn.net/apollo_miracle/article/details/88550078。

前5行数据:

	购药时间	社保卡号	商品编码	商品名称	销售数量	应收金额	实收金额
0	2018-01-01 星期五	1.616528e+06	236702.0	强力VC银翘片	6.0	82.8	69.00
1	2018-01-02 星期六	1.616528e+06	236701.0	清热解毒口服液	1.0	28.0	24.64
2	2018-01-06 星期三	1.260283e+07	236704.0	感康	2.0	16.8	15.00
3	2018-01-11 星期一	1.007034e+10	236701.0	清热解毒口服液	1.0	28.0	28.00
4	2018-01-15 星期五	1.015543e+08	236701.0	清热解毒口服液	8.0	224.0	208.00

数据类型规范后的前5行:

	购药时间	社保卡号	商品编码	商品名称	销售数量	应收金额	实收金额
0	2018-01-01 星期五	001616528	236702	强力VC银翘片	6.0	82.8	69.00
1	2018-01-02 星期六	001616528	236701	清热解毒口服液	1.0	28.0	24.64
2	2018-01-06 星期三	0012602828	236704	感康	2.0	16.8	15.00
3	2018-01-11 星期一	0010070343428	236701	清热解毒口服液	1.0	28.0	28.00
4	2018-01-15 星期五	00101554328	236701	清热解毒口服液	8.0	224.0	208.00

data的shape属性: (6578, 7)

每列缺失值的个数:

```
销售时间     2
社保卡号     2
商品编码     1
商品名称     1
销售数量     1
应收金额     1
实收金额     1
dtype: int64
```

删除缺失值后的shape属性: (6575, 7)

重复数据的统计: 0

每列缺失值的个数:

```
销售时间     23
社保卡号     0
商品编码     0
商品名称     0
销售数量     0
应收金额     0
实收金额     0
dtype: int64
```

data每列数据类型:

```
销售时间     datetime64[ns]
社保卡号             object
商品编码             object
商品名称             object
销售数量            float64
应收金额            float64
实收金额            float64
```

数据的描述统计信息:

	销售数量	应收金额	实收金额
count	6552.000000	6552.00000	6552.000000
mean	2.384158	50.43025	46.266972
std	2.374754	87.68075	81.043956
min	-10.000000	-374.00000	-374.000000
25%	1.000000	14.00000	12.320000
50%	2.000000	28.00000	26.500000
75%	2.000000	59.60000	53.000000
max	50.000000	2950.00000	2650.000000

删除销售数量小于0的数据后的描述统计信息：

	销售数量	应收金额	实收金额
count	6509.000000	6509.000000	6509.000000
mean	2.405285	50.908726	46.709935
std	2.364095	87.634645	80.983274
min	1.000000	1.200000	0.030000
25%	1.000000	14.000000	12.600000
50%	2.000000	28.000000	27.000000
75%	2.000000	59.600000	53.000000
max	50.000000	2950.000000	2650.000000

清洗后的数据概览：

```
<bound method DataFrame.info of
        销售时间              社保卡号      商品编码      商品名称    销售数量    应收金额    实收金额
0     2018-01-01        001616528    236702    强力VC银翘片      6.0      82.8     69.00
1     2018-01-02        001616528    236701   清热解毒口服液      1.0      28.0     24.64
2     2018-01-06       0012602828    236704        感康      2.0      16.8     15.00
3     2018-01-11     0010070343428  236701   清热解毒口服液      1.0      28.0     28.00
4     2018-01-15      00101554328   236701   清热解毒口服液      8.0     224.0    208.00
...          ...               ...       ...       ...      ...       ...       ...
6504  2018-04-27    0010060482828   2367011      高特灵      1.0       5.6      5.00
6505  2018-04-27      00107886128   2367011      高特灵     10.0      56.0     54.80
6506  2018-04-27    0010087865628   2367011      高特灵      2.0      11.2      9.86
6507  2018-04-27       0013406628   2367011      高特灵      1.0       5.6      5.00
6508  2018-04-28       0011926928   2367011      高特灵      2.0      11.2     10.00

[6509 rows x 7 columns]>
```

下面对代码清单 3-18 中的代码做简要说明。

❑ 第 2 行代码通过 Pandas 提供的 `read_excel` 方法读取保存在当前文件夹中的"朝阳医院 2018 年销售数据 .xlsx"文件，并将数据以 DataFrame 形式保存在 `data` 中。

❑ 第 3 行代码通过 `print` 函数输出 `data.head()`，预览 `data` 的前 5 行数据。从输出结果中可以看到，"社保卡号"和"商品编码"这两列数据应该是字符串类型，却被转换为数据值类型。为了正确地处理数据，需要对数据类型进行规范化处理。

❑ 第 4 行代码再次使用 `read_excel` 方法读取了"朝阳医院 2018 年销售数据 .xlsx"文件到 `data` 中，并通过设置参数 `dtype={'社保卡号':str,'商品编码':str}` 指定"社保卡号"和"商品编码"两列的数据为字符串类型。

❑ 第 5 行代码预览了数据类型规范后的 `data` 前 5 行数据。

❑ 第 6 行代码输出了 `data` 的 `shape` 属性，可见 `data` 是一个 6578 行 ×7 列的二维数据。

❑ 从第 5 行的输出结果分析，`data` 的列名"购药时间"可能会在数据分析时产生歧义，故第 8 行代码通过 `rename` 方法将列名"购药时间"重命名为"销售时间"，以明确该列数据的含义，并将返回结果赋值给 `data`。

❑ 第 10 行代码通过 `data.isna().sum()` 统计每列缺失数据的个数，`data.isna()` 的返回值为 6578 行 ×7 列的布尔数组，再通过 `sum` 方法统计 `data.isna()` 每列中 `True` 的个数。从输出结果可以分析出，`data` 中每列都存在缺失数据，需要进一步处理。

❑ 第 11 行代码通过 `dropna` 方法删除了 `data` 中存在缺失数据的行，并将返回结果赋值给 data。因为每列的缺失值数量很少，直接删除缺失值对整体数据的影响不大。

- 第 12 行代码输出了新 data 的 shape 属性，删除缺失值后，data 是一个 6575 行 ×7 列的二维数据。

- 第 14 行代码通过 data.duplicated().sum() 统计 data 中是否存在重复的行，data.duplicated() 的返回结果为 6578 行 ×1 列的布尔数组，再通过 sum 方法统计 data.duplicated() 中 True 的个数。从输出结果可以看出，data 中不存在重复数据。

- 由于 data 中的"销售时间"列的数据包含日期和星期，一般分析时间数据只需日期即可。第 16 行代码通过 Series.str.split 方法将"销售时间"数据进行了分隔，data.loc[:,'销售时间'] 通过标签切片提取了 data 的"销售时间"列，再通过 Series.str.split 方法将"销售时间"列的数据以字符串形式进行分隔，分隔符设定为空格，参数 expand=True 表示将字符串分割成单独的列，并以 DataFrame 形式返回。time 是一个 6575 行 ×2 列的 DataFrame 对象，index 与 data 相同，第一列为"销售时间"的日期数据，第二列为"销售时间"的星期数据。

- 第 17 行代码通过 time.loc[:,0] 提取了 time 的第一列数据，并赋值给 data.loc[:,'销售时间']，用 time 中的日期数据更新了 data 的"销售时间"列。

- 第 18 行代码通过 Pandas 提供的 to_datetime 方法将"销售时间"列的数据类型从 object 转换成 datetime。format='%Y-%m-%d' 指定要转换的原始数据的格式，errors='coerce' 表示原始数据中无法解析成 datetime 格式的数据被设置为 NaT。

  注意：如果该行代码改写成 data.loc[:,'销售时间']=pd.to_datetime(data.loc[:,'销售时间'],format='%Y-%m-%d')，运行时会报告 ValueError: time data 2018-02-29 doesn't match format specified，说明 data 的销售时间中存在 2018-02-29 数据，而 2018 年是平年，不存在这个日期，因此该数据存在错误，需要将其设置为 NaT，再进一步进行处理。

- 第 19 行代码再次通过 data.isna().sum() 统计新 data 中每列缺失数据的个数，结果显示"销售时间"列存在 23 个缺失值。

- 第 20 行代码再次通过 dropna 方法删除了"销售时间"列存在缺失数据的行，并将返回结果赋值给 data，此时 data 应是 6552 行 ×2 列。

- 第 21 行代码输出了此时 data 的 dtypes 属性，显示了每列的数据类型。

- 第 23 行代码通过 describe 方法计算了 data 的描述统计信息，默认对"销售数量""应收金额"和"实收金额"3 列数值类型的数据进行统计分析，结果包括列数据值汇总（count）、平均值（mean）、标准差（std）、最小值（min）、第一四分位（25%）、第二四分位（50%）、第三四分位（75%）、最大值（max）等。从 print 函数的输出结果中可以看到，这 3 列数据的最小值为负数，原因是销售数量的值存在负数，因此需要将销售数量小于 0 的数据删除。

- 第 25 行代码通过 data.loc[:,'销售数量']>0 判断"销售数量"列中的数据是

否大于 0，返回结果是一个 6552 行 ×1 列的布尔数组 vec_bool，其中大于 0 的
数据显示为 True，否则为 False。

❑ 第 26 行代码通过 vec_bool 布尔数组对 data 进行切片，截取"销售数量"数据
大于 0 的行，并将返回结果赋值给 data。

❑ 第 27 行代码再次通过 describe 方法计算新 data 的描述统计信息，从输出结果
可以看出这 3 列数据都在正常范围内。

❑ 由于在数据清洗过程中执行了多次删除行的操作，此时 data 的 index 整数标签
不再连贯，因此第 29 行代码通过 reset_index 方法将 index 重置为默认的整数
标签，drop=True 表示不再保留原有的 index 数据。

❑ 第 30 行代码输出了此时 data 的 info 属性，在数据清洗完成后，data 变成了 6509
行 ×7 列。

3.8.2 流感与人口数据处理实例

本节将以流感与人口数据⊖为例，更详细地介绍利用 Pandas 工具包进行数据清洗、数
据合并和数据重塑等数据处理过程。下面通过代码清单 3-19 演示流感与人口数据处理的
实例。

代码清单 3-19　流感与人口数据处理实例

```
1   import pandas as pd
2   # 2015年流感数据处理
3   data1 = pd.read_csv('./flu_data2015.csv', encoding = "gbk")
4   print('2015年原始数据前5行：\n',data1.head())
5   data1.columns = data1.iloc[0]      # 将第1行设为列名
6   data1 = data1.drop(0, axis =0)      # 删除原有的第1行
7   data1 = data1.reset_index(drop=True) # 重新设置被打乱的index
8   print('每列缺失值的个数：\n',data1.isna().sum())
9   data1 = data1.fillna(0)      #用0填充死亡率的缺失值
10  data1["年份"] = '2015'          # 添加年份列
11  print('2015年数据处理后的前5行：\n',data1.head())
12  # 2016年流感数据处理
13  data2 = pd.read_csv('./flu_data2016.csv', encoding = "gbk")
14  data2.columns = data2.iloc[0]
15  data2 = data2.drop([0, 1], axis =0)
16  data2 = data2.reset_index(drop=True)
17  data2 = data2.fillna(0)
18  data2["年份"] = '2016'
19  print('2016年数据处理后的前5行：\n',data2.head())
20  # 合并2015年和2016年数据，命名为flu_data
21  flu_data = pd.concat([data1, data2],ignore_index=True)
22  print('2015年和2016年合并后的数据信息：\n',flu_data.info)
23  # 人口数据处理
24  people1 = pd.read_csv('./people.csv',encoding="gbk")
25  print('人口原始数据前5行：\n',people1.head())
```

⊖ https://www.jianshu.com/p/260c8306006e。

```
26  people_data = pd.melt(people1, id_vars=["地区"], var_name="年份", value_name="总人口数")
27  print('人口数据重塑后的前5行：\n',people_data.head())
28  # 流感数据与人口数据合并
29  result = pd.merge(flu_data, people_data, on=['年份', '地区'])
30  print('流感数据和人口数据合并后：\n',result.info)
```

程序执行结束后，输出结果如下：

2015年原始数据前5行：

	Unnamed: 0	流行性感冒	Unnamed: 2	Unnamed: 3	Unnamed: 4
0	地区	发病数	死亡数	发病率	死亡率
1	全国	195723	8	14.3653	0.0006
2	北京市	3439	1	15.9835	0.0046
3	天津市	1001	1	6.5994	0.0066
4	河北省	22537	1	30.5224	0.0014

每列缺失值的个数：

```
 0
地区      0
发病数     0
死亡数     0
发病率     0
死亡率     23
dtype: int64
```

2015年数据处理后的前5行：

0	地区	发病数	死亡数	发病率	死亡率	年份
0	全国	195723	8	14.3653	0.0006	2015
1	北京市	3439	1	15.9835	0.0046	2015
2	天津市	1001	1	6.5994	0.0066	2015
3	河北省	22537	1	30.5224	0.0014	2015
4	山西省	6232	0	17.0835	0	2015

2016年数据处理后的前5行：

0	地区	发病数	死亡数	发病率	死亡率	年份
0	全国	306682	56	22.5093	0.0041	2016
1	北京市	20279	6	94.2508	0.0279	2016
2	天津市	2387	1	15.737	0.0066	2016
3	河北省	28814	2	39.0235	0.0027	2016
4	山西省	7484	0	20.5156	0	2016

2015年和2016年合并后的数据信息：

```
<bound method DataFrame.info of
```

0	地区	发病数	死亡数	发病率	死亡率	年份
0	全国	195723	8	14.3653	0.0006	2015
1	北京市	3439	1	15.9835	0.0046	2015
2	天津市	1001	1	6.5994	0.0066	2015
3	河北省	22537	1	30.5224	0.0014	2015
4	山西省	6232	0	17.0835	0	2015
...	...	...	...	...	...	...
59	陕西省	5975	0	15.8273	0	2016
60	甘肃省	8479	8	32.7276	0.0309	2016
61	青海省	767	0	13.1466	0	2016
62	宁夏	1434	1	21.6767	0.0151	2016
63	新疆	2445	2	10.6375	0.0087	2016

```
[64 rows x 6 columns]>
```
人口原始数据前5行：
```
    地区    2016   2015   2014
0   北京市   2173   2171   2152
1   天津市   1562   1547   1517
2   河北省   7470   7425   7384
3   山西省   3682   3664   3648
4   内蒙古   2520   2511   2505
```
人口数据重塑后的前5行：
```
    地区    年份   总人口数
0   北京市   2016   2173
1   天津市   2016   1562
2   河北省   2016   7470
3   山西省   2016   3682
4   内蒙古   2016   2520
```
流感数据和人口数据合并后：
```
<bound method DataFrame.info of
     地区    发病数  死亡数   发病率     死亡率    年份    总人口数
0    北京市   3439    1   15.9835   0.0046   2015   2171
1    天津市   1001    1    6.5994   0.0066   2015   1547
2    河北省  22537    1   30.5224   0.0014   2015   7425
3    山西省   6232    0   17.0835        0   2015   3664
4    内蒙古   1378    0    5.5014        0   2015   2511
..    ...    ...   ...      ...      ...    ...     ...
57   陕西省   5975    0   15.8273        0   2016   3813
58   甘肃省   8479    8   32.7276   0.0309   2016   2610
59   青海省    767    0   13.1466        0   2016    593
60    宁夏   1434    1   21.6767   0.0151   2016    675
61    新疆   2445    2   10.6375   0.0087   2016   2398

[62 rows x 7 columns]>
```

下面对代码清单3-19中的代码做简要说明。

❑ 第3行代码通过 Pandas 提供的 read_csv 方法读取保存在当前文件夹中的 flu_data2015.csv 文件，encoding = "gbk" 表示采用 gbk 编码，并将数据以 DataFrame 的形式保存在 data1 中。

❑ 第4行代码通过 print 函数输出 data1.head()，预览 data1 的前5行数据。从输出结果中可以看到自动提取的列标签是无效的，而第1行数据才是正确的列标签。

❑ 第5行代码通过 iloc 截取了 data1 的第1行数据，并赋值给 data1 的 columns，改变 data1 的列标签，但是仍然会保留原有的第1行数据。

❑ 第6行代码通过 drop 方法删除了 data1 中的第1行，第一项参数0指定要删除的第1行的行标签，axis =0 表示要删除行，并将返回结果赋值给 data1。

❑ 第7行代码通过 reset_index 方法将因为删除操作而打乱的 index 重置，默认重置为从0开始的整数标签，并将返回结果赋值给 data1。

❑ 第8行代码通过 data1.isna().sum() 统计每列缺失数据的个数，从输出结果可以分析出，data1 的"死亡率"列存在23个缺失数据，需要进一步处理。

❑ 第9行代码通过 fillna 方法将 data1 中的缺失数据填充为0，并将返回结果赋值给 data1。通过分析发现死亡率缺失的数据中对应的死亡数为 0，那么将缺失的死亡率填充为 0 符合数据逻辑。

❏ 第 10 行代码通过标签索引的方式，为 data1 新增了 "年份" 列，并赋值为 2015。

❏ 第 11 行代码预览了数据处理后的 data1 的前 5 行数据。

❏ 第 13 行代码通过 Pandas 提供的 read_csv 方法读取保存在当前文件夹中的 flu_data2016.csv 文件，并将数据以 DataFrame 的形式保存在 data2 中。

❏ 第 14~18 行代码对 data2 重复第 4~10 行代码的操作，处理后的 data2 的前 5 行数据如第 19 行 print 函数的输出结果所示。

❏ 第 21 行代码通过 concat 方法将处理后的 data1 和 data2 进行了合并，ignore_index=True 指定重新生成从 0 开始的整数序列，并将返回结果赋值给 flu_data。

❏ 第 22 行代码输出了 flu_data 的 info 属性，从结果可以得出 flu_data 是一个 64 行 ×6 列的二维数据。

❏ 第 24 行代码通过 Pandas 提供的 read_csv 方法读取保存在当前文件夹中的 people.csv 文件，并将数据以 DataFrame 的形式保存在 people1 中。

❏ 第 25 行代码预览了数据处理后的 people1 前 5 行数据。

❏ 第 26 行代码通过 melt 方法将 people1 重塑，id_vars=["地区"] 指定 "地区" 列作为标识符变量，其余列都默认为测量变量，var_name="年份" 将新增的 variable 列命名为 "年份"，value_name="总人口数" 将新增的 value 列命名为 "总人口数"，并将返回结果赋值给 people_data。

❏ 第 27 行代码预览了 people_data 前 5 行数据。

❏ 第 29 行代码通过 merge 方法将 flu_data 和 people_data 根据 "年份" 和 "地区" 两列进行合并，并将返回结果赋值给 result。

❏ 第 30 行代码输出了 result 的 info 属性，从结果可以看出 result 是一个 62 行 ×7 列的二维数据。

3.9　本章小结

本章首先介绍了 Pandas 中常用的数据结构 Series 类和 DataFrame 类，以及轴标签的数据结构 Index 类，并通过代码实例详细地介绍了其对象的常用属性和创建方法。然后，详细介绍了 Series 和 DataFrame 的多种元素访问方式，包括属性运算符访问、索引运算符访问、loc 和 iloc 方法、at 和 iat 方法、head 和 tail 方法等。在此基础上，介绍了利用 Pandas 提供的清洗缺失数据和重复数据的方法，merge、join 和 concat 等常用的数据合并方法，以及 pivot 和 melt 等常用的数据重塑方法。最后，以应用实例详细介绍了利用 Pandas 工具包进行数据清洗、数据预处理、数据重塑等方面的操作过程，以便读者能够更好地掌握 Pandas 在实际中的应用方法。

学完本章后，读者应掌握 Series 类、DataFrame 类和 Index 类对象的常用属性和创建方法，熟练使用多种 Series 和 DataFrame 的元素访问方式，掌握数据清洗、数据合并和数据重塑的相关操作，并初步具备应用 Pandas 完成数据分析的能力。

3.10 习题

1. 下列关于 Pandas 数据结构说法错误的是（   ）。
   A. Series 是一种类似于一维数组的对象，它由一组数据以及一组与之相关的数据标签（即索引）组成
   B. DataFrame 是一个表格型的数据结构，它含有多个有序的列，每列的数据类型必须相同
   C. DataFrame 既有行索引也有列索引，可以看作多个具有相同索引的 Series 对象组成的容器
   D. Series 和 DataFrame 的索引是可以重复的

2. 关于 Series 类的说法错误的是（   ）。
   A. 可以使用标量值、列表、字典、ndarray 数组创建 Series 对象
   B. 使用列表创建 Series 对象时，如果指定了 index 参数，index 长度必须与 data 长度一致
   C. 创建 Series 对象时，如果没有为数据指定索引，会自动创建一个 $0 \sim N{-}1$（N 为数据长度）的数值型索引
   D. 使用字典类型创建 Series 对象时，按照 index 参数指定键的顺序作为索引，如果字典中的键在 index 中没有对应值，则会报错

3. 下列关于 DataFrame 对象说法错误的是（   ）。
   A. 创建一个 DataFrame 对象时可以不指定索引
   B. DataFrame 对象的列是没有顺序的
   C. DataFrame 对象的列与列之间的数据类型可以互不相同
   D. DataFrame 对象的每一列都是一个 Series 对象

4. DataFrame 对象可以通过（   ）属性查看它的所有数据。
   A. shape   B. values
   C. info   D. dtypes

5. DataFrame 对象可以通过（   ）方法查看数据列的汇总统计信息。
   A. describe()   B. head()
   C. mean()   D. info()

6. 下面程序的输出结果是（   ）。

```
import pandas as pd
df = pd.DataFrame({'a':[1,2,3]})
print(df.shape)
```

   A.（3,）   B.（1,3）
   C.（3,1）   D.（3）

7. 下面程序的输出结果是（   ）。

```
import pandas as pd
s = pd.Series([1,2,3],index=['a','b','c'])
print(s[2])
```

   A. 1   B. 2
   C. 3   D. 报错

8. 下面程序的输出结果是（   ）。

```
import pandas as pd
s = pd.Series([1,2,3],index=[2,3,1])
print(s[2])
```

   A. 1   B. 2
   C. 3   D. 报错

9. 下面选项中（   ）语句可以实现：筛选 s 中介于 $10 \sim 20$ 之间的数据。

```
import pandas as pd
s = pd.Series(data=[10,20,30,10],index=['a','b','c','d'])
```

  A. s[s>=10] & s[s<=20]   B. (s>=10) & (s<=20)

  C. s[(s>=10) and (s<=20)]   D. s[(s>=10) & (s<=20)]

10. 下面选项中（　　）语句可以实现：选取 df 中行标签从 r1～r3、列标签 c1～c3 的矩形区域数据。

  A. df.iloc[r1:r3 , c1:c3]   B. df.iloc[c1:c3 , r1:r3]

  C. df.loc['r1': 'r3' , 'c1': 'c3'] D. df.loc['c1': 'c3' , 'r1': 'r3']

11. 下面选项中（　　）语句可以实现：选取 df 中位置从第 1 行至第 3 行，从第 2 列至第 5 列的矩形区域数据。

  A. df.iloc[1:3 , 2:5]   B. df.iloc[0:3 , 1:6]

  C. df.iloc[0:2 , 1:4]   D. df.iloc[1:4 , 2:6]

12. 下面选项中（　　）语句可以实现：筛选 df 中 GDP 超过 20000 万且人口大于 2000 万的城市。

```
import pandas as pd
dic = {'GDP':[30133,28000,22286,21500,19530],'人口':[2418,2171,1404,1090,3372]}
index = pd.Index(['上海','北京','深圳','广州','重庆'],name='城市')
df = pd.DataFrame(dic,index)
```

  A. df.loc[(df['GDP']>20000) & (df['人口']>2000)]

  B. df.iloc[(df['GDP']>20000) & (df['人口']>2000)]

  C. df.loc[(df['GDP']>20000) and (df['人口']>2000)]

  D. df.loc[df['GDP']>20000] & df.loc[df['人口']>2000]

13. 不能实现筛选 df 中前 4 行的数据的是（　　）。

```
import pandas as pd
dic = {'GDP':[30133,28000,22286,21500,19530],'人口':[2418,2171,1404,1090,3372]}
index = pd.Index(['上海','北京','深圳','广州','重庆'],name='城市')
df = pd.DataFrame(dic,index)
```

  A. df['上海':'广州']   B. df.head(4)

  C. df[0:3]   D. df.loc['上海':'广州']

14. 不能实现筛选 df 中第 1 列的数据的是（　　）。

```
import pandas as pd
dic = {'GDP':[30133,28000,22286,21500,19530],'人口':[2418,2171,1404,1090,3372]}
index = pd.Index(['上海','北京','深圳','广州','重庆'],name='城市')
df = pd.DataFrame(dic,index)
```

  A. df.GDP   B. df['GDP']

  C. df.iloc[0:1]   D. df.loc[: , 'GDP']

15. 可以实现筛选 df 中第 2 行的数据，且返回值仍是 DataFrame 对象的是（　　）。

```
import pandas as pd
dic = {'GDP':[30133,28000,22286,21500,19530],'人口':[2418,2171,1404,1090,3372]}
index = pd.Index(['上海','北京','深圳','广州','重庆'],name='城市')
df = pd.DataFrame(dic,index)
```

  A. df.北京   B. df['北京']

  C. df.iloc[1:2]   D. df.loc['北京']

16. 不能够实现筛选 df 中深圳的人口数据的是（　　）。

```
import pandas as pd
dic = {'GDP':[30133,28000,22286,21500,19530],'人口':[2418,2171,1404,1090,3372]}
index = pd.Index(['上海','北京','深圳','广州','重庆'],name='城市')
df = pd.DataFrame(dic,index)
```

A. df.at['深圳','人口']　　　　　　　　B. df['深圳','人口']

C. df.iat[2,1]　　　　　　　　　　　　D. df.iloc[2].loc['人口']

17. 下面选项中，会改变原始数据的是（　　）。

　　A. dropna　　　　　　　　　　　　　B. fillna

　　C. drop　　　　　　　　　　　　　　D. pop

18. 对于一个 Series 或 DataFrame 对象来说，下列选项中说法错误的是（　　）。

　　A. isnull() 方法可以用来判断缺失值

　　B. drop() 方法可以用来删除缺失值所在的行或列

　　C. drop_duplicates () 方法可以用来删除重复数据

　　D. fillna() 方法可通过 method 参数指定填充缺失值的数据

19. 已知 df 中存储的数据如下表所示，下面选项中可以实现删除全部是缺失值的列的是（　　）。

	one	two	three
a	NaN	−0.282863	−1.509059
c	NaN	1.212112	−0.173215
e	NaN	NaN	NaN
f	NaN	NaN	NaN
h	NaN	−0.706771	−1.039575

　　A. df.dropna(axis=0,how='any')　　　　B. df.dropna(axis=0,how='all')

　　C. df.dropna(axis=1, how='any')　　　　D. df.dropna(axis=1, how='all')

20. 利用 Pandas 中的 merge 方法根据两个数据表的相同列标签进行交集合并时，how 参数应设置为
（　　）。

　　A. inner　　　　　　B. outer　　　　　　C. left　　　　　　D. right

21. 已知 df1 和 df4 中存储的数据如下所示，下面选项中的（　　）语句可以得到如图所示的 Result 数据。

　　A. Result = pd.concat([df1, df4])

　　B. Result = pd.concat([df1, df4], axis=1)

　　C. Result = pd.merge(df1, df4)

　　D. Result = pd.merge(df1, df4, how='outer')

22. 已知 left 和 right 中存储的数据如下所示，下面选项中的（　　）语句可以得到如图所示的 Result 数据。

A. Result = pd.merge(left, right, on='key')

B. Result = pd.concat([left, right],axis=1)

C. Result = left.join(right)

D. Result = pd.concat([left, right])

23. 已知 left 和 right 中存储的数据如下所示，下面选项中（   ）的语句可以得到如下所示的 Result 数据。

A. Result = left.join(right)

B. Result = left.join(right, how='inner')

C. Result = left.join(right, how='outer')

D. Result = pd.merge(left, right, left_index=True, right_index=True, how='inner')

24. DataFrame 对象可以通过 _____ 属性查看数据的行标签，_____ 属性设置数据的列标签。

25. DataFrame 对象可以通过 _____ 方法计算所有列的平均值。

26. Pandas 提供了与各种常见格式的文件数据交互的方法，_____ 方法可以打开 Excel 文件，_____ 方法可以写入 CSV 文件。

27. _____ 是指对数据进行重新审查和校验的过程，目的是提高数据质量。

28. 补充下面的程序代码，读取文件路径为"test/data.csv"的 CSV 文件并存入 DataFrame 对象中，自定义列名为 a,b,c,d,e。

```
import pandas as pd
df = _____(_____, _____=['a', 'b', 'c', 'd', 'message']).
```

29. 请写出下面程序段的输出结果。

```
import pandas as pd
dic = {'张三':20,'李四':22,'王五':18,'赵六':13,'孙七':19}
s = pd.Series(dic)
print(s['李四':'赵六'])
```

30. 已知 df 中存储的数据如下表所示，请写出下面程序段的输出结果。

```
df = df.fillna(df.mean())
print(df)
```

	one	two	three
a	NaN	10.0	126.0
b	NaN	12.0	172.0
c	0.5	9.0	NaN
d	0.3	NaN	145.0
e	0.1	7.0	99.0

31. 请写出下面程序段的输出结果。

```
import pandas as pd
df = pd.DataFrame({'A': {0: 'a', 1: 'b', 2: 'c'}, 'B': {0: 1, 1: 3, 2: 5},'C':
    {0: 2, 1: 4, 2: 6}})
df2 = pd.melt(df, id_vars=['A'], value_vars=['B'], var_name='myVarname', value_
    name ='myValname')
print(df2)
```

32. 请写出下面程序段的输出结果。

```
import pandas as pd
df = pd.DataFrame({'foo': ['one', 'one', 'one', 'two', 'two','two'], 'bar': ['A',
    'B', 'C', 'A', 'B', 'C'], 'baz': [1, 2, 3, 4, 5, 6], 'zoo': ['x', 'y', 'z',
    'q', 'w', 't']})
df2 = df.pivot(index='foo', columns='bar', values='baz')
print(df2)
```

第 4 章

数据统计分析

Python 语言为数据统计分析提供了丰富的函数。其中 NumPy 是比较常见的基础函数工具包，可对数据进行多种基本的算术和逻辑运算并应用常规的基本算法。为了提供更多高级的数据分析和操作方式，Python 基于 NumPy 构建了 Pandas 库。Pandas 以 Series 和 DataFrame 这两种数据结构类型为基础，提供了多种高效便捷的数据处理方式。

本章首先介绍数据统计分析中的基本方法，然后针对分组分析、分布分析、交叉分析、结构分析和相关分析等领域的常用函数，依次进行介绍和展示。

4.1 基本统计分析

本节以 Pandas 中的 DataFrame 数据结构类型为例，介绍一些基本的统计分析函数。这些函数有助于理解 DataFrame 的使用方式及 Python 的基本统计与分析过程。表 4-1 所示是 Pandas 基本统计分析常用的几个函数。

表 4-1 Pandas 基本统计分析常用函数

函　数	描　　述
count()	求非空数据项总数
sum()	求所有数据值的总和
mean()	求所有数据值的平均值
median()	求所有数据值的中位数
std()	求所有数据值的标准差
min()	求所有数据值中的最小值
max()	求所有数据值中的最大值
prod()	求数组元素的乘积
cumsum()	求累计总和
cumprod()	求累计乘积
describe()	输出有关 DataFrame 的统计信息摘要，包括非空数据项数、最大值、最小值、平均值、标准差等

代码清单 4-1 首先创建了一个数据帧（DataFrame），然后通过调用相关函数展示了利用

Python 进行基本数据统计分析的过程。

代码清单 4-1　　Python 基本统计分析常用函数示例

```
1   import pandas as pd
2   import numpy as np
3   # 初始化数据字典
4   dic = {'City':pd.Series(['BJ','SH','TJ','GZ','CQ']),
5          'Temp':pd.Series([11,18,12,25,17]),
6          'Air':pd.Series([171,102,159,87,112])}
7   # 创建DataFrame
8   df = pd.DataFrame(dic)
9   print('df.count()结果: \n',df.count())
10  print('df.mean()结果: \n',df.mean())
11  print('df.max()结果: \n',df.max())
12  print('df.min()结果: \n',df.min())
```

程序执行结束后，输出结果如下：

df.count()结果：
```
City    5
Temp    5
Air     5
dtype: int64
```
df.mean()结果：
```
Temp      16.6
Air      126.2
dtype: float64
```
df.max()结果：
```
City     TJ
Temp     25
Air     171
dtype: object
```
df.min()结果：
```
City     BJ
Temp     11
Air      87
dtype: object
```

可见，利用 Pandas 提供的函数，可以快速得到相关数据的基本统计分析结果。需要注意的是，调用这类统计函数进行数据处理时，需要先将待分析数据构建成 DataFrame 类型。Python 除了在 Pandas 中包含相关的数据统计函数之外，也可以调用 NumPy 和 Scipy 库的 stats 模块中的一些数据统计函数。限于篇幅，这里不再赘述，读者可以根据实际需要自行查阅相关资料。

▌▌ **提示**

1）如果在数据类型与所进行的统计方法不匹配的情况下进行函数调用，可能会出现异常返回值。

2）并不是所有的数据都需要转换成 DataFrame 类型，要仔细分析被调用函数所属的模块及其对数据结构的要求。

4.2 分组分析

分组分析是数据处理中的一种常见方式,主要指根据特定的关键字段,将分析对象划分成不同的部分,并对比分析不同组之间的差异。一般来说,分组策略主要包括定性分组和定量分组。此外,将不同组的数据进行聚合或者按预设条件将组内的数据进行过滤,也属于分组分析方法的范畴。

4.2.1 定性分组

定性分组指根据待分析数据的已有类别进行分组划分,比较常见的是利用数据中包含的国家、城市、岗位、级别等具有一定分类性质的项来作为分组依据。

常用的定性分组统计函数为:

```
groupby(by=[分组列1,分组列2,…])[统计列1,统计列2,…].agg([统计函数1,统计函数2,…])
```

参数说明如下。

❑ by:指定用于分组的列。

❑ [统计列 1,统计列 2,…]:指定进行统计计算的列。

❑ agg:用于指定具体使用的统计函数。

其中常用统计函数包括 size(计数)、sum(求和)、mean(均值)。

下面通过一个例子说明 groupby 函数的使用。假设某公司员工岗位测试成绩如表 4-2 所示,运用定性分组方法对其进行分组分析。

表 4-2　某公司员工岗位测试成绩

index	name	position	score
1	章维	党委书记	100
2	安静	副主任	100
3	李安	总经理	100
4	周莉	总经理	85
5	王勇	值班行长	95
6	刘明	值班行长	75
7	文东升	副总经理	90
8	李夏	值班行长	100
9	姚远	值班行长	100
10	张亭	副总经理	90
11	纪江	主管	85
12	孙树	主管	80
13	张大鹏	行政主管助理	100
14	王琪	主管	95
15	梁颖	员工	100
16	高小力	员工	100
17	卢维	行长助理	90

（续）

index	name	position	score
18	邓超	员工	100
19	孙露	员工	75
20	赵帆	员工	80
21	钱晖	员工	75
22	魏齐	员工	90
23	李夏龙	主管	100
24	王天天	员工	85
25	马冬梅	副总经理	80
26	吴伟	副总经理	90
27	郑志	值班行长	75

代码清单 4-2   定性分组示例

```
1   import numpy
2   import pandas
3
4   data=pandas.read_csv('score.csv')
5   groupResult=data.groupby(by=['position'])
6   aggResult=groupResult['score'].agg([numpy.sum, numpy.size, numpy.mean])
7   print(aggResult)
```

程序执行完毕后，将输出以下结果：

```
position    sum    size    mean
主管         360      4    90.000
值班行长      445      5    89.000
党委书记      100      1    100.000
副主任       100      1    100.000
副总经理      350      4    87.500
员工         705      8    88.125
总经理       185      2    92.500
行政主管助理   100      1    100.000
行长助理       90      1    90.000
```

从程序中可以看到，groupby 函数可以使用指定的关键词将原始数据分成若干组，并且可以对分组的数据进行一些基本数据统计。在代码清单 4-2 中，以公司人员的 position 为关键词进行分类；而在数据统计中，则是以 score 项为统计目标，分别统计了每个分组的数值总和、数据项数及平均值。

▌ 提示

1）使用 groupby 函数进行分组及数据统计时，其关键词可以是多项。上述代码中只给出了一项，对于多项的情况，读者可自行进行编程实验。

2）要注意读入的数据格式是否符合函数要求。本例中所读取的文件为 score.csv，如需要导入其他文件中的数据，则要更改对应的文件名。

4.2.2 定量分组

定量分组是根据分析对象的数值，按照一定的指标划分为不同区间，将原始数据进行分组。可以利用这些分组进行对比分析，从而揭示所分析对象的数量特点。

常用的定量分组统计函数为：

```
cut(series,bins,right=True,labels=NULL)
```

参数说明如下。

❏ series：需要分组的序列数据。

❏ bins：划分数组参数（即划分区间的指标，这是进行定量分组的关键）。

❏ right：分组时，右边是否闭合，默认为闭合。

❏ labels：分组的自定义标签，可以不自定义，默认为空。

返回值为分组结果的序列，列名即上述自定义标签。

下面给出一个定量分组的示例，相关数据采用 4.2.1 节中表 4-2 中的数据。在程序中按照 score 将数据划分为不同的分组区间。

代码清单 4-3　定量分组示例

```
1    import pandas
2
3    data=pandas.read_csv('score.csv')
4    # 定义分数的分组区间
5    bins=[min(data.score),80,90,max(data.score)+1]
6    # 自定义分组标签
7    labels=['80分以下','80至90分','90分以上']
8    # 开始分组
9    data["cut"]=pandas.cut(data.score,bins,labels=labels, right=False)
10   print(data)
```

程序执行完毕后，将输出以下结果：

	index	name	position	score	cut
0	1	章维	党委书记	100	90分以上
1	2	安静	副主任	100	90分以上
2	3	李安	总经理	100	90分以上
3	4	周莉	总经理	85	80至90分
4	5	王勇	值班行长	95	90分以上
5	6	刘明	值班行长	75	80分以下
6	7	文东升	副总经理	90	90分以上
7	8	李夏	值班行长	100	90分以上
8	9	姚远	值班行长	100	90分以上
9	10	张亭	副总经理	90	90分以上
10	11	纪江	主管	85	80至90分
11	12	孙树	主管	80	80至90分
12	13	张大鹏	行政主管助理	100	90分以上
13	14	王琪	主管	95	90分以上
14	15	梁颖	员工	100	90分以上
15	16	高小力	员工	100	90分以上
16	17	卢维	行长助理	90	90分以上

17	18	邓超	员工	100	90分以上
18	19	孙露	员工	75	80分以下
19	20	赵帆	员工	80	80至90分
20	21	钱晖	员工	75	80分以下
21	22	魏齐	员工	90	90分以上
22	23	李夏龙	主管	100	90分以上
23	24	王天天	员工	85	80至90分
24	25	马冬梅	副总经理	80	80至90分
25	26	吴伟	副总经理	90	90分以上
26	27	郑志	值班行长	75	80分以下

从代码清单4-3中可以看到，利用pandas.cut函数即可方便快捷地实现定量分组。在指定分组区间时需要注意边界条件是否满足。代码清单4-3的第5行在设置区间时，将最大值加1，这是为了避免分组时因需要的数据与最大值相等而找不到范围所导致的问题。

┃ 提示

1）在定义分组区间上下界的时候，需要注意边界条件是否满足，以避免因此产生指定区间错误的问题。

2）在定量分组中，分组区间和分组标签都可以自行指定。

4.3 分布分析

分布分析是研究数据分布情况的一种方法。分布分析通常会根据分析目的将待处理数据划分成等距或不等距的定量分组，然后研究各组的分布规律，从而得到相应的结论。

分布分析的一般步骤是首先用pandas.cut函数确定分布分析中的分层，再用groupby函数实现分组分析。

下面是一个示例，在4.2.2节中定量分组结果的基础上进行分布分析。

代码清单4-4 分布分析示例

```
1    import pandas
2    import numpy
3
4    data=pandas.read_csv('score.csv')
5    # 定义分数的分组区间
6    bins=[min(data.score),80,90,max(data.score)+1]
7    # 自定义分组标签
8    labels=['80分以下','80至90分','90分以上']
9    # 完成对数据按照分数的定量分组
10   data["cut"]=pandas.cut(data.score,bins,labels=labels, right=False)
11   # 按cut分组后对每组中的元素计数
12   aggResult=data.groupby(by=["cut"])['score'].agg(numpy.size)
13   # 显示不同分数段的人数
14   print(aggResult)
```

程序执行完毕后，将输出以下结果：

```
cut
80分以下        4
80至90分        6
90分以上       17
Name: score, dtype: int64
```

从结果来看，各分数段的人数已经统计出来了，这是在定量分组的基础上进行定性分组做到的。由于只有 3 个分数段，在本例中能够比较直观地看出各个分数段的人数。但是，如果有很多分数段，也就是有很多定性分组的行数，仅凭数目很难看出不同分数段之间的结构关系，这时就要用分布分析的方法将不同分数段的人数转化为占总体的百分比，并将它们整合在一起直观地显示出来。

根据分析，在代码清单 4-4 中添加以下代码并再次运行：

```
15 #分布分析，将人数转化为比例
16 pAggResult=round(aggResult/aggResult.sum(),3)*100
17 print(pAggResult.map('{:,.2f}%'.format))
```

程序执行完毕后，将输出以下结果：

```
cut
80分以下      14.80%
80至90分      22.20%
90分以上      63.00%
Name: score, dtype: object
```

从输出结果可以看出，各个分数段的人数已经转化为占总体的比例，在数据量很大时便于对比不同分数段之间的结构关系。

┃┃ 提示

1）分布分析不但适用于定量分组，对定性分组原理上也同样适用。当然，面对具体问题还需要考虑其是否具有物理意义。

2）分布分析所统计的数据结果以各个分组在总体数据中百分比的形式出现，这有助于体现不同组数据之间的结构关系。

4.4　交叉分析

交叉分析通常用于分析两个或两个以上分组变量之间的关系，并以交叉表的形式进行变量间关系的对比分析。交叉分析可以从数据的不同维度对待处理数据进行重新分组和汇总，从而显示出数据的构成与分布特征等相关信息，得到更多有效结果。

常用的交叉分析有数据透视表和交叉表两种，其中，pivot_table 函数的返回值是数据透视表的结果，而 crosstab 函数则是用于计算分组频率的特殊透视表。

```
pivot_table(values,index,columns,aggfunc,fill_value)
```

参数说明如下。

❑ values：数据透视表中的值。

❑ index：数据透视表中的行。

❑ columns：数据透视表中的列。

❑ aggfunc：统计函数。

❑ fill_value：NA 值的统一替换。

```
pandas.crosstab(index, columns, values, rownames, colnames, aggfunc, margins)
```

参数说明如下。

❑ index：接收 array、Series 或数组列表，表示要在行中分组的值。

❑ columns：接收 array、Series 或数组列表，表示要在列中分组的值。

❑ values：接收 array，可选。根据因素聚合的值数组，需要指定 aggfunc。

❑ rownames：接收 sequence，默认为 None。如果传递，则必须匹配传递的行数组。

❑ colnames：接收 sequence，默认为 None。如果传递，则必须匹配传递的列数组。

❑ aggfunc：聚合函数或函数列表。

❑ margins：添加行 / 列小计和总计，默认为 False。

❑ margins_name：接收 string，默认为 'All'，表示包含总计的行 / 列的名称。

下面给出一个示例程序，在 4.3 节定量分组的基础上，利用 pivot_table 函数对分组后的数据进行交叉分析。

代码清单 4-5　交叉分析示例

```
1   import numpy
2   ptResult=data.pivot_table(
3           values=['score'],
4           index=['position'],
5           columns=['cut'],# 4.3节定量分组得到的标签
6           aggfunc=[numpy.size]
7           )
8   print(ptResult)
```

程序执行完毕后，将输出以下结果：

```
          size
          score
cut       80分以下   80至90分   90分以上
position
主管        NaN      2.0      2.0
值班行长     2.0      NaN      3.0
党委书记     NaN      NaN      1.0
副主任      NaN      NaN      1.0
副总经理     NaN      1.0      3.0
员工        2.0      2.0      4.0
总经理      NaN      1.0      1.0
行政主管助理  NaN      NaN      1.0
行长助理     NaN      NaN      1.0
```

从程序中可以看到,pivot_table()函数的返回值是一个数据透视表,该函数相当于 Excel 中的数据透视表功能。在进行交叉分析时,一般都需要先用 cut()函数将数据进行分组,然后利用 pivot_table()函数实现交叉分析。交叉表 crosstab()可被视为一种特殊的 pivot_table(),专门用于计算分组的频率。

提示

1)在交叉分析中,pivot_table()是一种进行分组统计的函数,其参数 aggfunc 决定统计类型。

2)pandas.crosstab()的用法与 pivot_table()类似,读者可自行编程,体会两者在结果上的差异。

4.5 结构分析

结构分析是一种通过计算各组成部分所占的比例,进而分析数据总体的内部结构特征的分析方法。结构分析一般是在定性分组分析以及交叉分析的基础上进行的,结构分析的目的是通过统计各分组的数据占总体数据的百分比对数据总体加以评价。

在进行结构分析时,通常是先利用 pivot_table()函数进行数据透视表分析,然后通过指定 axis 参数对数据透视表按行或列计算出所占比例。

在这里,继续使用 4.4 节的示例程序,在交叉分析后进一步计算分组数据各部分所占的百分比。

代码清单 4-6 结构分析示例

```
1  import numpy
2  ptResult=data.pivot_table(
3          values=['score'],
4          index=['position'],
5          columns=['cut'],# 上一节定量分组出的标签
6          aggfunc=[numpy.size]
7          )
8  print(ptResult)
9  # div的第一个参数是除数
10 # pt.Result.sum(axis=1)计算出每一行的总和
11 # 下面的代码按列把数据除以该行的总和,即得到同一职位下各分数段人数的比重
12 print(ptResult.div(ptResult.sum(axis=1),axis=0))
```

程序执行完毕后,将输出以下结果:

```
        size
        score
cut     80分以下  80至90分  90分以上
position
主管       NaN     2.0     2.0
值班行长    2.0     NaN     3.0
```

党委书记	NaN	NaN	1.0
副主任	NaN	NaN	1.0
副总经理	NaN	1.0	3.0
员工	2.0	2.0	4.0
总经理	NaN	1.0	1.0
行政主管助理	NaN	NaN	1.0
行长助理	NaN	NaN	1.0

	size		
	score		
cut	80分以下	80至90分	90分以上
position			
主管	NaN	0.50	0.50
值班行长	0.40	NaN	0.60
党委书记	NaN	NaN	1.00
副主任	NaN	NaN	1.00
副总经理	NaN	0.25	0.75
员工	0.25	0.25	0.50
总经理	NaN	0.50	0.50
行政主管助理	NaN	NaN	1.00
行长助理	NaN	NaN	1.00

将本示例程序的结果与 4.4 节得到的交叉分析的结果进行对照，可以明显看出，结构分析的结果显示的是每一行中各列数值在该行总数上所占的百分比。

可以看到，进行结构分析的时候不需要额外学习新的函数，只要充分利用 cut() 函数和 pivot_table() 函数先将数据进行分组和交叉，再计算各组成部分的比例即可。

提示

1）结构分析中，先用 pivot_table() 进行数据透视表分析，然后对数据透视表按行或列进行统计。注意，当 axis=0 时按列计算，当 axis=1 时按行计算。

2）结构分析无须学习新的函数，只要掌握数据处理的原理即可。

4.6 相关分析

相关分析用于分析两个不同的随机变量之间的相关关系。从统计学角度，相关系数定义为 $\rho_{XY} = \dfrac{Cov(X, Y)}{\sqrt{D(X)}\sqrt{D(Y)}}$，其中 $Cov(X,Y)$ 为随机变量 X 和 Y 之间的协方差，$D(X)$、$D(Y)$ 分别为随机变量 X、Y 的方差。相关系数 ρ 的取值在区间 $[-1,1]$ 范围内。

❑ 当 $\rho > 0$ 时，随机变量 X 与 Y 呈正相关，且数值越大相关性越强。

❑ 当 $\rho = 0$ 时，随机变量 X 与 Y 之间无相关关系。

❑ 当 $\rho < 0$ 时，随机变量 X 与 Y 呈负相关，且数值越小相关性越强。

下面用一个实例说明两个随机变量之间的相关系数及计算方法。

已知某市城镇居民当年可支配收入 X（亿元），新增储蓄 Y（亿元），1972~1992 年样本观测值如表 4-3 所示，计算 X 与 Y 之间的相关系数。

表 4-3 某市居民财务状况表

年 份	X (亿元)	Y (亿元)
1979	15.80	1.60
1980	20.33	1.87
1981	21.17	1.29
1982	23.21	2.18
1983	24.84	2.97
1984	30.87	4.51
1985	37.87	5.71
1986	46.81	8.71
1987	52.88	11.33
1988	60.95	6.02
1989	69.10	22.37
1990	78.02	29.68
1991	88.73	28.43
1992	108.62	30.16

方法一：利用 NumPy 中的函数分别计算随机变量 X、Y 的均值、方差和协方差，然后，按照相关系数的定义公式计算两者的相关系数。

代码清单 4-7 相关分析示例（一）

```
1   # 导入需要使用的模块
2   import numpy
3   import pandas
4   # 输入数据
5   X=[15.80,20.33,21.17,23.21,24.84,30.87,37.87,
6      46.81,52.88,60.95,69.10,78.02,88.73,108.62]
7   Y=[1.60,1.87,1.29,2.18,2.97,4.51,5.71,8.71,11.33,
8      6.02,22.37,29.68,28.43,30.16]
9
10  # 方法一
11  # 计算均值
12  XMean=numpy.mean(X)
13  YMean=numpy.mean(Y)
14  # 计算标准差
15  XSD=numpy.std(X)
16  YSD=numpy.std(Y)
17  # Z分数（将协方差分解到X、Y两部分，分别除以其标准差）
18  ZX=(X-XMean)/XSD
19  ZY=(Y-YMean)/YSD
20  # 计算相关系数
21  r1=numpy.sum(ZX*ZY)/(len(X))
22  print('方法一: r=',r1)
```

运行上述程序，结果如下：

方法一：r= 0.9385037217852377

从输出结果可以看出，随机变量 X 和 Y 成正相关，且相关性很强。

方法二：利用 NumPy 中提供的 corrcoef 方法可以直接计算相关系数。

代码清单 4-8   相关分析示例（二）

```
1   # 导入需要使用的模块
2   import numpy
3   import pandas
4   # 输入数据
5   X=[15.80,20.33,21.17,23.21,24.84,30.87,37.87,
6      46.81,52.88,60.95,69.10,78.02,88.73,108.62]
7   Y=[1.60,1.87,1.29,2.18,2.97,4.51,5.71,8.71,11.33,
8      6.02,22.37,29.68,28.43,30.16]
9
10  # 方法二
11  r2=numpy.corrcoef(X,Y)
12  print('方法二: \nr=',r2)
```

运行上述程序，结果如下：

```
方法二:
r= [[1.          0.93850372]
 [0.93850372 1.         ]]
```

从输出结果可以看出，corrcoef 的返回结果是一个二阶矩阵，分别代表 $\begin{pmatrix} \rho_{XX} & \rho_{YX} \\ \rho_{XY} & \rho_{YY} \end{pmatrix}$。

从数值也可以看出，各变量与自己的相关系数为 1，$\rho_{XY}=\rho_{YX}$ 且与方法一计算得到的相关系数数值一致。

方法三：利用 Pandas 中提供的 corr 方法也可以用于直接计算相关系数。

代码清单 4-9   相关分析示例（三）

```
1   # 导入需要使用的模块
2   import numpy
3   import pandas
4   # 输入数据
5   X=[15.80,20.33,21.17,23.21,24.84,30.87,37.87,
6      46.81,52.88,60.95,69.10,78.02,88.73,108.62]
7   Y=[1.60,1.87,1.29,2.18,2.97,4.51,5.71,8.71,11.33,
8      6.02,22.37,29.68,28.43,30.16]
9
10  # 方法三
11  data=pandas.DataFrame({'X':X,'Y':Y})
12  r3=data.corr()
13  print('方法三: \nr=',r3)
```

运行上述程序，结果如下：

```
方法三:
r=          X         Y
X   1.000000  0.938504
Y   0.938504  1.000000
```

从输出结果可以看出，方法三的输出结果与方法二基本一致，只是格式略有差别。

> **提示**
>
> 1）在相关分析中，采用任意一种方法都能够得到正确的结果。读者熟悉其中一种方法即可。
>
> 2）调用 Pandas 的函数时，要注意将数据转换为 DataFrame 形式。这一点与调用 NumPy 的函数不同。

4.7　应用实例

用 Python 对数据进行数据分析，通常是基于统计学理论和假设检验方法做出样本数据属于某种总体分布的前提假设，并在此基础上由样本数据估算总体的某些参数，然后利用假设检验的方法对前提假设和估算结果进行验证。

接下来，用一个例子展示单样本检验的方法，也是对总体均值进行检验。

例：某种元件的寿命 X（以 h 计）服从正态分布 $N(\mu、\sigma^2)$，其中 μ、σ^2 均未知，现测得 16 只元件的寿命如下：

159 280 101 212 224 379 179 264
222 362 168 250 149 260 485 170

问是否有理由认为元件的平均寿命大于 225h？

根据概率论理论，中心极限定理指出大量随机变量近似服从正态分布的条件，从任意分布的总体中抽取样本，其样本均值的极限分布为正态分布。在此基础上，用样本数据直接估算总体某个参数近似值的方法为点估计，用样本数据估测总体某个参数数值大概率所在区间的方法为区间估计。

程序设计及分析过程如下。

代码清单 4-10　应用实例

```
1  # 首先导入需要用到的包
2  import pandas as pd
3  import numpy as np
4  import matplotlib.pyplot as plt
5  import seaborn as sns
6
7  # 输入样本数据
8  dataSer-pd.Series([159,280,101,212,224,379,179,
9                 264,222,362,168,250,149,260,485,170])
10 # 计算出均值、标准差
11 sample_mean=dataSer.mean()
12 sample_std=dataSer.std()
13 print('样本平均值=',sample_mean,'单位：h')
14 print('样本标准差=',sample_std,'单位：h')
```

相应输出结果为：

```
样本平均值= 241.5 单位：h
样本标准差= 98.72588313102091 单位：h
```

要想知道元件的平均寿命是否超过 225h，即总体均值是否大于 225h，可以先对总体均值进行假设（H0：$\mu > 225h$，H1：$\mu \leq 225h$）来确定样本符合哪种抽样分布。

```
15  sns.distplot(dataSer)
16  plt.title('data distribution')
17  plt.show()
```

这段程序画出一个曲线。Matplotlib 的数据可视化方法将在第 6 章进行详细介绍，此处不再展开介绍。此时可得到一个曲线图，如下所示。

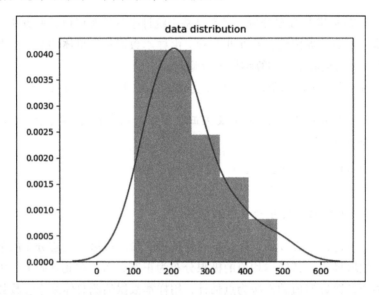

从数据集分布的图像来看，数据集基本服从正态分布。从统计学假设检验的模型来看，本例中样本大小为 16，小于 30，属于小样本，适合 t 分布的检验条件。

```
18  from scipy import stats
19  pop_mean=225
20  t,p_two=stats.ttest_1samp(dataSer,pop_mean)
21  print('t值：',t,'双侧检验的p值',p_two)
22  p_one=p_two/2
23  print('单侧检验的p值',p_one)
```

相应输出结果为：

```
t值： 0.6685176967463559 双侧检验的p值 0.5139601431751674
单侧检验的p值 0.2569800715875837
```

再进行判断：

```
24  alpha=0.05
25  #相应置信度为95%
26  if(t>0 and p_one>alpha):
27      print('拒绝原假设H0，有统计显著，元件平均寿命不超过225h')
```

```
28   else:
29       print('接受原假设H0，没有统计显著，元件平均寿命超过225h')
```

相应输出结果为：

```
拒绝原假设H0，有统计显著，元件平均寿命不超过225h
30   # 估计置信区间
31   t_ci=2.1315
32   # 置信区间双侧检验，查表得知α=0.025时t(15)的数值
33   se=stats.sem(dataSer)
34   a=sample_mean-t_ci*se
35   b=sample_mean+t_ci*se
36   print('在95%的置信水平上，单个平均值的置信区间 CI=(%f,%f)'%(a,b))
```

相应输出结果为：

```
在95%的置信水平上，单个平均值的置信区间 CI=(188.891445,294.108555)
37   # 效应量
38   d=(sample_mean-pop_mean)/sample_std
39   n=10
40   df=n-1
41   R2=(t*t)/(t*t+df)
42   print('d=',d)
43   print('R2=',R2)
```

相应输出结果为：

```
d= 0.16712942418658897
R2= 0.047308128396606336
```

从整个解题过程中可以看到，运用 Python 进行数据统计分析时，除了掌握必要的函数使用方法之外，还需要掌握概率论、统计学等相关专业数据分析知识。只有将两者有机融合在一起，才能解决实际工作中遇到的问题。

4.8 本章小结

本章详细介绍了 Pandas 中用于基本统计分析的相关函数，并依次介绍了分组分析、分布分析、交叉分析、结构分析和相关分析的基本方法，对相关函数及其应用方式也进行了具体的讲解。本章最后还结合概率论的相关知识，实现了用样本数据估测某个参数数值大概率所在区间的过程。

学完本章后，读者应掌握数据统计分析相关的类对象的常用属性和创建方法，熟练使用各种统计分布实现原理，并能够根据实际需要对相关数据进行正确的统计分析，并获得有效信息。

4.9 习题

1. Pandas 以 ＿＿＿＿＿＿＿ 和 ＿＿＿＿＿＿＿ 这两种数据结构类型为基础，提供了多种高效便捷的数据处理方式。

2. 在 Pandas 的常用函数中，（　　）可以输出有关 DataFrame 的统计信息摘要，包括非空数据项数、最大值、最小值、平均值、标准差等。

    A. count   B. prod

    C. cumorod   D. describe

3. 在数据分析处理中，＿＿＿＿＿＿＿＿可以根据特定的关键字段，将分析对象划分成不同的部分，并对比分析不同组之间差异。

4. 定性分组指根据待分析的数据已有的类别进行分组划分，常用的定性分组统计函数为（　　）。

    A. groupby   B. sizeof

    C. cut   D. kindty

5. 根据分析对象的数值，按照一定的指标划分为不同区间，从而将原始数据进行分组的方法被称为＿＿＿＿＿＿＿。它可以利用这些分组进行对比分析，从而揭示所分析对象的数量特点。

6. 在进行分布分析时，通常会首先用＿＿＿＿＿＿＿确定分布分析中的分层，然后用＿＿＿＿＿＿＿实现分组分析。

7. 在进行数据分析时，通常需要读取 CSV 文本文件到 DataFrame 变量中，这时一般采用的函数是（　　）。

    A. pandas.read.csv   B. pandas.read_csv

    C. pandas.reads_csv   D. pandas.reads.csv

8. 交叉分析通常用于分析＿＿＿＿＿＿＿的关系，并以＿＿＿＿＿＿＿的形式进行变量间关系的对比分析，从而进一步显示出数据的构成与分布特征等相关信息，得到更多有效结果。

9. 在交叉分析中，利用函数 pivot_table() 进行分组统计时，参数（　　）决定统计类型。

    A. index   B. aggfunc

    C. columns   D. fill_value

10. 一般来说，通过计算各组成部分所占的比例，分析数据总体的内部结构特征的分析方法被称为（　　）。

    A. 结构分析   B. 交叉分析

    C. 分组分析   D. 定向分析

11. 相关分析用于分析两个不同的随机变量之间的相关关系，相关系数的计算公式是＿＿＿＿＿＿＿。

12. 以下关于相关系数 ρ 说法错误的是（　　）。

    A. 当 $\rho<0$ 时，随机变量 X 与 Y 呈负相关，且数值越小相关性越强

    B. 当 $\rho>0$ 时，随机变量 X 与 Y 呈正相关，且数值越大相关性越强

    C. 当 $\rho=0$ 时，随机变量 X 与 Y 之间无相关关系

    D. ρ 的取值范围在区间 $(-1, 1)$。

13. （问答题）在计算相关系数是，采用 numpy 模块中的 corrcoef 函数与 pandas 模块中的 corr 函数有什么区别？

14. 关于 pivot_table() 和 crosstab() 函数，说法错误的是（　　）。

    A. 两个函数的输出结果是类似的   B. crosstab() 可以处理多种数据类型

    C. pivot_table() 只能处理 dataframe 类型的数据   D. crosstab() 比 pivot_table() 执行速度慢

15. 在进行数据分析过程中，关于 agg 函数理解错误的是（　　）。

    A. agg 函数是基于列的聚合操作   B. agg 函数可以与 groupby 函数联用

    C. agg 函数是 numpy 模块中的函数   D. agg 函数输出的数据是 DataFrame 类型

## 第 5 章

时间序列分析

时间序列分析方法以时间为自变量轴,研究被解释变量随时间变化的规律,并利用外推机制描述时间序列的变化。自然科学和社会科学各个领域的诸多应用场景都涉及时间序列问题。Python 语言针对时间序列分析问题提供了若干模块,可以方便快捷地对时间序列相关数据进行处理。

本章首先介绍用于创建及处理日期和时间类对象的 Datetime 模块,然后分别对时间和日期处理进行讨论。接着,给出频率转换和重采样的实现以及相关的程序示例,并展示了几种常用函数的使用方法。

5.1 Datetime 模块

Datetime 模块重新封装了 time 模块,提供了更多的接口,可以用于创建日期和时间类对象,并进行日期和时间的运算。

在程序中直接导入 datetime 模块即可使用:

```
import datetime
```

datetime 模块的常用类和函数如表 5-1 所示。

表 5-1   datetime 模块的常用类和函数

常用类	常用函数及描述
date	• datetime.date(year,month,day):自定义创建日期对象 • date.year,date.month,date.day:提取日期对象的年、月、日 • date.max,date.min:date 对象所能表示的最大、最小日期 • date.today():返回一个当前本地日期对象 • date.replace(year,month,day):创建新的日期对象,用指定日期替换原 date 对象的内容,可单独修改年、月、日中的一项或多项(原对象保持不变) • date.weekday():返回日期对应的星期几,以 0~6 表示星期一到星期日 • date.isoweekday():返回日期对应的星期几,以 1~7 表示星期一到星期日 • date.isocalendar():返回格式为(year,month,day)的元组 • date.isoformat():返回格式为"YYYY-MM-DD"的字符串

（续）

常用类	常用函数及描述
time	• datetime.time(hour[, minute[, second[, microsecond[, tzinfo]]]]) : 自定义创建时间对象，精确到毫秒，tzinfo 用于指定时区，并不常用，可以省略 • time.hour,time.minute,time.second,time.microsecond : 分别提取 time 类中的小时、分钟、秒、毫秒数据（time.tzinfo 用于提取时区信息，不常用） • time.replace(hour[, minute[, second[, microsecond[, tzinfo]]]]) : 创建新的时间对象，用指定的时、分、秒、毫秒数据替代原有对象中的属性（原对象保持不变） • time.isoformat() : 返回格式为 "HH:MM:SS" 的字符串
datetime	• datetime.datetime(year, month, day[, hour[, minute[, second[, microsecond[, tzinfo]]]]]) : 将 date 类和 time 类结合起来 • datetime.combine(date, time) : 根据 date 和 time 对象创建一个 datetime 对象 • datetime.strptime(date_string,format) : 将格式字符串转换为 datetime 对象 • datetime.today() : 返回一个表示本地时间的 datetime 对象 • datetime.now([tz]) : 返回一个表示当前本地时间的 datetime 对象。参数 tz 用于指向时区，返回指向时区的当地时间，可以省略 • datetime.date() : 获取 date 对象 • datetime.time() : 获取 time 对象
timedelta	timedelta() : 参数为自定义的时间区间，用于进行时间的加减运算

datetime 模块使用示例如代码清单 5-1 所示。

代码清单 5-1   datetime 模块使用示例

```
1   import datetime
2   # 创建今天的日期对象
3   today=datetime.date.today()
4   print("today:",today)
5   # 创建当前的时间对象
6   now=datetime.time(22,11,12,13)
7   print("now:",now)
8   # 创建南开生日的日期对象
9   birthday=datetime.date(1919,10,17)
10  print("birthday:",birthday)
11  # 创建南开生日的时间对象
12  birthtime=datetime.time(19,19,10,17)
13  print("birthtime:",birthtime)
14  # 将date对象和time对象整合成datetime对象
15  todaytime=datetime.datetime.combine(today,now)
16  print("todaytime:",todaytime)
17  nkbirth=datetime.datetime.combine(birthday,birthtime)
18  print("nkbirth:",nkbirth)
19  # 计算今天距南开建校多少天
20  print("南开建校{}".format(todaytime-nkbirth))
21  # 输出明天的日期
22  print("明天是",todaytime+datetime.timedelta(days=1))
```

程序运行完毕，输出结果为：

```
today: 2020-10-19
now: 22:11:12.000013
```

```
birthday: 1919-10-17
birthtime: 19:19:10.000017
todaytime: 2020-10-19 22:11:12.000013
nkbirth: 1919-10-17 19:19:10.000017
南开建校36893 days, 2:52:01.999996
明天是 2020-10-20 22:11:12.000013
```

下面对代码清单 5-1 中的代码做简要说明。

❑ 第 3 行和第 9 行代码使用的是 datetime 模块中的 date 类，date 类用于创建日期对象。两行代码的不同之处在于：第 3 行代码使用 date 类中的 today() 方法直接获取本地日期，并将其赋值给变量 today，对应于输出结果的第 1 行；第 9 行代码则创建了自定义的日期对象，将 1919 年 10 月 17 日赋值给变量 birthday，对应于输出结果的第 3 行。

❑ 第 6 行和第 12 行代码使用的是 datetime 模块中的 time 类，time 类用于创建时间对象。两行代码都创建了自定义时间对象，将相应时间赋值给变量 now 和 birthtime，分别对应于输出结果的第 2 行和第 4 行。

❑ 第 15 行和第 17 行代码使用的是 datetime 模块中的 datetime 类，可以将 datetime 视为 date 类和 time 类的结合，用于创建同时包含日期和时间的对象。这两行代码都使用了 datetime 类中的 combine() 方法，分别将当前的日期对象（today）和时间对象（now）与南开建校的日期对象（birthday）和时间对象（birthtime）整合为 datetime 对象 todaytime 和 nkbirth，对应于输出结果的第 5 行和第 6 行。

❑ 第 20 行代码表示 datetime 对象 todaytime 和 nkbirth 之间可以直接进行减法运算，便于计算不同日期和时间之间的时间间隔，利用 format 是为了将计算结果进行格式化，便于直观显示，对应于输出结果的第 7 行。

❑ 第 22 行代码表示 datetime 模块中的 timedelta 类对 datetime 对象进行指定时间区间的加减运算。第 22 行代码的内容为对 todaytime 对象进行指定区间为 1 天的加法运算，即明天的时间，对应于输出结果的第 8 行。

📗 **提示**

1）time 类中并没有类似于 date 类中 today() 方法，可以直接获取格式化的本地时间，如果要用 time 类获取本地时间，往往需要使用 time.time() 方法先获取本地时间戳，再对得到的时间戳进行格式化。

2）combine() 通常会利用已有的 date 对象和 time 对象创建 datetime 对象。

5.2 时间序列基础

下面通过一系列程序示例演示时间序列的基础操作，读者可根据程序运行结果了解相关函数的作用，也可以通过 help 查看帮助信息。

1. 解析时间格式字符串、np.datetime64、datetime.datetime 等多种时间序列数据

代码清单 5-2 给出了时间序列数据的一个示例。

代码清单 5-2 时间序列数据解析

```
1    import pandas as pd
2    import datetime
3    import numpy as np
4    dti=pd.to_datetime(['1/1/2018',np.datetime64('2018-01-01'),
                         datetime.datetime(2018,1,1)])
5    print(dti)
```

程序运行结果如下：

```
DatetimeIndex(['2018-01-01', '2018-01-01', '2018-01-01'], dtype='datetime64[ns]',
    freq=None)
```

下面对代码清单 5-2 中的代码做简要说明。

❑ 第 4 行代码表示用 Pandas 中的 `to_datetime` 对不同的时间序列数据进行统一的格式化。代码中是对一个含有三个元素的一维列表进行格式化，第一个元素是字符串格式，第二个元素是 `np.datetime64` 对象，第三个元素是 `datetime` 模块中的 `datetime` 对象，三者都表示 2018 年 1 月 1 日这个时间。经过未指定形式的 `to_datetime`，均格式化为 `'2018-01-01'` 格式，即相应的输出结果。如需其他形式，可以在 `to_datetime` 的参数中利用 `format='…'` 进行指定。

2. 生成 DatetimeIndex、TimedeltaIndex、PeriodIndex 等定频日期与时间段序列

代码清单 5-3 给出了生成定频日期与时间段序列的示例。

代码清单 5-3 生成定频日期与时间段序列

```
1    import pandas as pd
2    dti=pd.date_range('2018-01-01',periods=3,freq='H')
3    print(dti)
```

程序运行结果如下：

```
DatetimeIndex(['2018-01-01 00:00:00', '2018-01-01 01:00:00',
               '2018-01-01 02:00:00'],
dtype='datetime64[ns]', freq='H')
```

在代码清单 5-3 中，第 2 行代码表示以 2018-01-01 为起始日期，以小时为时间间隔，取 3 个单位的时间生成列表，列表的 3 个元素分别对应 2018-01-01 0 点、2018-01-01 1 点和 2018-01-01 2 点。

▎ **提示**

1）pandas.date_range 函数主要用于生成一个固定频率的时间列表，必须至少指定 start、end、periods 中的两个参数值，否则无法生成。

2）pandas.date_range 函数的主要参数说明如下。

❑ periods：固定时期，取值为整数或 None。

❑ freq：日期偏移量，取值为 string 或 DateOffset。

❑ normalize：若参数为 True，表示将 start、end 参数值正则化为午夜时间戳。

❑ name：生成时间索引对象的名称，取值为 string 或 None。

❑ closed：在 closed=None 的情况下返回的结果为开区间；若 closed='left'，表示在返回的结果的基础上，再取左开右闭的结果；若 closed='right'，表示在返回的结果基础上，再取左闭右开的结果。

3. 处理、转换带时区的日期时间数据

代码清单 5-4 给出了处理、转换带时区的日期时间数据的示例。

代码清单 5-4　处理、转换带时区的日期时间数据

```
1  import pandas as pd
2  dti=pd.date_range('2018-01-01',periods=3,freq='H')
3  dti=dti.tz_localize('UTC')
4  print(dti)
```

程序运行结果如下：

```
DatetimeIndex(['2018-01-01 00:00:00+00:00', '2018-01-01 01:00:00+00:00',
               '2018-01-01 02:00:00+00:00'],
dtype='datetime64[ns, UTC]', freq='H')
```

代码清单 5-4 的第 3 行代码中的 `tz_localize()` 用于时区处理，DST 表示夏令时，UTC 表示协调世界时，时区转化在分析时间序列数据时并不常见，了解即可。

4. 按指定频率重采样，并转换为时间序列

代码清单 5-5 给出了按指定频率重采样的示例。

代码清单 5-5　按指定频率重采样

```
1  import pandas as pd
2  import datetime
3  import numpy as np
4  idx=pd.date_range('2018-01-01',periods=5,freq='H')
5  ts=pd.Series(range(len(idx)), index=idx)
6  print(ts)
```

程序运行结果如下：

```
2018-01-01 00:00:00    0
2018-01-01 01:00:00    1
2018-01-01 02:00:00    2
2018-01-01 03:00:00    3
2018-01-01 04:00:00    4
Freq: H, dtype: int64
```

代码清单 5-5 中的第 5 行代码用于创建 Series 对象，第一个参数表示每一个元素的具体数值，用 `range()` 赋值为 0～4；第二个参数指明每一个元素的索引名称，此处指定为

idx 中每一项的值，即时间序列。

5. 用绝对或相对时间差计算日期与时间

代码清单 5-6 给出用绝对或相对时间差计算日期与时间。

代码清单 5-6　用绝对或相对时间差计算日期与时间

```
1   import pandas as pd
2   friday=pd.Timestamp('2018-01-05')
3   print(friday.day_name())
4   # 添加 1 个日历日
5   saturday=friday+pd.Timedelta('1 day')
6   print(saturday.day_name())
7   # 添加 1 个工作日，从星期五跳到星期一
8   monday=friday+pd.offsets.BDay()
9   print(monday.day_name())
```

程序运行结果如下：

```
Friday
Saturday
Monday
```

下面对代码清单 5-6 中的代码做简要说明。

❑ 第 2 行代码中的 pd.Timestamp 将参数值转化为时间戳赋值给变量 friday。

❑ 第 3 行代码用 day_name() 输出时间戳对应的星期名称，即输出结果的第 1 行。

❑ 第 5 行代码用 Timedelta() 函数指定时间长度，对已有时间戳进行加减运算。注意，Timedelta() 方法指定的是日历日，因此 Friday 加上 Timedelta 指定的 '1 day' 后结果是 Saturday，即输出结果的第 2 行。

❑ 第 8 行代码用 offsets.BDay() 方法指定的时间长度只计算工作日，不考虑休息日。对 Friday 加一个工作日，由于周六、周日为休息日，因此不被考虑，下一个工作日是周一，即输出结果的第 3 行。

提示

1）在金融领域的实际应用中，对债券等固定收益证券进行时间价值的计算时，通常需要考虑实际的付息天数与到期日天数之间的间隔，此时就适合采用 Timedelta() 方法统计日历日区间。

2）由于证券交易所在周六、周日闭市，因此对股票、指数、期权等证券市场交易数据进行分析时，适合采用 offsets.BDay() 方法统计工作日区间。

5.3　日期时间处理

1. 获取本地当前时间

代码清单 5-7 给出了获取本地当前时间的代码及其输出结果。

代码清单 5-7 获取本地当前时间

```
1  # 引入time模块
2  import time
3  # 获取本地时间并输出
4  localtime=time.localtime(time.time())
5  print("本地时间为: ",localtime)
```

程序运行结果如下:

本地时间为: time.struct_time(tm_year=2020, tm_mon=10, tm_mday=20, tm_hour=17, tm_
min=2, tm_sec=57, tm_wday=1, tm_yday=294, tm_isdst=0)

在代码清单 5-7 中,给出了用 time 类获取本地时间的方法。如第 4 行代码所示,首先用 time.time() 方法获取本地时间戳,但时间戳是非格式化的,因此要将获取的时间戳传入 time.localtime() 进行封装,得到相应输出结果。

从输出结果可见,Python 用 struct_time 类型封装时间,其属性如表 5-2 所示。

表 5-2 struct_time 的属性及说明

属　　性	值 及 说 明
tm_year	四位数年: 2020
tm_mon	月: 1～12
tm_mday	日: 1～31
tm_hour	小时: 0～23
tm_min	分钟: 0～59
tm_sec	秒: 0～61(60 或 61 是闰秒)
tm_wday	一周的第几日: 0～6
tm_yday	一年的第几日: 1～366
tm_isdst	值为 1 表示夏令时,值为 0 表示非夏令时,值为 -1 表示不确定是否是夏令时

2. 日期时间格式化及生成时间戳

使用 time.asctime() 函数可以生成固定格式的日期时间字符串。代码清单 5-8 给出了一个 asctime 函数的使用示例。

代码清单 5-8 asctime 函数使用示例

```
1  import time
2  # 获取本地时间并将其格式化
3  localtime=time.asctime(time.localtime(time.time()))
4  print("本地时间为: ",localtime)
```

程序运行结果如下:

本地时间为: Tue Oct 20 17:20:28 2020

下面对代码清单 5-8 中的代码做简要说明。

❑ time.localtime() 仅对时间戳进行封装,输出结果是一个结构体形式。

❑ 第 3 行代码对 `time.localtime()` 的结果进行格式化，产生对应的输出结果。需要注意，`time.acstime()` 返回的日期时间字符串格式是固定的，不可自定义。

使用 `time.strftime()` 函数可以返回格式化日期时间字符串，使用 `time.mktime()` 函数可以返回指定格式日期时间字符串对应的时间戳。

表 5-3 给出了格式化日期时间数据的符号。

表 5-3　Python 中格式化时间日期数据的符号

符　号	说　明
%y	两位数的年份表示（00～99）
%Y	四位数的年份表示（0000～9999）
%m	月份（01～12）
%d	月内的某一天（0～31）
%H	24 小时制小时数（0～23）
%l	12 小时制小时数（01～12）
%M	分钟数（00～59）
%S	秒数（00～59）
%a	简化星期名称
%A	完整星期名称
%b	简化月份名称
%B	完整月份名称
%c	相应的日期表示和时间表示
%j	一年内的某一天（001～366）
%p	本地 A.M. 或 P.M. 的等价符
%U	一年中的星期数（00～53），星期天为星期计算的开始
%w	星期几（0～6），以星期天为开始
%W	一年中的星期数（00～53）星期一为星期计算的开始
%x	本地相应的日期表示
%X	本地相应的时间表示
%Z	当前时区的名称
%%	% 本身

下面通过代码清单 5-9 说明 `strftime` 和 `mktime` 函数的具体使用方法。

代码清单 5-9　strftime 和 mktime 函数使用示例

```
1   import time
2
3   # 格式化成Year-Month-DayHour:Minute:Second格式
4   print(time.strftime("%Y-%m-%d %H:%M:%S",time.localtime()))
5
6   # 格式化成WeekdayMonthDayHour:Minute:SecondYear格式
7   print(time.strftime("%a %b %d %H:%M:%S %Y",time.localtime()))
8
9   # 将格式字符串转换为时间戳
10  t="Tue Oct 20 17:35:59 2020"
11  print(time.mktime(time.strptime(t,"%a %b %d %H:%M:%S %Y")))
```

程序运行结果如下：

```
2020-10-20 17:48:54
Tue Oct 20 17:48:54 2020
1603186559.0
```

下面对代码清单 5-9 中的代码做简要说明。

- ❑ `time.asctime()` 返回的日期时间字符串格式是固定的，而本例中采用的 `time.strftime()` 方法可以在参数中指定返回的日期时间字符串格式，即进行格式的自定义。
- ❑ 第 4 行和第 7 行代码分别对 `time.localtime()` 的返回结果进行了不同格式的定义，对应输出结果的第 1 行和第 2 行。
- ❑ 可以将 time.mktime() 理解为 time.strftime() 的逆运算，即将指定格式的日期时间字符串转换回时间戳形式。

5.4　频率转换与重采样

重新采样是将时间序列从一个频率转换成另一个频率的过程，将高频率数据聚合为低频率称为向下采样，将低频率数据转换到高频率称为向上采样。

5.4.1　频率转换

重采样首先要将原有的时间序列数据频率进行转换，具体方法如代码清单 5-10 所示。

代码清单 5-10　频率转换程序示例

```
1   import pandas as pd
2   import datetime
3   import numpy as np
4
5   december=pd.Series(pd.date_range('20121201', periods=4))
6   january=pd.Series(pd.date_range('20130101', periods=4))
7   td =january-december
8   td[2] +=datetime.timedelta(days=320, hours=23, minutes=5, seconds=3)
9   td[3] =np.nan
10  print('td:\n', td)
11
12  # 转换为日
13  print('转换为日方法一:\n', td / np.timedelta64(1, 'D'))
14  print('转换为日方法二:\n', td.astype('timedelta64[D]'))
15
16  # 转为秒
17  print('转换为秒方法一:\n', td / np.timedelta64(1, 's'))
18  print('转换为秒方法二:\n', td.astype('timedelta64[s]'))
19
20  # 转为月
21  print('转换为月方法一:\n', td / np.timedelta64(1, 'M'))
22  print('转换为月方法二:\n', td.astype('timedelta64[M]'))
```

程序运行结果如下:

```
td:
0      31 days 00:00:00
1      31 days 00:00:00
2     351 days 23:05:03
3                   NaT
dtype: timedelta64[ns]
转换为日方法一:
0       31.00000
1       31.00000
2      351.96184
3            NaN
dtype: float64
转换为日方法二:
0       31.0
1       31.0
2      351.0
3        NaN
dtype: float64
转换为秒方法一:
0      2678400.0
1      2678400.0
2     30409503.0
3            NaN
dtype: float64
转换为秒方法二:
0      2678400.0
1      2678400.0
2     30409503.0
3            NaN
dtype: float64
转换为月方法一:
0       1.018501
1       1.018501
2      11.563665
3            NaN
dtype: float64
转换为月方法二:
0       1.0
1       1.0
2      11.0
3       NaN
dtype: float64
```

下面对代码清单 5-10 中的代码做简要说明。

❑ 第 7 行代码是将之前生成的 1 月与 12 月时间序列相减,生成相应的时间差序列。由于之前生成的是 period=4 的时间序列,因此 td 也应含有 4 个元素,分别是对应时间相减的差。

❑ 第 8 行和第 9 行代码分别对 td 中的第 3 个和第 4 个元素值进行修改,以便于之后进行数值上的对比。修改后 td 对应的输出结果为前 6 行。

❑ 第 13～22 行代码分别对 td 进行不同频率的转换，即以日为单位、以秒为单位和以月为单位。每种频率的转换均包含两种方法，一种是直接除以 np.timedelta64() 生成的一个时间单位，另一种用 td.astype() 转换为指定时间频率单位。

5.4.2　重采样

Pandas 有一个简单却高效的功能——在频率转换时执行重采样。比如，将秒数据转换为 5 分钟数据，这种操作在金融等领域中的应用非常广泛。

1. 向下采样

向下采样是指将高频率数据聚合为低频率。通过调用 resample 方法可以按指定时间间隔对数据进行重采样，向下采样程序示例如代码清单 5-11 所示。

代码清单 5-11　向下采样程序示例

```
1   import pandas as pd
2   import numpy as np
3
4   rng=pd.date_range('1/1/2020', periods=100, freq='Min')
5   ts=pd.Series(np.random.randint(0, 500, len(rng)), index=rng)
6   print('ts:\n', ts)
7   rs = ts.resample('5Min') # 按5分钟间隔重采样
8   print('rs.asfreq():\n', rs.asfreq())# 输出重采样结果
9   print('rs.sum():\n', rs.sum()) # 输出每个重采样区间中的求和结果
```

程序运行结果如下：

```
ts:
2020-01-01 00:00:00    106
2020-01-01 00:01:00    337
2020-01-01 00:02:00    255
2020-01-01 00:03:00    137
2020-01-01 00:04:00    147
                       ...
2020-01-01 01:35:00    332
2020-01-01 01:36:00    484
2020-01-01 01:37:00    280
2020-01-01 01:38:00    199
2020-01-01 01:39:00    380
Freq: T, Length: 100, dtype: int32
rs.asfreq():
2020-01-01 00:00:00    106
2020-01-01 00:05:00    331
2020-01-01 00:10:00    300
2020-01-01 00:15:00    178
2020-01-01 00:20:00    187
2020-01-01 00:25:00    432
2020-01-01 00:30:00    496
2020-01-01 00:35:00     93
2020-01-01 00:40:00    127
2020-01-01 00:45:00    111
2020-01-01 00:50:00     95
2020-01-01 00:55:00    231
```

```
2020-01-01 01:00:00    170
2020-01-01 01:05:00    287
2020-01-01 01:10:00    290
2020-01-01 01:15:00    376
2020-01-01 01:20:00    210
2020-01-01 01:25:00    448
2020-01-01 01:30:00     95
2020-01-01 01:35:00    332
Freq: 5T, dtype: int32
rs.sum():
2020-01-01 00:00:00     982
2020-01-01 00:05:00     999
2020-01-01 00:10:00    1162
2020-01-01 00:15:00    1022
2020-01-01 00:20:00    1179
2020-01-01 00:25:00    1008
2020-01-01 00:30:00    1580
2020-01-01 00:35:00    1275
2020-01-01 00:40:00    1146
2020-01-01 00:45:00    1273
2020-01-01 00:50:00    1294
2020-01-01 00:55:00    1102
2020-01-01 01:00:00    1690
2020-01-01 01:05:00    1815
2020-01-01 01:10:00    1867
2020-01-01 01:15:00    1615
2020-01-01 01:20:00    1386
2020-01-01 01:25:00     952
2020-01-01 01:30:00     522
2020-01-01 01:35:00    1675
Freq: 5T, dtype: int32
```

除 sum 方法之外，使用 resample 返回的对象还可以执行 mean、std、sem、max、min、mid、median、first、last、ohlc 等方法。

下面对代码清单 5-11 中的代码做简要说明。

❑ 第 4 行和第 5 行代码用于生成一个随机的时间序列数据，标签自 2020-01-01 开始、以分钟为单位取得 100 个时间值。每个标签对应的数值是 np.random.randint() 生成的 0～500 之间的随机离散整数。输出结果对应于 1～13 行。

❑ 第 7 行利用 resample() 函数进行重采样，参数为采样指定的时间频率，在本例中为 5Min。由于原数据频率是 1Min，采样频率是 5Min，因此是将高频率数据转换为低频率数据，属于向下采样。从输出结果可以看出，向下采样实际上是将原时间序列数据中对应时间点的数据摘出来。

❑ 第 9 行代码以 5Min 为频率，将时间重新划分为大区间，并将原时间序列数据按新的区间加和，这样便得到了一个低频率的新时间序列。这样做的理由是充分利用样本，因为仅按第 7 行代码进行低频数据摘出，相当于删除没有落在新的采样时间点上的所有原数据，降低了样本含量，这对于数据分析没有实际操作意义。第 9 行代码是将新区间内所有原数据以加和的方式聚合，充分利用了原有样本，这样得到的低频数据更有研究价值。

1）根据研究目标的不同，除加和处理之外，还可以对新区间的所有原数据采用取均值、方差等多种统计函数处理手段，以获取不同特点的低频数据。

2）如果所采样的信息包括多维数据，需要分别加以处理。

---

2. 向上采样

向上采样是指将低频率数据转换为高频率数据进行重新采样，程序示例如代码清单 5-12 所示。

代码清单 5-12　向上采样程序示例

```
1  import pandas as pd
2  import numpy as np
3
4  rng=pd.date_range('1/1/2020', periods=100, freq='S')
5  ts=pd.Series(np.random.randint(0, 500, len(rng)), index=rng)
6
7  # 从秒到每250毫秒
8  print(ts[:2].resample('250L').asfreq())
9  print(ts[:2].resample('250L').ffill())#填充缺失数据
```

程序运行结果如下：

```
2020-01-01 00:00:00.000    327.0
2020-01-01 00:00:00.250     NaN
2020-01-01 00:00:00.500     NaN
2020-01-01 00:00:00.750     NaN
2020-01-01 00:00:01.000    122.0
Freq: 250L, dtype: float64
2020-01-01 00:00:00.000    327
2020-01-01 00:00:00.250    327
2020-01-01 00:00:00.500    327
2020-01-01 00:00:00.750    327
2020-01-01 00:00:01.000    122
Freq: 250L, dtype: int32
```

下面对代码清单 5-12 中的代码做简要说明。

❑ 第 4 行和第 5 行代码用于生成一个随机的时间序列数据。

❑ 第 8 行代码利用 resample() 函数进行重采样，注意采样指定的时间频率参数比原频率要高。因此，这是将低频率数据转换为高频率数据，属于向上采样。

❑ 第 9 行代码使用 ffill 方法对缺失数据进行填充，其策略是将缺失数据前的最近一次采样数值赋值给缺失样本点，由于向上采样后数据频率很高，这种填充方法在某些情形下是有效的，但局限性依然很强。

1）此程序所示的向上采样与代码清单 5-11 的向下采样方法基本相同，只是将重新采样的频率改为高于原数据的频率。

2）向上采样由于数据频率增大，采样时间点增加，必然会涉及原数据序列不存在的采样时间点。因此，单纯向上采样可能会生成很多不存在的中间值。如果未指定填充值，则这些中间值将填充为 NaN。实际分析时间序列数据时，要根据具体情况，对这些中间值进行科学的填充或处理，否则向上采样只是在原数据序列上增加空样本点，与原数据序列无本质差异。

3. 重采样中的数据聚合

除直接改变采样频率之外，还可以通过聚合的方式对原始数据进行扩充，从而实现数据样本的变化，程序示例如代码清单 5-13 所示。

代码清单 5-13   重采样数据聚合处理的程序示例

```
1   import pandas as pd
2   import numpy as np
3   # DataFrame重采样，默认用相同函数操作所有列
4   df =pd.DataFrame(np.random.randn(1000, 3),
5           index=pd.date_range('1/1/2020', freq='S', periods=1000),
6           columns=['A', 'B', 'C'])
7
8   print('df:\n', df)
9   r =df.resample('3T')
10  print('r.mean():\n', r.mean())
11  print("r['A'].mean():\n", r['A'].mean())
12  print("r[['A', 'B']].mean():\n", r[['A', 'B']].mean())
13  print("r['A'].agg([np.sum, np.mean, np.std]):\n", r['A'].agg([np.sum, np.mean, np.std]))
14  print("r.agg([np.sum, np.mean]):\n", r.agg([np.sum, np.mean]))
15  print("r.agg({'A': np.sum, 'B': lambda x: np.std(x, ddof=1)}):\n", r.agg({'A':
        np.sum, 'B': lambda x: np.std(x, ddof=1)}))
16  print("r.agg({'A': 'sum', 'B': 'std'}):\n", r.agg({'A': 'sum', 'B': 'std'}))
17  print("r.agg({'A': ['sum', 'std'], 'B': ['mean', 'std']}):\n", r.agg({'A': ['sum',
        'std'], 'B': ['mean', 'std']}))
18
19  df =pd.DataFrame({'date': pd.date_range('2020-01-01', freq='W',
20          periods=5), 'a': np.arange(5)},
21          index=pd.MultiIndex.from_arrays([[1, 2, 3, 4, 5],
22          pd.date_range('2020-01-01', freq='W', periods=5)],
23          names=['v', 'd']))
24
25  print(' :\n', df)
26  print("df.resample('M', on='date').sum():\n", df.resample('M', on='date').sum())
27  print("df.resample('M', level='d').sum():\n", df.resample('M', level='d').sum())
```

程序运行结果如下：

```
df:
                            A         B         C
2020-01-01 00:00:00  0.863701 -0.170495 -0.624289
2020-01-01 00:00:01  0.592166 -0.285175  1.364897
2020-01-01 00:00:02 -0.725704 -0.073343  0.213378
2020-01-01 00:00:03 -0.515391  0.707630 -1.493953
2020-01-01 00:00:04 -1.398345  1.346846  2.652589
```

```
...                        ...       ...       ...
2020-01-01 00:16:35 -2.300560  0.751579 -0.163933
2020-01-01 00:16:36 -0.304495  1.021857 -1.763299
2020-01-01 00:16:37 -0.571079 -0.019945  0.337313
2020-01-01 00:16:38  2.004564 -1.565755  1.521538
2020-01-01 00:16:39  0.621541 -0.217000 -0.793250

[1000 rows x 3 columns]
r.mean():
                            A         B         C
2020-01-01 00:00:00 -0.096621  0.109761  0.118757
2020-01-01 00:03:00 -0.071782  0.070759  0.055073
2020-01-01 00:06:00  0.017154 -0.077316 -0.023101
2020-01-01 00:09:00 -0.119065  0.104877 -0.014143
2020-01-01 00:12:00  0.093301 -0.032260 -0.098395
2020-01-01 00:15:00  0.101703 -0.159498  0.116722
r['A'].mean():
 2020-01-01 00:00:00  -0.096621
2020-01-01 00:03:00   -0.071782
2020-01-01 00:06:00    0.017154
2020-01-01 00:09:00   -0.119065
2020-01-01 00:12:00    0.093301
2020-01-01 00:15:00    0.101703
Freq: 3T, Name: A, dtype: float64
r[['A', 'B']].mean():
                            A         B
2020-01-01 00:00:00 -0.096621  0.109761
2020-01-01 00:03:00 -0.071782  0.070759
2020-01-01 00:06:00  0.017154 -0.077316
2020-01-01 00:09:00 -0.119065  0.104877
2020-01-01 00:12:00  0.093301 -0.032260
2020-01-01 00:15:00  0.101703 -0.159498
r['A'].agg([np.sum, np.mean, np.std]):
                          sum      mean       std
2020-01-01 00:00:00 -17.391869 -0.096621  1.155815
2020-01-01 00:03:00 -12.920768 -0.071782  1.001542
2020-01-01 00:06:00   3.087711  0.017154  0.924700
2020-01-01 00:09:00 -21.431646 -0.119065  0.951268
2020-01-01 00:12:00  16.794242  0.093301  1.036267
2020-01-01 00:15:00  10.170262  0.101703  0.979848
r.agg([np.sum, np.mean]):
                            A                   B                   C  \
                          sum      mean       sum      mean       sum
2020-01-01 00:00:00 -17.391869 -0.096621  19.757056  0.109761  21.376289
2020-01-01 00:03:00 -12.920768 -0.071782  12.736629  0.070759   9.913090
2020-01-01 00:06:00   3.087711  0.017154 -13.916942 -0.077316  -4.158162
2020-01-01 00:09:00 -21.431646 -0.119065  18.877787  0.104877  -2.545768
2020-01-01 00:12:00  16.794242  0.093301  -5.806770 -0.032260 -17.711016
2020-01-01 00:15:00  10.170262  0.101703 -15.949786 -0.159498  11.672224


                          mean
2020-01-01 00:00:00  0.118757
2020-01-01 00:03:00  0.055073
2020-01-01 00:06:00 -0.023101
```

```
2020-01-01 00:09:00 -0.014143
2020-01-01 00:12:00 -0.098395
2020-01-01 00:15:00  0.116722
r.agg({'A': np.sum, 'B': lambda x: np.std(x, ddof=1)}):
                             A          B
2020-01-01 00:00:00 -17.391869  0.985784
2020-01-01 00:03:00 -12.920768  0.969462
2020-01-01 00:06:00   3.087711  0.983013
2020-01-01 00:09:00 -21.431646  0.946147
2020-01-01 00:12:00  16.794242  0.968944
2020-01-01 00:15:00  10.170262  0.939035
r.agg({'A': 'sum', 'B': 'std'}):
                             A          B
2020-01-01 00:00:00 -17.391869  0.985784
2020-01-01 00:03:00 -12.920768  0.969462
2020-01-01 00:06:00   3.087711  0.983013
2020-01-01 00:09:00 -21.431646  0.946147
2020-01-01 00:12:00  16.794242  0.968944
2020-01-01 00:15:00  10.170262  0.939035
r.agg({'A': ['sum', 'std'], 'B': ['mean', 'std']}):
                             A                     B
                        sum        std       mean        std
2020-01-01 00:00:00 -17.391869  1.155815   0.109761  0.985784
2020-01-01 00:03:00 -12.920768  1.001542   0.070759  0.969462
2020-01-01 00:06:00   3.087711  0.924700  -0.077316  0.983013
2020-01-01 00:09:00 -21.431646  0.951268   0.104877  0.946147
2020-01-01 00:12:00  16.794242  1.036267  -0.032260  0.968944
2020-01-01 00:15:00  10.170262  0.979848  -0.159498  0.939035
    :
                      date    a
v d
1 2020-01-05 2020-01-05   0
2 2020-01-12 2020-01-12   1
3 2020-01-19 2020-01-19   2
4 2020-01-26 2020-01-26   3
5 2020-02-02 2020-02-02   4
df.resample('M', on='date').sum():
            a
date
2020-01-31  6
2020-02-29  4
df.resample('M', level='d').sum():
            a
d
2020-01-31  6
2020-02-29  4
```

在程序中，采用 DataFrame 表格型数据结构和字典的方式，对原数据序列和聚合结果
进行格式化输出，以便能更加清晰和直观地观察结果。下面对代码清单 5-13 中的代码做简
要说明。

- ❑ 第 4~6 行代码利用 `np.random.randn()` 生成随机的 1000 行、3 列的正态分布时间序列数据，其中时间间隔为秒。
- ❑ 第 9 行代码对生成的时间序列数据以 3 分钟为单位进行向下采样。
- ❑ 第 10 行代码对以秒为单位的原始时间序列数据按照 3 分钟为一组，求出均值作为新的时间序列数据。
- ❑ 第 11~12 行代码说明采样的结果可以输出指定的一行或者多行数据。
- ❑ 第 13 行对重采样的数据的 A 列进行聚合处理，生成 sum、mean 和 std 三列新数据。
- ❑ 第 14 行说明如果不指定具体的列，将为每列指定函数列表，生成结构化索引的聚合结果。
- ❑ 第 15~17 行说明可以对不同的列进行不同的聚合处理，从而形成更多形式的数据序列组合结果。
- ❑ 第 19~23 行重建了一个 DateFrame 的数据表，并指定了这个 DataFrame 的内容、日期和对应的数值。其中第 21 行用 MultiIndex 方法添加了一个多列索引，索引第一列的名字为 v，第二列的名字为 d。
- ❑ 第 25 行将创建的数据表输出。
- ❑ 第 26 行没有用索引，这时要用 on 直接锁定到数据表的 date 列。
- ❑ 第 27 行用到了索引，就用 level 对应到索引所指的列。

提示

1）本示例程序按照新的时间区间分别对原数据进行加和、取均值、取方差等不同的聚合操作，与代码清单 5-11 中以求和为例的操作是类似的。

2）DataFrame 这种表格型数据结构搭配字典操作的一些格式化方式对于处理时间序列这样的数据来说较为便利，可以将结果更清晰地显示出来。

5.5　本章小结

本章首先介绍了时间序列分析的基本概念，给出了用于创建及处理日期和时间类对象的 Datetime 模块。然后，通过示例展示了时间和日期的格式处理，以及时间差的计算方法。最后，给出了频率转换和重采样的几个相关函数的使用示例。

学完本章后，读者应掌握时间序列数据的基本处理方法和常用函数，掌握时间格式字符串、np.datetime64、datetime.datetime 等多种时间序列数据以及定频日期与时间段序列的处理方法。此外，还应该熟悉频率转换与重采样的基本处理流程，并初步具备运用 Python 进行时间序列分析的能力。

5.6　习题

1. 时间序列分析方法是以时间为自变量轴，研究被解释变量随时间变化的规律，并利用外推机制描述时间序列的变化。在 Python 中常用 ＿＿＿＿＿＿＿＿＿＿＿＿＿＿ 来创建并处理日期和时间。

2. time 类中并没有与 date 类中 today() 相似的方法可以直接获取格式化的本地时间。如果要用 time 类获取本地时间，往往需要先获取 _____，再进行 _____。

3. 在 Python 中进行时间和日期的数据处理时，（　　）可用于进行时间加减运算。
   A. datetime.date()　　　　　　　　　　　　B. time.isoformat()
   C. datetime.time()　　　　　　　　　　　　D. timedelta()

4. 下列选项中，用于生成一个固定频率的时间列表的函数是（　　）。
   A. pandas.date_range　　　　　　　　　　B. dti.tz_localize
   C. np.datetime64　　　　　　　　　　　　D. DatetimeIndex

5. 在金融领域进行时间长度处理时常用 offsets_BDAY()，其原因是（　　）。
   A. 可以提供正确的日期输出格式　　　　　B. 在统计时间长度时仅计算工作日
   C. 参数较少，使用简单　　　　　　　　　D. 能够自动生成时间矩阵

6. 能够在参数中指定返回的日期时间字符串格式，即进行格式的自定义的函数是（　　）。
   A. time.asctime()　　　　　　　　　　　　B. time.mktime()
   C. time.strftime()　　　　　　　　　　　　D. time.rtctime()

7. 在时间序列进行频率转换处理，即从一个频率转换成另一个频率的过程中，通常将高频率数据聚合为低频率称为 _____，将低频率数据转换到高频率称为 _____。

8. 在利用 resample() 函数进行向下采样时，其主要操作是（　　）。
   A. 将原时间序列数据中对应的时间点的数据直接挑选出来
   B. 将原时间序列数据中对应的时间区间的数据先求和再输出
   C. 将原时间序列数据中对应的时间区间的数据先求均值再输出
   D. 将原时间序列数据中对应的时间区间的数据先求方差再输出

9. 在进行向上采样时，如果想将缺失数据前的最近一次采样数值赋值给缺失样本点，需要采用的关键字是（　　）。
   A. asfreq　　　　　　　　　　　　　　　　B. NaN
   C. ffill　　　　　　　　　　　　　　　　　D. Sum

10. 以下各选项中，在重采样中进行数据聚合时常用的处理目的不包括（　　）。
    A. 避免产生大量的空样本点　　　　　　　B. 扩充原始数据序列
    C. 充分利用数据序列中的相关信息　　　　D. 简化数据处理流程

11. 能够创建新的日期对象并用指定日期替换原 date 对象内容，可单独修改年、月、日中的一项或多项，且原对象保持不变的函数是（　　）。
    A. date.replace　　　　　　　　　　　　　B. datetime.date
    C. date.isocalendar　　　　　　　　　　　D. date.isoformat

12. Datetime.time 可以自定义创建时间对象，其最小时间单位为 _____。

13. datetime 可以视为 _____ 和 _____ 的结合，用于创建同时包含日期和时间的对象。

14. 能够将指定格式的日期时间字符串转换回时间戳形式的函数是（　　）。
    A. time.asctime()　　　　　　　　　　　　B. time.mktime()
    C. time.strftime()　　　　　　　　　　　　D. time.rtctime()

15. 频率的转换包含两种方法，一种是直接除以 _____ 生成的一个时间单位，另一种是用 _____ 转换为指定时间频率单位。

16. 编写程序，将字符串表示的时间 "2020-02-02 12:21:00" 转换为时间戳和时间元组。

17. （问答题）在重采样中进行数据聚合的目的是什么？

第 6 章

数据可视化

使用 Python 进行数据分析时，有时候需要将数据的处理结果以视图的方式形象而直观地显示出来，这就需要运用 Python 的数据可视化技术。Python 可以实现散点图、折线图、直方图、条形图、箱线图、饼图、热力图、二元变量分布、成对关系图等多种视图结构。常用的 Python 数据可视化工具有 Matplotlib、Seaborn 和 PyEcharts。

6.1　Matplotlib

Matplotlib 是基于 Python 语言设计开发的一个图表绘图工具。它为 Python 提供了一套与 Matlab 风格相似的交互命令 API，可以方便地绘制直方图、功率图、条形图、散点图等多种数据统计图形，将数据结果直观地展示出来。Matplotlib 工具包已集成在 Anaconda 中，无须再次安装。

Matplotlib 提供的 Figure 对象是绘制图表的基础，包含点、线、图例、坐标等所有图表元素。Matplotlib 将数据绘制在 Figure（图形）对象上，每个 Figure 对象可以包含一个或多个 Axes（坐标轴），例如，二维坐标图中的 x-y 轴、极坐标图中的 θ-r 轴或 3D 图中的 x-y-z 轴等。多个 Axes 会将 Figure 切分成多个区域以展示不同的 Subplots（子图）。每个坐标轴都可以设置标题、x 轴标签、y 轴标签等属性。

创建 Figure 和 Axes 对象的简单方法是使用 pyplot 提供的 subplots 方法，其语法格式如下：

```
fig, ax = matplotlib.pyplot.subplots(nrows=1, ncols=1, …)
```

其中，nrows 表示子图网格的行数，ncols 表示子图网格的列数，它们的默认值均为 1。返回值 fig 为 Figure 对象；ax 既可以是一个 Axes 对象，也可以是一个 Axes 对象序列。

pyplot 是 Matplotlib 的关键模块，提供了许多构建图表的函数接口，例如创建图形（线形图、柱形图、饼图等）、创建绘图区域、在绘图区域中绘制线、设置坐标轴标签／图例等。pyplot 提供的绘图方式类似于 Matlab，主要适用于交互式绘制图形。

6.1.1　线形图

线形图是最基本的图表类型，常用于显示数据的变化趋势。plot() 函数可以用线或标记

绘制 *y* 与 *x* 的关系，可以接受任意数量的参数，常用的语法格式如下：

```
matplotlib.pyplot.plot([x], y, fmt, [x2], y2, [fmt2], ..., **kwargs)
```

主要参数说明如下：

❑ x 表示 x 轴数据，可为列表，缺省时根据 x 轴数据长度设置为索引数组 $0\cdots N-1$。

❑ y 表示 y 轴数据，可为列表。

❑ 可选参数 fmt 为格式字符串，用于快速设置线条的基本格式，如颜色、标记和线型等。

❑ [x2], y2, [fmt2]，…，表示为可以同时绘制第二组或更多的数据。

❑ **kwargs 用于设置 Line2D 对象的属性，例如轴标签、图例、线宽、抗锯齿、标记面颜色等。

pyplot 还提供了可以设置图表的坐标轴标签、标题、图例等的函数，如表 6-1 所示。

表 6-1　Matplotlib 的常用函数

函　　数	描　　述
matplotlib.pyplot.xlabel(xlabel) matplotlib.pyplot.ylabel(ylabel)	• 函数功能：为图表添加轴标签 • 参数：xlabel 为 x 轴文本标签，ylabel 为 y 轴文本标签
matplotlib.pyplot.title(label)	• 函数功能：为图表添加标题 • 参数：label 为图表整体的文本标签
matplotlib.pyplot.text(x,y,s)	• 函数功能：为图表添加文本注解 • 参数：x、y 为文本位置的坐标；s 为添加的文本字符串
matplotlib.pyplot.legend(handles, labels, **kwargs)	• 函数功能：为图表设置图例 • 参数：handles 指定要添加到图例中的 lines、patches 等对象列表；labels 指定添加到图例中的标签列表。若未传递任何参数，将根据标签自动确定添加到图例

下面通过代码清单 6-1 演示 plot() 函数的用法。

代码清单 6-1　plot() 函数的用法示例

```
1  import numpy as np
2  import matplotlib.pyplot as plt
3  x1 = np.linspace(0.0, 5.0)
4  x2 = np.linspace(0.0, 2.0)
5  y1 = np.cos(2 * np.pi * x1) * np.exp(-x1)
6  y2 = np.cos(2 * np.pi * x2)
7  fig, (ax1, ax2) = plt.subplots(2, 1)
8  fig.suptitle('Matplotlib Line')
9  ax1.plot(x1, y1)
10 ax1.set_ylabel('Damped oscillation')
11 ax2.plot(x2, y2, 'o-')
12 ax2.set_xlabel('time (s)')
13 ax2.set_ylabel('Undamped')
14 plt.show()
```

程序执行结束后，输出的图像如图 6-1 所示。

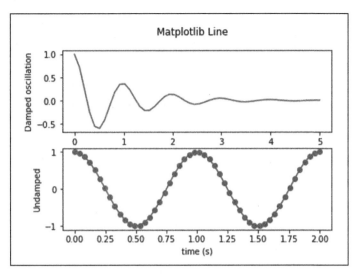

图 6-1 plot 函数绘制线形图的示例

下面对代码清单 6-1 中的代码做简要说明。

❑ 第 2 行代码导入 matplotlib.pyplot 模块并将其重命名为 plt。

❑ 第 3 行和第 4 行代码分别通过 NumPy 的 linspace 方法生成均匀间隔的序列 x1 和 x2。

❑ 第 5 行和第 6 行代码分别通过 NumPy 的 cos 方法对应生成 x1 和 x2 的余弦序列。

❑ 第 7 行代码创建了一个 2 行 1 列的 Figure 对象 fig，在后续的程序中用来操纵图像。

❑ 第 8 行代码通过 fig.suptitle() 函数设置图像标题。

❑ 第 9 行和第 10 行代码通过 plot 函数在 ax1 轴绘制了 x1 和 y1 的线形图，线条采用默认设置，并设置了 y 坐标标签。

❑ 第 11~13 行代码通过 plot 函数在 ax2 轴绘制了 x2 和 y2 的线形图，以圆点和曲线标记数据，并设置了 x 和 y 坐标标签。

❑ 第 14 行代码通过 plot.show() 函数显示图像。

提示

Matplotlib 默认情况下不支持显示中文。

6.1.2 条形图

条形图是用宽度相同的条形的高度或长短来表示数据的多少，适用于比较数据的情况。matplotlib.pyplot 提供了绘制条形图的函数 bar()，其语法格式如下：

```
matplotlib.pyplot.bar(x, height, width=0.8, bottom=None, **kwargs)
```

主要参数说明如下：

❑ x 为条形图的 x 坐标，数据类型为 float 或列表。

❑ height 为条形图的高度，数据类型为 float 或列表。

- ❑ width 为条形图的宽度，数据类型为 float 或列表，默认值为 0.8。
- ❑ bottom 为条形图底部起始的 *y* 坐标，用于绘制堆叠条形图，数据类型为 float 或列表，默认值为 0。
- ❑ **kwargs 可以设置图形颜色、标签、图例、线宽等属性。

bar 方法绘制的条形图是垂直方向的，也叫柱状图。pyplot 还提供了绘制水平条形图的方法 barh()，其用法与 bar 方法类似，语法格式如下：

```
matplotlib.pyplot.barh(y, width, height=0.8, left=None, **kwargs)
```

主要参数说明如下：

- ❑ y 为水平条形图的 *y* 坐标，数据类型为 float 或列表。
- ❑ width 为水平条形图的高度，数据类型为 float 或列表。
- ❑ height 为水平条形图的宽度，数据类型为 float 或列表，默认值为 0.8。
- ❑ left 为水平条形图左侧的 *x* 坐标，数据类型为 float 或列表，默认值为 0。
- ❑ **kwargs 可以设置图形颜色、标签、图例、线宽等属性。

下面通过代码清单 6-2 演示 bar() 函数的用法。

代码清单 6-2　bar() 函数的用法示例

```
1   import matplotlib.pyplot as plt
2   labels = ['G1', 'G2', 'G3', 'G4', 'G5']
3   men_means = [20, 35, 30, 35, 27]
4   women_means = [25, 32, 34, 20, 25]
5   width = 0.35
6   fig, ax = plt.subplots()
7   ax.bar(labels, men_means, width, label='Men')
8   ax.bar(labels, women_means, width, bottom=men_means, label='Women')
9   ax.set_ylabel('Scores')
10  ax.set_title('Scores by group and gender')
11  ax.legend()
12  plt.show()
```

程序执行结束后，输出的图像如图 6-2 所示。

下面对代码清单 6-2 中的代码做简要说明。

- ❑ 第 2～5 行代码分别定义了要绘制条形图的数据和参数。
- ❑ 第 7 行代码通过 bar() 函数在 ax 轴上绘制条形图，*x* 轴为 labels，高度数据为 men_means，条形宽度为 0.35，标签为 'Men'。
- ❑ 第 8 行代码继续在 ax 轴上绘制堆叠条形图，*x* 轴为 labels，高度数据为 women_means，条形宽度为 0.35，底部数据为 men_means，标签为 'Women'。

6.1.3　饼图

饼图可以直观地显示某一类数据在全部样本数据中所占的百分比，从而分析出该类数据的重要程度、影响力等。matplotlib.pyplot 提供了绘制饼图的函数 pie()，其语法格式如下：

```
matplotlib.pyplot.pie(x, explode=None, labels=None, colors=None, autopct=None,
    shadow=False, startangle=0,…)
```

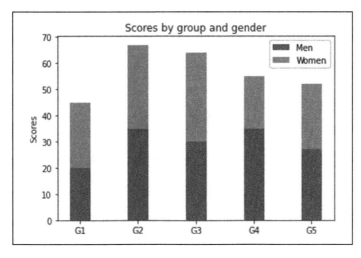

图 6-2　bar 函数绘制条形图的示例

主要参数说明如下：

❑ x 为要显示的数据。

❑ explode 序列设置饼图每一部分的偏离程度，默认值为 None，可为数组或列表。

❑ labels 序列设置饼图每部分的标签，默认值为 None。

❑ colors 序列设置饼图每部分的颜色，默认使用当前活动循环中的颜色。

❑ autopct 设置数据显示的格式，默认值为 None，可为字符串或可调用的函数。

❑ shadow 设置饼图下是否有阴影，布尔类型，默认值为 False。

❑ startangle 为起始角度，float 类型，默认值为 0。

下面通过代码清单 6-3 演示 pie() 函数的用法。

代码清单 6-3　pie() 函数的用法示例

```
1  import matplotlib.pyplot as plt
2  labels = '1 star', '2 stars', '3 stars', '4 stars', '5 stars'
3  sizes = [378, 198, 166, 239, 38]
4  explode = (0, 0, 0, 0, 0.1)
5  fig1, ax1 = plt.subplots()
6  ax1.pie(sizes, explode=explode, labels=labels, autopct='%1.1f%%',
   startangle=90)
7  ax1.axis('equal')
8  plt.show()
```

程序执行结束后，输出的图像如图 6-3 所示。

下面对代码清单 6-3 中的代码做简要说明。

❑ 第 2 行代码创建了一个标签元组，用于说明饼图每一部分的标签。

❑ 第 3 行代码创建了一个数据列表，用于存储饼图原始数据。

❑ 第 4 行代码创建了一个元组，用于设置饼图每一部分的偏移程度。

❑ 第 6 行代码通过调用 pie() 函数，利用上述参数绘制一个饼图，autopct='%1.1f%%' 指定数据标签显示为一位小数的百分数，startangle=90 设置起始角度为 90。

❑ 第 7 行代码通过调用 axis() 函数，设置 x 轴和 y 轴的单位长度相同，从而得到一个圆形的图。

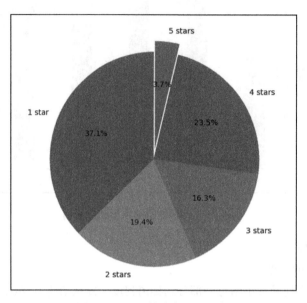

图 6-3　pie 函数绘制饼图示例

饼图默认从 x 轴正方向开始递时针进行绘制。

6.1.4　散点图

散点图是将样本数据以点的形式绘制在二维平面上，从而直观地显示判断变量之间的相互关系。Pyplot 提供的 scatter() 函数可以绘制散点图，常用的语法格式如下：

```
matplotlib.pyplot.scatter(x,y, s=None, c=None, marker=None, **kwargs,……)
```

主要参数说明如下：

❑ x 和 y 为数据的坐标，可为 float 类型或列表。

❑ s 设置散点的大小。

❑ c 设置散点的颜色，可为单个颜色或颜色列表。

❑ marker 为散点显示的图形，默认为 None，显示为圆点。

下面通过代码清单 6-4 演示 scatter() 函数的用法。

代码清单 6-4　scatter() 函数的用法示例

```
1  import numpy as np
2  import matplotlib.pyplot as plt
3  x = np.random.rand(50)
4  y = np.random.rand(50)
5  colors = y
6  size = (30*x)**2
```

```
7  plt.scatter(x, y, s=size, c=colors, alpha=0.5)
8  plt.show()
```

程序执行结束后，输出的图像如图 6-4 所示。

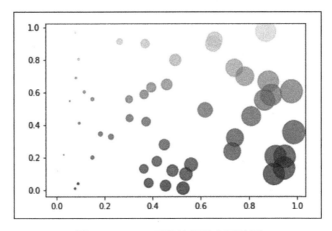

图 6-4　scatter 函数绘制散点图示例

下面对代码清单 6-4 中的代码做简要说明。

❑ 第 3～4 行代码分别通过 `np.random.rand` 函数创建了随机序列 x 和 y。

❑ 第 5 行代码设定 `colors` 变量值为 y。

❑ 第 6 行代码设定 `size` 变量值为 `(30*x)**2`。

❑ 第 7 行代码通过 `scatter()` 函数绘制 x 和 y 的散点图，通过 `size` 设定数据散点的大小，`colors` 设定数据散点的颜色，`alpha=0.5` 设置散点透明度为 50%。

6.1.5　直方图

直方图（Histogram）是一种由一系列高度不等的纵向矩形条或线段表示数据分布情况的统计报告图。Pyplot 提供的 hist() 函数提供了绘制直方图的功能，常用的语法格式如下：

```
matplotlib.pyplot.hist(x, bins=None, range=None, density=False, **kwargs,…)
```

参数说明如下：

❑ x 是输入数据，可以是单个数组或长度不同的序列。

❑ `bins` 为整数时，设置在 `range` 范围内等宽矩形条的数目；`bins` 为序列时，设置直方图矩形条的边界，包括第一个矩形条的左边界和最后一个矩形条的右边界；`bins` 为字符串时，采用 NumPy 支持的绘制策略。

❑ `range` 设置直方图矩形条的上下范围，忽略超出该范围的数据，默认为 (x.min(), x.max())。

❑ `density` 为布尔类型，用于指定是否绘制概率密度函数直方图（此时直方图面积和为 1），默认为 False。

❑ `**kwargs` 可以设置直方图的宽度、颜色、对齐方向等属性。

下面通过代码清单 6-5 演示 hist() 函数的用法。

代码清单 6-5   hist() 函数的用法示例

```
1  import numpy as np
2  import matplotlib.pyplot as plt
3  mu, sigma = 100, 15
4  x = mu + sigma * np.random.randn(10000)
5  n, bins, patches = plt.hist(x, 50, density=1, facecolor='g', alpha=0.75)
6  plt.xlabel('Smarts')
7  plt.ylabel('Probability')
8  plt.title('Histogram of IQ')
9  plt.text(60, .025, r'$\mu=100,\ \sigma=15$')
10 plt.axis([40, 160, 0, 0.03])
11 plt.grid(True)
12 plt.show()
```

程序执行结束后，输出的图像如图 6-5 所示。

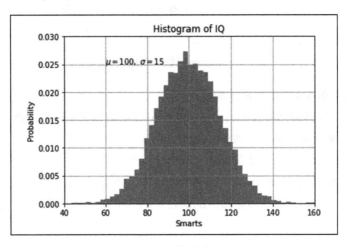

图 6-5　hist 函数绘制直方图示例

下面对代码清单 6-5 中的代码做简要说明。

❑ 第 3～4 行代码通过 np.random.randn 函数创建了一个随机序列 x。

❑ 第 5 行代码通过 hist() 函数绘制 x 的直方图，矩形条数目为 50，density=1 指定绘制概率密度函数直方图，facecolor='g' 设定矩形条颜色为绿色，alpha=0.75 设定矩形条的不透明度为 75%。

❑ 第 6～8 行代码分别设置直方图的 x 轴标签、y 轴标签和标题。

❑ 第 9 行代码通过 plt.text() 函数设置直方图的文本注解：$\mu=100$，$\sigma=15$。

❑ 第 10 行代码通过 plt.axis() 函数设置 x 坐标轴范围为 40～160，y 坐标轴范围为 0～0.03。

❑ 第 11 行代码通过 plt.grid() 函数设置图像显示网格。

6.2　Seaborn

Seaborn 是一种开源的数据可视化工具，它在 Matplotlib 的基础上进行了更高级的 API

封装，因此可以进行更复杂的图形设计和输出。Seaborn 是 Matplotlib 的重要补充，可以自主设置在 Matplotlib 中被默认的各种参数，而且它能高度兼容 NumPy 与 Pandas 数据结构以及 Scipy 与 statsmodels 等统计模式。Seaborn 已集成在 Anaconda 中，无须再次安装。

6.2.1 关系图

关系图能够直观地展示数据变量之间的关系以及这些关系如何依赖于其他变量，Seaborn 中常用的绘制数据关系图的函数是 relplot()，其语法格式如下：

```
seaborn.relplot(*[, x, y, hue, size, style, data, kind, …])
```

参数说明如下：

❑ data 是输入的数据集，数据类型可以是 pandas.DataFrame 对象、numpy.ndarray 数组、映射或序列类型等。

❑ x 和 y 是参数 data 中的键或向量，指定关系图中 *x* 轴和 *y* 轴的变量。

❑ hue 也是 data 中的键或向量，根据 hue 变量对数据进行分组，并在图中使用不同颜色的元素加以区分。

❑ size 也是 data 中的键或向量，根据 size 变量控制图中点的大小或线条的粗细。

❑ style 也是 data 中的键或向量，根据 style 变量对数据进行分组，并在图中使用不同类型的元素加以区分，比如点线、虚线等。

❑ kind 指定要绘制的关系图类型，可选 "scatter"（散点图）和 "line"（线形图），默认值为 "scatter"。

relplot 函数提供了几种可视化数据变量之间关系的方法，通过 kind 参数选择要使用的方法，并通过 hue、size 和 style 等参数来显示数据的不同子集。常见的关系图有两种，即散点图和线形图，因此 Seaborn 还提供了 scatterplot 和 lineplot 函数，它们的语法格式如下：

```
seaborn.scatterplot(*[, x, y, hue, style, size, …])
seaborn.lineplot((*[, x, y, hue, style, size, …]))
```

scatterplot 用于绘制散点图，相当于 seaborn.relplot(kind="scatter")；lineplot 用于绘制线形图，相当于 seaborn.relplot(kind="line")；其他参数及含义与 relplot 函数相同。当其中一个变量是连续变量时，更适合使用线形图表示变量之间的关系。

下面通过代码清单 6-6 演示如何用 Seaborn 绘制关系图。

代码清单 6-6　Seaborn 绘制关系图的示例

```
1   import matplotlib.pyplot as plt
2   import seaborn as sns
3   tips= sns.load_dataset("tips")
4   print(tips.head())
5   sns.relplot(x='total_bill', y='tip', data=tips, hue='smoker', style='sex', size='size')
6   plt.show()
```

程序执行结束后，输出的结果如下：

```
       total_bill    tip      sex    smoker    day     time    size
0           16.99   1.01   Female       No    Sun   Dinner       2
1           10.34   1.66     Male       No    Sun   Dinner       3
2           21.01   3.50     Male       No    Sun   Dinner       3
3           23.68   3.31     Male       No    Sun   Dinner       2
4           24.59   3.61   Female       No    Sun   Dinner       4
<seaborn.axisgrid.FacetGrid at 0x16dea2711f0>
```

程序绘制的关系图如图 6-6 所示。

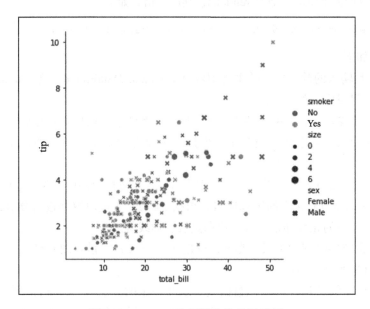

图 6-6   Seaborn 绘制散点关系图示例

下面对代码清单 6-6 中的代码做简要说明。

❑ 第 2 行代码导入 seaborn 模块并将其重命名为 sns。

❑ 第 3 行代码通过 sns.load_dataset() 函数连网加载 Seaborn 开发者提供的在
线样本数据集 "tips.csv"，返回值 tips 是一个 DataFrame 对象。

❑ 第 4 行代码打印 tips 数据的前 5 行，以观察数据结构。

❑ 第 5 行代码通过 sns.relplot() 函数绘制 total_bill 与 tip 变量的关系图，如
图 6-6 所示。*x* 坐标为 'total_bill' 变量，*y* 坐标为 'tip' 变量；hue='smoker'
指定以 'smoker' 变量对数据点进行分类并以不同颜色显示，不吸烟者对应的数
据点是蓝色的，吸烟者对应的数据点为橙色；style='sex' 指定以 'sex' 变量对数据点
进行分类并以不同样式显示，女性对应的数据点形状是圆点，而男性对应的数据点
形状则是 "×"；size='size' 指定以 'size' 变量对数据点进行分类并以不同
大小显示。从图 6-6 中可以进一步分析出不同分类中 total_bill 与 tip 的关系。

▌▌ 提示

sns.load_dataset() 函数是连网加载在线数据集，还可以在 https://github.com/mwaskom/
seaborn-data 网站中将数据集下载到本地使用。

6.2.2 分布图

分布图可以直观地显示一个或多个变量在某个维度上的分布情况。Seaborn 提供了几种常用的绘制分布图的函数，包括 displot()、histplot()、rdeplot()、rugplot()、distplot() 和 jointplot() 等。

1. displot() 函数

displot() 函数提供了几种可视化数据单变量或双变量分布的方法，语法格式如下：

```
seaborn.displot([data, x, y, hue, row, col, …])
```

主要参数说明如下：

- ❑ data 是输入的数据集，数据类型可以是 pandas.DataFrame 对象、numpy.ndarray 数组、映射或序列类型等。
- ❑ x 和 y 是参数 data 中的键或向量，指定分布图中 x 轴和 y 轴的变量。
- ❑ hue 是 data 中的键或向量，根据 hue 变量对数据进行分组，并在图中使用不同颜色的元素加以区分。
- ❑ row 和 col 是 data 中的键或向量，根据 row 或 col 变量提取数据子集，并将子集分布情况绘制在不同的面板上。
- ❑ kind 指定要绘制的分布图类型，可选 "hist"（直方图）、"kde"（核密度估计）、"ecdf"（经验累积分布函数），默认值为 "hist"。

displot 函数通过 kind 参数选择要使用的绘制数据分布情况的方法，并通过 hue、row、col 等参数来处理不同的数据子集。Seaborn 还提供了三个更具体的绘制分布图的函数 histplot()、kdeplot() 和 ecdfplot()，语法格式如下：

```
seaborn.histplot([data, x, y, hue, weights, stat, …])
seaborn.kdeplot([x, y, shade, vertical, kernel, bw, …])
seaborn.ecdfplot([data, x, y, hue, weights, stat, …])
```

- ❑ histplot() 函数主要用于绘制单变量单特征数据的直方图，相当于 seaborn.displot (kind= "hist")。
- ❑ kdeplot() 函数使用核密度估计绘制单变量或双变量分布，相当于 seaborn.displot (kind= "kde")。
- ❑ ecdfplot() 函数使用经验累积分布函数绘制单变量的分布，相当于 seaborn.displot (kind= "ecdf")。

2. rugplot() 函数

rugplot() 函数的功能是绘制轴须图（毛毯分布图），即通过边缘轴须线的方式显示单个观测点的位置，以补充其他分布图，其语法格式如下：

```
seaborn.rugplot([x, height=0.025, axis, ax, data, y, hue, …])
```

主要参数说明如下：

- ❑ x 和 y 分别是 x 轴和 y 轴的观测值向量。
- ❑ height 设置每个观测点对应的轴须细线的高度，默认值为 0.025。
- ❑ axis 指定轴须图绘制的坐标轴，默认为 x 轴。
- ❑ ax 指定将图像绘制在已有的 axes 对象中。

❑ hue 指定区分颜色的分类变量。

3. distplot() 函数

distplot() 函数整合了 Matplotlib 的 hist() 函数与 Seaborn 的 kdeplot() 函数的功能，并增加了 rugplot() 函数绘制轴须图的功能，因此它是一个功能非常强大且灵活实用的绘制分布图函数，其语法格式如下：

```
seaborn.distplot([a, bins, hist, kde, rug, fit, …])
```

主要参数说明如下：

❑ a 是待观察分析的单个变量，数据类型可以是 Series 对象、一维数组或列表。

❑ bins 指定直方图显示矩形条的数量，默认值为 None，此时会根据 Freedman-Diaconis 准则自动计算合适的条纹个数。

❑ hist 指定是否绘制直方图，布尔类型，默认值为 True。

❑ kde 指定是否绘制高斯核密度估计曲线，布尔类型，默认值为 True。

❑ rug 指定是否在支持的数据轴上绘制对应轴须图，布尔类型，默认值为 False。

❑ fit 传入 scipy.stats 中的分布类型，用于在观察变量上抽取相关统计特征来强行拟合指定的分布，并绘制估计的概率密度函数（PDF），默认值为 None，即不进行拟合。

下面通过代码清单 6-7 演示如何通过 Seaborn 绘制分布图。

代码清单 6-7　Seaborn 绘制分布图的示例

```
1    import seaborn as sns
2    import matplotlib.pyplot as plt
3    tips= sns.load_dataset("tips")
4    sns.set_theme(style="whitegrid")
5    sns.displot(data=tips, x="total_bill", col="time", row="sex", binwidth=3,
         height=3, facet_kws= dict(margin_titles=True))
6    plt.subplots()
7    sns.distplot(a=tips['total_bill'], rug=True, hist=False)
8    plt.show()
```

程序执行结束后，输出的图像如图 6-7 和图 6-8 所示。

下面对代码清单 6-7 中的代码做简要说明。

❑ 第 4 行代码通过 sns.set_theme() 函数设置主题样式为 whitegrid，即白色背景和网格线。

❑ 第 5 行代码通过 sns.displot() 函数绘制 total_bills 变量的分布图，默认绘图样式为直方图。col="time" 指定以 time 变量对数据分组并绘制在不同列，如图 6-7 所示，time 为 Dinner 的数据分布绘制在第一列，而 time 为 Lunch 的数据分布绘制在第二列；row="sex" 指定以 sex 变量对数据再次分组并绘制不同行，如图 6-7 所示，sex 为 Female 的数据分布绘制在第一行，而 sex 为 Male 的数据分布绘制在第二行。binwidth=3 指定直方图矩形条的宽度为 3；height=3 指定每个子图面板的高度为 3；facet_kws = dict(margin_titles=True) 设置每行对应 row 变量标签绘制在最后一列的右侧。

- ❑ 第6行代码通过 `plt.subplots()` 函数新建一个 Figure 对象，用于绘制第二个图像。
- ❑ 第7行代码通过 `sns.distplot()` 函数绘制 `total_bill` 变量的高斯核密度估计曲线，`rug=True` 表示要绘制对应的轴须图，`hist=False` 表示不绘制直方图，`kde` 默认值为 `True`，即绘制高斯核密度估计曲线，如图 6-8 所示。

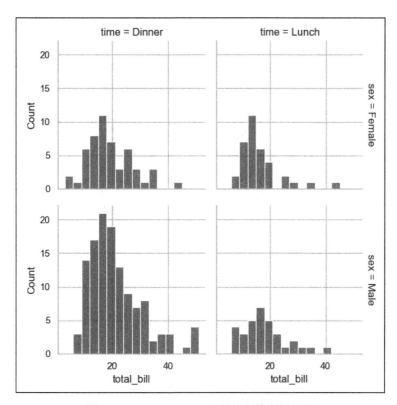

图 6-7　seaborn.displot 函数绘制分布图示例

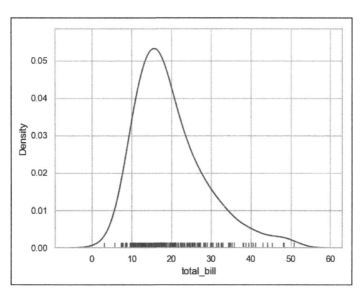

图 6-8　seaborn.distplot 函数绘制高斯核密度估计曲线示例

4. jointplot 函数

seaborn.jointplot() 函数提供了几种绘制两个变量的联合分布图的方法，其语法格式如下：

```
seaborn.jointplot(*[, x, y, data, kind, color, …])
```

主要参数说明如下：

❏ data 是输入的数据集，数据类型可以是 pandas.DataFrame 对象、numpy.ndarray 数组、映射或序列类型等。

❏ x 和 y 是参数 data 中的键或向量，指定分布图中 x 轴和 y 轴的变量。联合分布图是双向绘制的，即两个变量分别以对方作为自变量绘制分布图。

❏ kind 指定绘制主分布图的类型，可选择值为 "scatter"（散点图）、"kde"（核密度估计曲线）、"hist"（直方图）、"hex"（六边形图）、"reg"（回归图）或 "resid"（线性回归残差图），默认值为 "scatter"。

❏ color 指定图像中元素的颜色。

下面通过代码清单 6-8 演示如何通过 jointplot 函数绘制分布图。

代码清单 6-8　jointplot 函数绘制分布图的示例

```
1    import seaborn as sns
2    import matplotlib.pyplot as plt
3    tips = sns.load_dataset("tips")
4    sns.set(style="white")  #设置风格样式
5    sns.jointplot(x="total_bill", y="tip", data=tips)
6    plt.show()
```

程序执行结束后，输出的图像如图 6-9 所示。

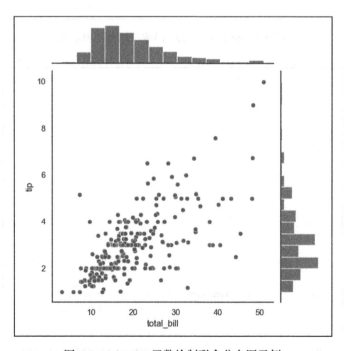

图 6-9　jointplot 函数绘制联合分布图示例

下面对代码清单 6-8 中的代码做简要说明。

❑ 第 4 行代码通过 sns.set() 函数设置主题样式为 white，即白色背景无网格。

❑ 第 5 行代码通过 sns.jointplot() 函数绘制 total_bill 和 tip 变量的联合分布图，如图 6-9 所示。中间的主分布图默认为散点图，显示 total_bill 和 tip 变量之间的关系。主图上方对应绘制 x 轴变量 total_bill 的直方图，主图右侧则对应绘制 y 轴变量 tip 的直方图。

6.2.3 分类图

分类图展示数据根据特定变量进行分类后的统计情况。常用的分类图包括分类散点图、箱形图、条形图等。Seaborn 的 catplot() 函数提供了几种不同的分类可视化方法，以便显示数值变量与一个或多个分类变量之间的关系，常用语法格式如下：

```
seaborn.catplot(*[, x, y, hue, data, row, col,kind, …])
```

参数说明如下：

❑ data 是输入的数据集，数据类型只能是长格式的 pandas.DataFrame 对象，即每一列对应一个变量，每一行对应一个观察值。

❑ x 和 y 是 data 数据集中的变量名，指定分类图中 x 轴和 y 轴的变量。

❑ hue 也是 data 数据集中的变量名，根据 hue 变量对数据进行分组，并在图中使用不同颜色的元素加以区分。

❑ row 和 col 也是 data 数据集中的变量名，作为分类变量提取数据子集，并将子集分布情况绘制在不同的面板上。

❑ kind 指定要绘制的分类图类型，可选类型有 "strip"（带状图）、"swarm"（分簇散点图）、"box"（箱形图）、"violin"（小提琴图）、"boxen"（增强箱形图）、"point"（点估计）、"bar"（条形图）或 "count"（计数条形图），默认值为 "strip"。

catplot() 函数通过 kind 参数选择要使用的绘制数据分类的方法，并通过 hue、row、col 等参数来处理不同的数据子集。Seaborn 还提供了三类更具体的绘制分类图的函数，包括分类散点图、分类分布图和分类预测图。

1. 分类散点图函数

分类散点图函数包括 stripplot() 和 swarmplot()，常用的语法格式如下：

```
seaborn.stripplot(*[, x, y, hue, data, order, …])
seaborn.swarmplot(*[, x, y, hue, data, order, …])
```

❑ stripplot() 相当于 seaborn.catplot(kind= "strip")，可以显示测量变量在每个类别的分布情况，绘制的散点呈带状，数据较多时会有重叠的部分。

❑ swarmplot() 相当于 seaborn.catplot(kind= "swarm")，它与 stripplot() 类似，但绘制的数据点不会重叠。

2. 分类分布图函数

分类分布图函数包括 boxplot()、violinplot() 和 boxenplot()，常用的语法格式如下：

```
seaborn.boxplot(*[, x, y, hue, data, order, …])
seaborn.violinplot(*[, x, y, hue, data, order, …])
seaborn.boxenplot(*[, x, y, hue, data, order, …])
```

❑ boxplot() 相当于 seaborn.catplot(kind= "box")，用于绘制箱形图以显示
与类别相关的分布情况，可以显示四分位数、中位数和极值。

❑ violinplot() 相当于 seaborn.catplot(kind= " violin ")，结合了箱形图和
核密度估计图。

❑ boxenplot() 相当于 seaborn.catplot(kind= "boxen")，用于为更大的数据
集绘制增强箱形图。

3. 分类预测图函数

分类预测图函数包括 pointplot()、barplot() 和 countplot()，常用的语法格式如下：

```
seaborn.pointplot(*[, x, y, hue, data, order, …])
seaborn.barplot(*[, x, y, hue, data, order, …])
seaborn.countplot(*[, x, y, hue, data, order, …])
```

❑ pointplot() 相当于 seaborn.catplot(kind= "point")，使用散点图符号显示
点估计和置信区间。

❑ barplot() 相当于 seaborn.catplot(kind= "bar")，使用条形图显示点估计和
置信区间。

❑ countplot() 相当于 seaborn.catplot(kind= "count")，使用条形图显示每
个分类中的观察值计数。

下面通过代码清单 6-9 演示如何通过 Seaborn 绘制分类图。

代码清单 6-9   Seaborn 绘制分类图的示例

```
1   import seaborn as sns
2   import pandas as pd
3   import matplotlib.pyplot as plt
4   tips = sns.load_dataset("tips")
5   sns.set_theme(style="whitegrid")
6   f = sns.catplot(data=tips, kind="bar",x="day", y="total_bill", hue="smoker")
7   f.despine(left=True)
8   f.set_axis_labels("day", "total_bill")
9   f.legend.set_title("smoker")
10  plt.subplots()
11  sns.boxplot(x="day", y="total_bill", data=tips)
12  plt.show()
```

程序执行结束后，输出的图像如图 6-10 和图 6-11 所示。

下面对代码清单 6-9 中的代码做简要说明。

❑ 第 6 行代码通过 sns.catplot() 函数针对数据集 tips 绘制分布图，kind="bar"
指定绘制条形图；x="day" 指定 x 坐标为 day 变量，即根据 day 变量对数据集进行
分类；y="total_bill" 指定 y 坐标为 total_bill 变量，即显示 total_bill
变量的统计情况；hue="smoker" 指定以 smoker 变量对数据点进行分类并以不同

颜色显示，如图 6-10 所示，smoker 值为 No 的对应数据条是蓝色的，smoker 值为 Yes 的对应数据条是棕色的。返回值 f 是 FacetGrid 对象。

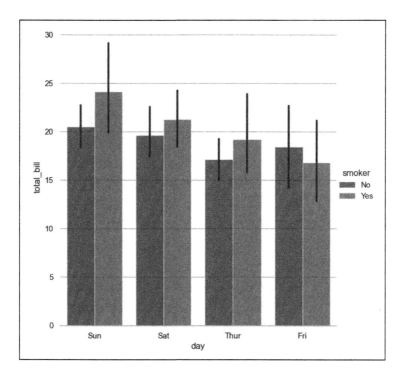

图 6-10　seaborn.catplot() 函数绘制分类图示例

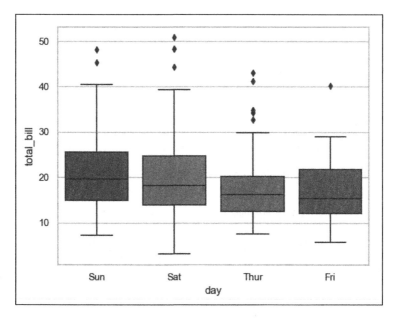

图 6-11　seaborn.boxplot() 函数绘制箱形图示例

❑ 第 7 行代码通过 f.despine(left=True) 设置移除 f 左侧的 y 轴轴线。

- ❑ 第 8~9 行代码分别设置 x 轴标签为 `day`，y 轴标签为 `total_bill`，图例标题为 `smoker`。
- ❑ 第 10 行代码通过 `plt.subplots()` 函数新建一个 Figure 对象。
- ❑ 第 11 行代码通过 `sns.boxplot()` 函数绘制箱形图，同样指定 x 坐标为 `day` 变量，指定 y 坐标为 `total_bill` 变量，结果如图 6-11 所示。

6.2.4 回归图

回归图是使用统计模型估计两个变量间的关系。Seaborn 提供了常用的绘制回归图的函数 regplot() 和 lmplot()。regplot() 函数的功能是绘制数据和线性回归模型拟合的曲线，常用的语法格式如下：

```
seaborn.regplot(*[, x, y, data, x_estimator, …])
```

主要参数说明如下：

- ❑ `data` 是输入的数据集，数据类型是 DataFrame 对象，即每一列对应一个变量，每一行对应一个观察值。
- ❑ `x` 和 `y` 是输入变量，数据类型可以是字符串、Series 对象或者向量数组等。如果是字符串，则与 data 中的列名相对应。如果是 Pandas 对象，则坐标轴被标记为 Series 名称。

lmplot() 函数结合了 regplot() 和 FacetGrid 的功能，为绘制数据集的条件子集的回归模型提供接口，语法格式如下：

```
seaborn.lmplot(*[, x, y, data, hue, col, row, …])
```

主要参数说明如下：

- ❑ `data` 是输入的数据集，数据类型是 DataFrame 对象，即每一列对应一个变量，每一行对应一个观察值。
- ❑ `x` 和 `y` 是输入变量，数据类型是字符串，与 data 中的列名相对应。
- ❑ `hue`、`col` 和 `row` 是划分数据子集的变量，这些子集将绘制在网格中的不同面板上。

regplot() 和 lmplot() 函数密切相关，两者主要的区别是：regplot 接受各种类型的 x 和 y 参数，包括 numpy arrays、pandas.series 或者 pandas.Dataframe 对象；而 lmplot() 的 x 和 y 参数只接受字符串类型。

下面通过代码清单 6-10 演示如何通过 Seaborn 绘制回归图。

代码清单 6-10 Seaborn 绘制回归图的示例

```
1  import seaborn as sns
2  import matplotlib.pyplot as plt
3  tips = sns.load_dataset("tips")
4  sns.regplot(x="total_bill", y="tip", data=tips)
5  sns.lmplot(x="total_bill", y="tip", hue="smoker",col='sex', data=tips)
6  plt.show()
```

程序执行结束后，输出的图像如图 6-12 和图 6-13 所示。

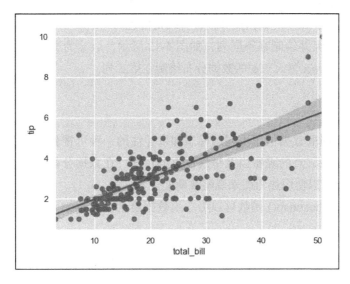

图 6-12　seaborn.regplot() 函数绘制回归图示例

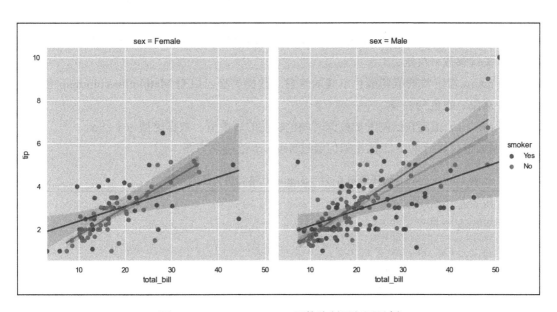

图 6-13　seaborn.lmplot() 函数绘制回归图示例

下面对代码清单 6-10 中的代码做简要说明。

❑ 第 4 行代码通过 `sns.regplot()` 函数绘制回归图，指定 x 坐标为 `total_bill` 变量，指定 y 坐标为 `tip` 变量，其他设置采用默认值，结果如图 6-12 所示，绘制出了 `total_bill` 和 `tip` 变量之间的线性拟合曲线，同时实际数据以散点的形式显示。

❑ 第 5 行代码通过 `sns.lmplot()` 函数在一个 Facegrid 对象中绘制 `total_bill`

和 tip 的回归曲线；hue="smoker" 指定以 smoker 变量对数据点进行分类并以不同的颜色显示，如图 6-13 所示，smoker 值为 No 的数据点和拟合直线是蓝色的，smoker 值为 Yes 的数据点和拟合直线是橙色的；col='sex' 指定以 sex 变量对数据再次分组并绘制在不同列，如图 6-13 所示，sex 为 Female 的数据分布绘制在第一列，sex 为 Male 的数据分布绘制在第二列。

6.2.5　热力图

热力图是将不同的数据值用不同的标志加以标注的一种可视化分析手段，标注的手段一般包括颜色的深浅、点的疏密以及呈现比重的形式。在数据分析中，如果离散数据波动变化比较大，那么可以使用热力图来观察波动变化。

Seaborn 提供的 heatmap() 函数可以为二维数据绘制由颜色编码矩阵组成的热力图，语法格式如下：

```
seaborn.heatmap(data, *[, vmin, vmax, cmap, center, …])
```

主要参数说明如下：
- data 是输入的二维矩形数据集，数据类型可以是 DataFrame 对象或二维 ndarray 数组等。
- vmin 和 vmax 指定 colormap 的值，数据类型为 float，默认值根据数据或其他关键参数来决定。
- cmap 指定数据值到颜色空间的映射，数据类型可以是 Matplotlib colormap 名称或对象、颜色列表等。
- center 指定在绘制发散数据时颜色映射的居中值，数据类型为 float。

下面通过代码清单 6-11 演示如何通过 Seaborn 绘制热力图。

代码清单 6-11　Seaborn 绘制热力图的示例

```
1  import numpy as np
2  import seaborn as sns
3  import matplotlib.pyplot as plt
4  np.random.seed(0)
5  uniform_data = np.random.rand(10, 12)
6  sns.heatmap(uniform_data)
7  plt.show()
```

程序执行结束后，输出的图像如图 6-14 所示。

下面对代码清单 6-11 中的代码做简要说明。
- 第 4~5 行代码通过 numpy.random.rand 函数随机生成了 10×12 的二维数组 uniform_data。
- 第 6 行代码通过 sns.heatmap() 函数以热力图的形式展示 uniform_data 的数值变化。

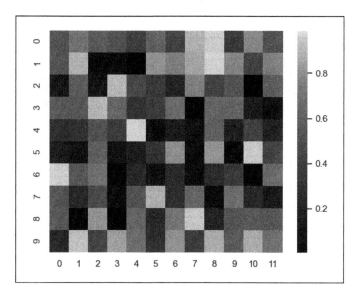

图 6-14　seaborn.heatmap() 函数绘制热力图示例

6.3　Pyecharts

Echarts 是一款使用 JavaScript 实现的开源数据可视化库，可以为用户提供直观、交互丰富、可高度个性化定制的数据图表，目前常用于网页数据可视化。Pyecharts 是一款将 Echarts 与 Python 结合的数据可视化工具，它可以直接生成 Echarts 图表。

可以使用 PIP 工具安装 Pyecharts 库，具体操作为：在命令提示符中运行 `pip install pyecharts` 指令，等待安装成功即可。

6.3.1　Pyecharts 图表类

Pyecharts 支持常规的折线图、柱状图、散点图、饼图、K 线图，以及用于统计的箱线图，用于地理数据可视化的地图、热力图、线图，用于关系数据可视化的关系图、树型图、旭日图，用于多维数据可视化的平行坐标，以及用于商业智能（BI）的漏斗图、仪表盘等，并且支持图与图之间的混搭。Pyecharts 为上述可视化图表定义了对应的图表类，部分图表类如表 6-2 所示。

表 6-2　Pyecharts 支持的部分图表类

类　　名	描　　述
Line	折线图、堆积折线图、区域图、堆积区域图
Bar	柱形图（纵向）、堆积柱形图、条形图（横向）、堆积条形图
Scatter	散点图、气泡图。散点图至少需要横纵两个维度的数据，加入更多维度数据时可以映射为颜色或大小，当映射到大小时则为气泡图
Kline	k 线图、蜡烛图，常用于展现股票交易数据
Pie	饼图、圆环图。饼图支持两种（半径、面积）南丁格尔玫瑰图模式
Boxplot	箱形图。用于展示数据分布的特征，提供有关数据位置和分散情况的关键信息

（续）

类　名	描　述
Radar	雷达图、填充雷达图。展现高维度数据的常用图表
Map	地图。内置世界地图、中国地图、中国各省市自治区地图数据，可通过标准 GeoJson 扩展地图类型。支持 svg 扩展类地图应用，如室内地图、运动场、物件构造等
HeatMap	热力图。用于展现密度分布信息，支持与地图、百度地图插件等联合使用
Gauge	仪表盘。用于展现关键指标数据，常见于商业智能系统
Funnel	漏斗图。用于展现数据经过筛选、过滤等流程处理后发生的变化，常用于 BI 类系统
Treemap	矩形式树状结构图，简称矩形树图。用于展示树形数据结构，能最大限度地展示节点的尺寸特征
Tree	树图。用于展示树形数据结构各节点的层级关系
Sunburst	旭日图。既能像饼图一样表现局部和整体的占比，又能像矩形树图一样表现层级关系
WordCloud	词云图。词云是关键词的视觉化描述，用于汇总用户生成的标签或一个网站的文字内容

6.3.2　Pyecharts 图表配置

Pyecharts 图表的设置包括全局配置项和系列配置项。全局配置项包括标题配置项、图例配置项、工具箱配置项、区域缩放配置项、提示框配置项和视觉映射配置项等，如图 6-15 所示。系列配置项用于设置图表中的文本、线样式、标记等元素，包括图元样式配置项、文字样式配置项、标签配置项、线样式配置项等。

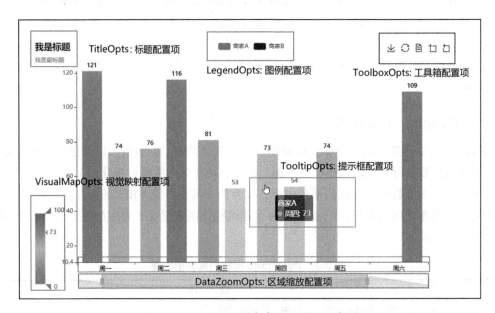

图 6-15　Pyecharts 图表全局配置项示意图

Pyecharts 中常用的基础图表类是 Chart 类的派生类，Chart 类又是 Base 类的派生类，因此基础图表类的构造方法类似。下面以 Pie 类为例，说明创建一个基础图表对象的语法格式：

```
p = pyecharts.Pie(init_opts)
```

其中，参数 init_opts 是全局初始化配置项，数据类型为 pyecharts.options.InitOpts 对象，常用属性包括 width（图表画布宽度）、height（图表画布高度）、chart_id（图表 ID，是多图表场景下进行区分的唯一标识）、page_title（网页标题）、theme（图表主题）、bg_color（图表背景颜色）等。init_opts 可以通过 opts.InitOpts 对象或字典进行参数传递。返回值 p 为一个 Pie 类对象。

全局配置项还可以通过调用图表类的 set_global_opts() 方法设置，语法格式为：

```
p.set_global_opts(title_opt, legend_opts, tooltip_opts, toolbox_opts, visualmap_
    opts, datazoom_opts,…)
```

其中的参数可以通过创建 pyecharts.options 各派生类对象来传递实参，主要参数说明如下：

- ❑ title_opts 是标题配置项。
- ❑ legend_opts 是图例配置项。
- ❑ tooltip_opts 是提示框配置项。
- ❑ toolbox_opts 是工具箱配置项。
- ❑ visualmap_opts 是视觉映射配置项。
- ❑ datazoom_opts 是区域缩放配置项。

系列配置项可以通过调用图表类的 set_series_opts() 方法来设置，语法格式如下：

```
p.set_series_opts(label_opts, linestyle_opts, areastyle_opts, markpoint_opts,
    markline_opts, itemstyle_opts, …)
```

这些参数也可以通过创建 pyecharts.options 各派生类对象来传递实参，主要参数说明如下：

- ❑ label_opts 是标签配置项。
- ❑ linestyle_opts 是线样式配置项。
- ❑ areastyle_opts 是区域样式配置项。
- ❑ markpoint_opts 是标记点配置项。
- ❑ markline_opts 是标记线配置项。
- ❑ itemstyle_opts 是图元样式配置项。

除此之外，还可以调用图表类的 add 方法添加图表数据并设置各种配置项，不同图表类的 add 方法的参数列表不同。在 Pie 类中，add 方法的语法格式如下：

```
p.add(series_name, data_pair, color, radius, center, rosetype…)
```

主要参数说明如下：

- ❑ series_name 指定系列名称，用于 tooltip 显示和 legend 图例筛选。
- ❑ data_pair 是增加的数据项，格式为 [(key1, value1), (key2, value2)]。
- ❑ color 指定 label 颜色。
- ❑ radius 指定饼图的半径，默认值为相对于容器的百分比 [0,75]，第一项是内半径，第二项是外半径。
- ❑ center 指定饼图的中心坐标，默认值为相对于容器的百分比 [50,50]，第一项是横坐标，第二项是纵坐标。

❑ rosetype 指定是否以南丁格尔图（玫瑰图）显示，通过半径区分数据大小，有 radius 和 area 两种模式。

最后，调用 render 方法渲染生成图表到 HTML 文件，语法格式如下：

```
p.render(path, template_name, env)
```

其中，参数 path 为生成图片路径字符串；template_name 为模板路径字符串；env 为 jinja2.Environment 类实例，可以配置各类环境参数。

下面通过代码清单 6-12 演示如何通过 Pyecharts 绘制饼图。

代码清单 6-12　Pyecharts 绘制饼图的示例

```
1  from pyecharts import options as opts
2  from pyecharts.charts import Pie
3  labels = ["直接访问", "邮件营销", "联盟广告", "视频广告", "搜索引擎"]
4  data = [335, 310, 274, 235, 400]
5  p = (Pie()
6      .add("", [list(z) for z in zip(labels, data)], radius=["30%","75%"],
            rosetype="radius")
7      .set_global_opts(title_opts=opts.TitleOpts(title="Pie-玫瑰图示例"))
8      .set_series_opts(label_opts=opts.LabelOpts(formatter="{b}: {d}%"))
9      )
10 p.render("pie_rosetype.html")
```

程序运行后会在代码所在文件目录下生成一个 pie_rosetype.html 文件，用浏览器打开后会显示如图 6-16 所示的图像。

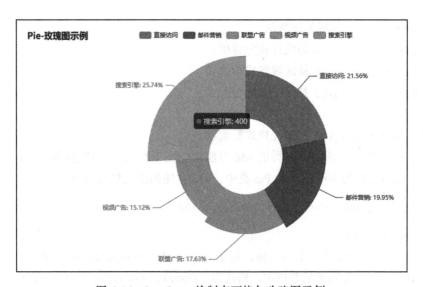

图 6-16　Pyecharts 绘制南丁格尔玫瑰图示例

下面对代码清单 6-12 中的代码做简要说明。

❑ 第 1 行代码从 pyecharts 中引入 options 模块并将其重命名为 opts。

❑ 第 2 行代码从 pyecharts.charts 中引入 Pie 模块。

❑ 第 3～4 行代码分别定义要绘制图形的标签 labels 和数据 data。

❑ 第 5～9 行代码通过链式调用的方法生成一个 Pie 对象 p，即绘制一个饼图。

❑ 第 6 行代码通过调用 add() 方法，系列名称设为空；数据项为 labels 和 data 组成的序列 [list(z) for z in zip(labels, data)]；radius=["30%","75%"] 指定饼图内半径为 30%、外半径为 75%；rosetype="radius" 指定以 radius 形式绘制玫瑰图，即以不同的玫瑰图圆心角显示数据之间的百分比，以玫瑰图半径显示数据的数值大小。

❑ 第 7 行代码通过调用 set_global_opts() 方法设置全局配置项，title_opts=opts. TitleOpts(title="Pie-玫瑰图示例") 设置标题配置项中的标题为"Pie-玫瑰图示例"。

❑ 第 8 行代码通过调用 set_series_opts() 方法设置系列配置项，label_opts=opts.LabelOpts (formatter="{b}: {d}%") 设置标签配置项中的格式。

❑ 第 10 行代码通过调用 render() 方法生成绘制的玫瑰图的 html 文件 pie_rosetype. html，并将其保存在默认路径下。

6.4　应用实例

为了使读者更好地掌握数据可视化工具库在实际中的应用方法，本节将以某平台的二手房房价公开数据集为例，通过代码清单 6-13 详细介绍实现数据可视化的过程。

代码清单 6-13　二手房房价数据可视化示例

```
1   import pandas as pd
2   import numpy as np
3   import seaborn as sns
4   import matplotlib.pyplot as plt
5   import pyecharts.options as opts
6   from pyecharts.charts import Line
7   import warnings
8   warnings.filterwarnings('ignore')
9   df = pd.read_csv('./houseprice.csv',encoding='gbk')
10  print(df.info())
11  #数据清洗
12  del df['DOM']
13  df=df.dropna()
14  d=[0,1,'未知'] #处理constructionTime列的异常数据
15  df=df.loc[(~df['constructionTime'].isin(d))]
16  #the distribution of price & square
17  plt.figure(figsize=[15,8])
18  plt.subplot(121)
19  plt.hist(x=df['price'])
20  range1 = [10000,20000,30000,40000,50000,60000,70000,80000,100000,120000, 140000]
21  plt.xticks([i for i in range1],rotation=45)
22  plt.xlabel('Price')
23  plt.ylabel('Density')
```

```
24 plt.title('The Histogram of Price')
25 plt.grid(True)
26 plt.subplot(122)
27 sns.distplot(a=df['square'])
28 range2 = [50,70,90,110,130,150,200,400]
29 plt.xticks([i for i in range2],rotation=60)
30 plt.grid(True)
31 #price VS. district
32 f1,ax1 = plt.subplots(1, 2,figsize=(12,5))
33 sns.barplot(x='district', y='price', data=df,ax=ax1[0])
34 data=df.loc[df['price']>70000]
35 sns.countplot(data['district'], data=data,ax=ax1[1])
36 ax1[1].set_title('price>70000')
37 #price VS. renovationCondition&buildingType&elevator
38 f2,ax2 = plt.subplots(2,1,figsize=(10,20))
39 sns.violinplot(x='renovationCondition', y='price', data=df,ax=ax2[0])
40 sns.boxplot(x='buildingType', y='price',hue='elevator', data=df,ax=ax2[1])
41 #price VS. constructionTime
42 data=df[['district','constructionTime','price']]
43 dataTime=pd.DataFrame(data.groupby(['constructionTime'])['price'].mean()).reset_index()
44 l=( Line()
45    .add_xaxis(list(dataTime['constructionTime']))
46    .add_yaxis('房价',list(dataTime['price']),
47              label_opts=opts.LabelOpts(is_show=False),
48              linestyle_opts=opts.LineStyleOpts(width=2),
49              is_smooth=True)
50    .set_global_opts(title_opts=opts.TitleOpts(title="房屋建筑时间与房价的关系图"))
51    .render("line.html"))
52 plt.show()
```

程序执行结束后，输出如图 6-17～图 6-20 所示，打印的输出结果如下：

```
<class 'pandas.core.frame.DataFrame'>
RangeIndex: 318851 entries, 0 to 318850
Data columns (total 26 columns):
 #   Column              Non-Null Count    Dtype
---  ------              --------------    -----
 0   url                 318851 non-null   object
 1   id                  318851 non-null   object
 2   Lng                 318851 non-null   float64
 3   Lat                 318851 non-null   float64
 4   Cid                 318851 non-null   int64
 5   tradeTime           318851 non-null   object
 6   DOM                 160874 non-null   float64
 7   followers           318851 non-null   int64
 8   totalPrice          318851 non-null   float64
 9   price               318851 non-null   int64
 10  square              318851 non-null   float64
 11  livingRoom          318851 non-null   object
 12  drawingRoom         318851 non-null   object
 13  kitchen             318851 non-null   int64
 14  bathRoom            318851 non-null   object
 15  floor               318851 non-null   object
 16  buildingType        316830 non-null   float64
 17  constructionTime    318851 non-null   object
```

```
18   renovationCondition   318851 non-null   int64
19   buildingStructure     318851 non-null   int64
20   ladderRatio           318851 non-null   float64
21   elevator              318819 non-null   float64
22   fiveYearsProperty     318819 non-null   float64
23   subway                318819 non-null   float64
24   district              318851 non-null   int64
25   communityAverage      318388 non-null   float64
dtypes: float64(11), int64(7), object(8)
memory usage: 63.2+ MB
None
```

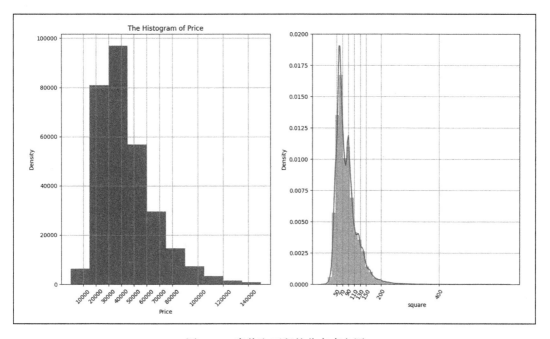

图 6-17　房价和面积的分布直方图

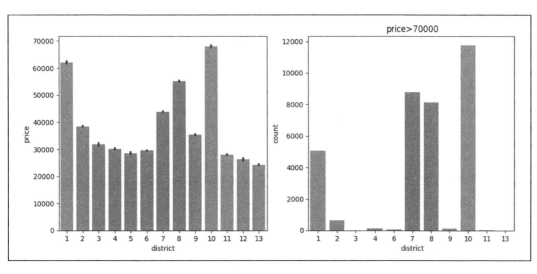

图 6-18　不同区域的房价情况条形图

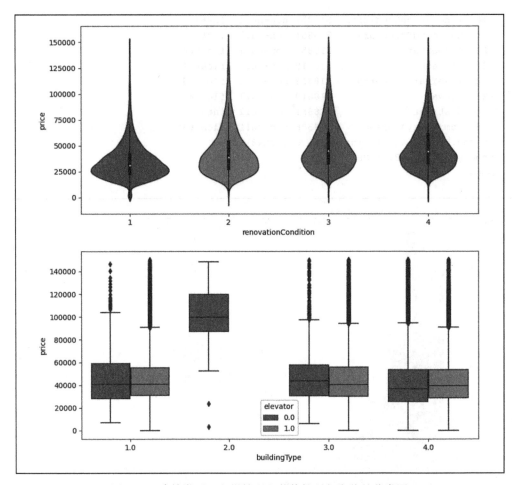

图 6-19　建筑类型、电梯情况和装修情况与房价的分类图

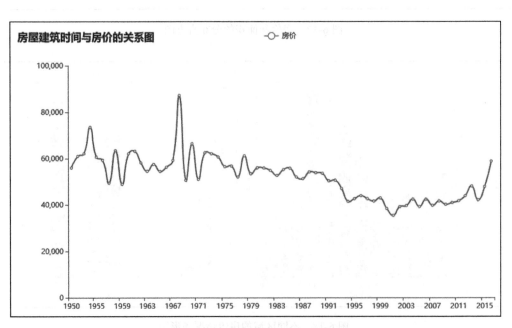

图 6-20　房屋建筑时间与房价的关系图

下面对代码清单 6-13 中的代码做简要说明。

☐ 第 8 行代码设置在程序运行过程中忽略警告信息。

☐ 第 9 行代码通过 pd.read_csv() 读取 houseprice.csv 文件中的数据并将其保存在 df 中。

☐ 第 10 行代码通过 df.info() 打印 df 的简要信息。从输出结果中可以分析得到，原数据为 318 851 行 26 列的数据，结果还显示了每一列的标签名、非空的数据个数、数据类型等。本例中用到的列标签所代表的含义如下。

   ○ price：每平方米均价。

   ○ square：房屋面积。

   ○ buildingType：建筑类型，1 表示塔楼，2 表示平房或别墅，3 表示板式和塔式的混合结构，4 表示板式结构。

   ○ constructionTime：房屋建造时间。

   ○ renovationCondition：装修条件，1 表示其他，2 表示粗装，3 表示简装，4 表示精装。

   ○ elevator：是否有电梯，1 表示有电梯，0 表示没有电梯。

   ○ district：房屋所在区域，数字 1～13 表示 13 个区。

☐ 了解数据结构之后要进行数据清洗工作。第 12 行代码通过 del 方法将 df 的 DOM 列删除，是由于 DOM 列中有将近一半的缺失值，而该列对数据分析的作用很小，故可以整列删除。

☐ 从 df 的简要信息中分析出其他列的缺失值不多，因此第 13 行代码通过 pd.dropna() 删除其他存在缺失值的行。

☐ 除此之外，要分析的 constructionTime 列还存在一些不是年份的异常值，如 0、1、'未知'等。为了不影响后续分析结果，第 14～15 行代码对 df 进行切片，删除了这些异常值所在的行。

☐ 数据清洗完成后，第 17～25 行代码绘制了 price 变量的直方图，输出如图 6-17 中左侧子图所示。第 17 行代码创建了一个 Figure 对象，并设置图像大小为 [15,8]。第 18 行代码创建了 1 行 2 列的第 1 个子图。第 19 行代码通过 plt.hist() 函数绘制 price 变量的直方图。第 20～22 代码通过 plt.xticks() 函数设置 x 坐标轴的刻度取值为 range1，rotation=45 设置刻度标签逆时针旋转 45°。第 23～24 行代码依次设置了 x 轴标签为 Price，y 轴标签为 Density，图表标题为 The Histogram of Price。第 25 行代码通过 plt.grid(True) 在图表中显示网格。

☐ 第 26～30 行代码绘制了 square 变量的直方图，输出如图 6-17 中右侧子图所示。第 26 行代码创建了 1 行 2 列的第 2 个子图。第 27 行代码通过 sns.distplot() 绘制 square 变量的直方图。第 28～29 行代码通过 plt.xticks() 函数设置 x 坐标轴的刻度取值为 range2，刻度标签逆时针旋转 60°。

☐ 第 32～33 行代码绘制了 price 变量在不同区域的分布条形图，输出如图 6-18 中左侧子图所示。第 32 行代码创建了 1 行 2 列的 Figure 对象 f1，对应数据轴序列为 ax1，并设置图像大小为 [12,5]。第 33 行代码通过 sns.barplot() 绘制条形

图，其中 *x* 轴为 district 变量，*y* 轴为 price 变量，数据集为 df，ax=ax1[0]
指定绘制在 f1 的第一个坐标轴。从该图中可以直观地看出不同区域平均房价的高低
情况。

- □ 第 34～36 行代码绘制了房价大于 70000 的房屋在不同区域的数量统计条形图，
  输出如图 6-18 中右侧子图所示。第 34 行代码对 df 进行了切片，提取了满足
  df['price']>70000 的数据。第 35 行代码通过 sns.countplot() 绘制计数
  条形图，*x* 轴为 district 变量，数据集为切片后的 data，ax=ax1[1] 指定绘
  制在 f1 的第二个坐标轴。第 36 行代码设定该图的标题为 'price>70000'。从
  该图中可以直观地看出高价房主要分布的区域。

- □ 第 38～39 行代码绘制了 price 变量在不同装修条件下的琴形图，输出如图 6-19 上
  方子图所示。第 38 行代码创建了 2 行 1 列的 Figure 对象 f2，对应数据轴序列为
  ax2，并设置图像大小为 [10,20]。第 39 行代码通过 sns.violinplot() 绘制
  琴形图，其中 *x* 轴为 renovationCondition 变量，*y* 轴为 price 变量，数据集
  为 df，ax=ax2[0] 指定绘制在 f2 的第一个坐标轴。从该图中可以直观地看出不
  同装修条件的房屋的价格高低情况以及核密度估计曲线。

- □ 第 40 行代码通过 sns.boxplot() 绘制了 price 变量在不同建筑结构和有无电
  梯的条件下的箱形图，输出如图 6-19 下方子图所示。*x* 轴为 buildingType 变量，
  y 轴为 price 变量，数据集为 df，ax=ax2[1] 指定绘制在 f2 的第二个坐标轴，
  hue='elevator' 指定以 elevator 变量对数据进行分类并以不同颜色显示箱形
  图。从该图中可以直观地看出不同建筑结构和有无电梯条件下的房屋价格的高低情
  况，其中 buildingType=2 代表的别墅价格远高于其他 3 类，有无电梯对房价影
  响不大，在 buildingType=4 时有电梯的房价会比无电梯的略有优势。

- □ 第 42～51 代码通过 PyEcharts 绘制了房屋建筑时间与房间的关系曲线，如图 6-20 所
  示。第 42 行代码对 df 进行了切片，提取了 'constructionTime' 和 'price' 列，并
  赋值给 data。第 43 行代码以 constructionTime 列对 data 进行了分组，分组统计
  了 price 列的均值，将得到的新数据赋值给 dataTime。第 44～51 行代码通过链式
  调用生成一个 Line 对象 1，即绘制一个线性图。第 45 行代码通过 add_xaxis() 方
  法设置 *x* 轴数据为 list(dataTime['constructionTime']。第 46～49 行代码
  通过 add_yaxis() 方法设置 *y* 轴数据为 list(dataTime['price']，图例标签
  为 "房价"，label_opts=opts.LabelOpts(is_show =False) 设置不显示数据
  标签，linestyle_opts=opts.LineStyleOpts(width=2) 设置线宽为 2，is_
  smooth=True 设置显示光滑的曲线。第 50 行代码通过 set_global_opts() 方法
  设置图表标题为 "房屋建筑时间与房价的关系图"。第 51 行代码通过调用 render()
  方法生成所绘制图表的 html 文件 line.html，并将其保存在默认路径下。

6.5　本章小结

本章首先介绍了 Python 数据可视化工具 Matplotlib 的基本使用方法，并通过代码实

例详细介绍了线形图、条形图、饼图、散点图和直方图等常用图表的绘制方法。然后，介绍了更高级的数据可视化工具 Seaborn，并通过代码示例详细介绍了关系图、分布图、分类图、回归图和热力图等不同功能图表的绘制方法。在此基础上，进一步介绍了网页数据可视化工具 PyEcharts 提供的可视化图表类和图表配置，并通过代码实例详细介绍了 PyEcharts 绘制图表的具体方法。本章最后以应用实例详细介绍了利用 Matplotlib、Seaborn 和 PyEcharts 工具对二手房房价数据进行可视化分析的具体过程。

学完本章后，读者应掌握通过 Matplotlib、Seaborn 和 PyEcharts 工具绘制不同类型图表的基本方法，并初步具备应用 Python 进行数据可视化分析的能力。

6.6　习题

1. 可以正确引入 Matplotlib 库中的 pyplot 模块的方式是（　　）。

  A. `import matplotlib as pyplot`

  B. `import pyplot as matplotlib`

  C. `import matplotlib.pyplot as plt`

  D. `import pyplot.matplotlib as plt`

2. 关于 `matplotlib.pyplot.plot(x,x,"r*:")` 语句，下列说法错误的是（　　）。

  A. 在坐标系中绘制一条与 x 轴平行的直线　　　　B. 在坐标系中绘制一条与 x 轴夹角为 45° 的直线

  C. 直线为虚线，点为 * 号　　　　　　　　　　　D. 直线为红色

3. 关于 matplotlib.pyplot 中的 subplot()，下列说法错误的是（　　）。

  A. subplot(2,2,3) 指第 2 行第 2 列的子图

  B. subplot(2,2,1) 指第 1 行第 1 列的子图

  C. 从 subplot(3,2,2) 可以看出该绘图区域包含 3*2 共 6 个子图

  D. 从 subplot(2,2,1) 可以看出该绘图区域包含 2*2 共 4 个子图

4. 用 `import matplotlib.pyplot as plt` 引入 pyplot 模块后，下列选项中可以正确执行的语句是（　　）。

  A. `plt.plot([1,2,3])`　　　　　　　　　　　　B. `plt.plot[1,2,3]`

  C. `plt.plot[1,2,3]`　　　　　　　　　　　　　D. `plot(1,2,3)`

5. 关于 Matplotlib 库，下列说法正确的是（　　）。

  A. plot 函数一次只能绘制一种风格的图形

  B. 通过 `import matplotlib.pyplot as plt` 引入 pyplot 模块，`plt.plot([1,2,3])` 等价于 `plt.plot([0,1,2],[1,2,3])`

  C. 为了显示图形，必须调用 `pyplot.show()` 函数显示图像

  D. bar 函数可以绘制横向条形图

6. 用 `import matplotlib.pyplot as plt` 引入 pyplot 模块绘制图形，下列选项中（　　）能设置当前绘图区的标题为 "s"，且位置居中。

  A. `plt.text(x, y, 's')`　　　　　　　　　　　B. `plt.text('s', loc='center')`

  C. `plt.title(x, y, 's')`　　　　　　　　　　　D. `plt.title('s', loc='center')`

7. 使用 matplotlib.pyplot 模块中的 pie 函数绘制饼图时，下列选项中的（　　）参数可以设置饼块的偏离程度。

  A. cxplode　　　　　　　　　　　　　　　　　B. autopct

  C. shadow　　　　　　　　　　　　　　　　　D. startangle

8. 关于 Seaborn 库，下列说法错误的是（　　）。

A. Seaborn 是一种开源的数据可视化工具

B. Seaborn 不能处理 numpy 与 pandas 数据结构

C. Seaborn 是在 Matplotlib 的基础上进行了更高级的 API 封装

D. Seaborn 是 Matplotlib 的重要补充，可以自主设置很多在 Matplotlib 中默认的参数

9. 下列 Seaborn 提供的函数中，（　　）可以绘制数据的箱形分类图。

A. relplot   B. distplot

C. boxplot   D. histplot

10. 利用 seaborn.set_theme() 函数设置绘图区域主题样式为白色背景和网格线，则 style 参数应设置（　　）。

A. dark   B. darkgrid

C. white   D. whitegrid

11. 利用 seaborn.relplot() 函数绘制关系图，可以通过设置（　　）参数对数据进行分组，并在关系图中使用不同颜色加以区分。

A. kind   B. size

C. hue   D. style

12. 下列选项中，（　　）采用颜色的深浅、标记的疏密以及呈现比重的形式标注不同的数据值，以呈现数据的波动变化。

A. 散点图   B. 直方图

C. 热力图   D. 箱形图

13. 关于 Pyecharts 库，下列说法错误的是（　　）。

A. 利用 Pyecharts 可以绘制散点图、树图、雷达图、漏斗图、词云等

B. Echarts 是一款用 Python 代码实现的开源数据可视化库

C. Pyecharts 将 Echarts 与 Python 相结合，可以直接生成 Echarts 图表

D. Pyecharts 目前多应用于网页数据可视化

14. 下列选项中不属于 Pyecharts 图表全局配置项的是（　　）。

A. 标题配置项   B. 文字样式配置项

C. 图例配置项   D. 提示框配置项

15. 补充下面的程序代码，绘制 x 的直方图，不带高斯核密度估计曲线，并设置条形条的数量为 20。

```
import numpy as np
import pandas as pd
_____
x = np.random.normal(size=100)
sns.distplot(x, _____=20, _____)
```

16. 已知 iris.csv 文件中的数据是各类鸢尾花的花型尺寸数据，前 5 行数据如下表所示，列标签分别表示萼片长度（sepal_length）、萼片宽度（sepal_width）、花瓣长度（petal_length）、花瓣宽度（petal_width）、种类（species）。

	sepal_length	sepal_width	petal_length	petal_width	species
0	5.1	3.5	1.4	0.2	setosa
1	4.9	3.0	1.4	0.2	setosa
2	4.7	3.2	1.3	0.2	setosa
3	4.6	3.1	1.5	0.2	setosa
4	5.0	3.6	1.4	0.2	setosa

补充下面的程序代码，实现以下功能：

1）分别绘制不同种类（species）的鸢尾花萼片（sepal）和花瓣（petal）的大小的回归散点图，不同种类的数据以不同颜色表示。

2）在 1*2 的两个子图中分别绘制不同种类（species）鸢尾的花萼片大小分布情况的箱形图，以及不同种类（species）鸢尾的花瓣大小分布情况的琴形图。

```
import numpy as np
import pandas as pd
import matplotlib.pyplot as plt
import seaborn as sns
data = sns. _____("iris")
data['sepal_size'] = data['sepal_length']*data['sepal_width']
data['petal_size'] = data['petal_length']*data['petal_width']
sns. _____ (x='sepal_size', y='petal_size', hue=_____, data=data)
plt.show()
plt.subplot(211)
sns. _____ (x='species', y='sepal_size', data=data)
_____
sns. _____ (x='species', y='petal_size', data=data)
plt.show()
```

17. 补充下面的程序代码，利用 Pyecharts 库绘制 x 和 y 的柱形图，并设置全局标题为“各类服饰产品销售情况”，绘制的图形保存在 bar.html 文件中。

```
from pyecharts.charts import Bar
from pyecharts import options as opts
x=["衬衫", "羊毛衫", "雪纺衫", "裤子", "高跟鞋", "袜子"]
y=[5, 20, 36, 10, 75, 90]
figure = (
    _____
    .add_xaxis(x)
    . _____ ('商家A',y)
    . _____ (title_opts=opts.TitleOpts(title="各类服饰产品销售情况"))
)
_____ ("bar.html")
```

18. 补充下面的程序代码，利用 Matplotlib 库绘制如下图所示的图形。

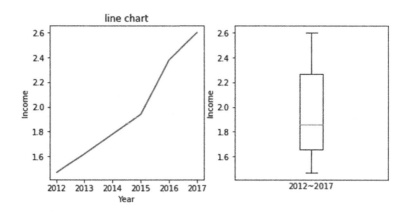

```python
import matplotlib.pyplot as plt
from pandas import Series
data = Series([1.47,1.62,1.78,1.94,2.38,2.60], index = ['2012','2013','2014','2015',
    '2016', '2017'])
fig=plt.figure(figsize=(8,8),facecolor='w')
fig.suptitle(_____)
ax1 = fig.add_subplot(2,2,1)
ax2 = _____
ax1. _____ (data)
ax1. _____ ('line chart')
ax1.set_xlabel('Year')
ax1.set_ylabel('Income')
ax2. _____ (data)
ax2.set_xticks([])
ax2.set_xlabel('2012~2017')
ax2.set_ylabel('Income')
plt.show()
```

第 7 章

网 络 爬 虫

利用网络爬虫技术，可以自动从网络中提取网页，从而获取相关数据。利用 Python 语言可以便捷、高效地实现网络爬虫技术，是目前网络数据处理及网络爬虫程序开发的主流工具。

本章首先介绍获取网络数据的 Request 模块，然后给出几种请求方式的示例程序。接下来，介绍用于数据文件操作的 BeautifulSoup4 模块，并提供了一个获取网页间连接拓扑信息的爬虫设计示例。

7.1 网络数据获取

Python 中获取网络数据的主要方式是调用 Requests 模块中的函数。Requests 是利用 Python 语言在 urllib3 基础上开发的模块，它采用 Apache2 Licensed 开源协议。与使用过程相对复杂的 urllib 模块不同，Requests 的编程实现简洁、方便，可以提高网络数据获取类应用程序的开发效率。也可以说，Requests 就是一个用 Python 实现的简单易用的 HTTP 库。

Requests 的安装方法如下：

```
pip3 install requests
```

Requests 模块中常用的请求函数如表 7-1 所示。通过调用这些函数并配置恰当的参数，就可以实现对网络数据的获取。

表 7-1　Requests 模块常用的请求函数

函　　数	描　　述
requests.get(url, **kwargs)	• 函数功能：向指定 URL 发送 http 的 GET 请求，常用于从服务器请求各类数据 • 参数：url 是待访问 URL 的字符串；**kwargs 是不定长关键字参数，可缺省 • 返回值：Response 对象，表示服务器对该请求的响应
requests.post(url, **kwargs)	• 函数功能：向指定 URL 发送 http 的 POST 请求，常用于向服务器提交各类数据 • 参数：url 是待访问 URL 的字符串；**kwargs 是不定长关键字参数，可缺省 • 返回值：Response 对象，表示服务器对该请求的响应

（续）

函　　数	描　　述
requests.put(url, **kwargs)	• 函数功能：向指定 URL 发送 http 的 PUT 请求，用于提交数据。若已有该数据，则将其更新 • 参数：url 是待访问 URL 的字符串；**kwargs 是不定长关键字参数，可缺省 • 返回值：Response 对象，表示服务器对该请求的响应
requests.delete(url, **kwargs)	• 函数功能：向指定 URL 发送 http 的 DELETE 请求，用于从服务器删除数据 • 参数：url 是待访问 URL 的字符串；**kwargs 是不定长关键字参数，可缺省 • 返回值：Response 对象，表示服务器对该请求的响应
requests.head(url, **kwargs)	• 函数功能：向指定 URL 发送 http 的 HEAD 请求，用于获取响应头 • 参数：url 是待访问 URL 的字符串；**kwargs 是不定长关键字参数，可缺省 • 返回值：Response 对象，表示服务器对该请求的响应
requests.requests (method, url, **kwargs)	• 函数功能：向指定 URL 发送 http 自定义请求 • 参数：method 是字符串类型，用于指示 http 请求的动词，取值可以是 GET、POST、PUT、DELETE、HEAD（分别与以上 5 种方法对应），也可以是自定义的 http 动词；url 是待访问 URL 的字符串；**kwargs 是不定长关键字参数，可缺省 • 返回值：Response 对象，表示服务器对该请求的响应

Requests 模块的函数通常会根据需要添加必要的请求参数，以实现不同的结果。相关参数的具体功能如表 7-2 所示。

表 7-2　Requests 请求函数的相关参数功能

请 求 参 数	功 能 描 述
params=None	• 类型：字典或二进制序列 • 作用：作为参数整合到 URL 中，并且以键 – 值的形式存放到请求体的 args 子对象中
data=None	• 类型：字典、二进制序列或文件 • 作用：作为表单放到请求体中，并随请求同时提交
json=None	• 类型：字典或 json 对象 • 作用：作为 JSON 数据放到请求体中，并随请求提交
files=None	• 类型：字典类型 {名称：文件对象} • 作用：以键（文件名）– 值（文件内容）的形式放到请求体中，并随请求提交
cookies=None	• 类型：字典类型或 CookieJar 类型 • 作用：作为 cookies 随请求发送
headers=None	• 类型：字典类型 • 作用：以键 – 值的形式加到请求头中，作为自定义请求头随请求发送
auth=None	• 类型：元组类型（账户字符串, 密码字符串） • 作用：http 用于身份认证
proxies=None	• 类型：字典类型 {协议类型（字符串）：代理 url（字符串）} • 作用：设置代理池
cert=None	• 设置 SSL 证书
timeout	• 类型：整数 • 作用：表示请求超时的阈值（秒数），等待时间超过该值无响应则认为超时
allow_redirects=True	• 类型：布尔 • 作用：表示是否允许重定向

（续）

请 求 参 数	功 能 描 述
verify=True	• 类型：布尔 • 作用：表示是否需要认证 SSL 证书
stream=True	• 类型：布尔 • 作用：表示流式下载开关，当打开时，程序不会立即下载文件

Requests 请求函数发送到服务器后，服务器给出的响应会被组织为 Response 类对象。作为响应信号的 Response 类对象的常用成员如表 7-3 所示。

表 7-3　Response 类对象成员

属性及方法	描　　述
response.status_code	.status_code 成员为 http 响应的状态码，200 表示请求成功
response.text	.text 成员为响应内容的文本形式
response.content	.content 成员为响应内容的二进制形式
response.json()	.json() 成员方法可以将 json 响应解码为 json 对象
response.encoding	.encoding 成员为该响应的编码方式（由模块自动推测，可手动更改）

在网络数据获取的过程中，可以通过会话实现跨请求保持指定请求参数的功能，即后一个请求可以直接使用前一个请求的请求参数。另外，会话可以使多个 http 请求共用传输层 TCP 连接，节省了传输成本。合理利用会话操作可以显著提高网络数据获取的效率。表 7-4 给出了会话操作及其功能描述。

表 7-4　会话操作及其描述

操　　作	描　　述
with requests.Session() as session:…	用 with 语句（上下文管理器）来打开一个会话
session.params session.cookies session.auth session.headers …	通过设置会话的各参数对应成员属性的值，可以使该会话下的请求保持这些参数
session.get(url, **kwargs) session.post(url, **kwargs) … session.request(method, url, **kwargs)	会话请求的方法与非会话请求的操作大致相同。但在这些请求方法的 **kwargs 中设置的参数并不会跨请求保持

下面通过几个示例展示 requests 模块中相关函数的使用方法。在程序代码中，将使用 httpbin 这一网站对代码进行测试。httpbin 是一个 http 测试工具，不需要部署到本地，可以通过网址 http://httpbin.org 直接进行测试。

代码清单 7-1 展示了不带参数的基础请求方式的示例。

代码清单 7-1　不带参数的基础请求方式

```
1  import requests # 导入requests
2  # 不带参数的请求
```

```
3   response1 = requests.get('http://httpbin.org/get')        # get请求
4   response2 = requests.post('http://httpbin.org/post')       # post请求
5   response3 = requests.put('http://httpbin.org/put')         # put请求
6   response4 = requests.delete('http://httpbin.org/delete')   # delete请求
7   response5 = requests.head('http://httpbin.org/')           # head请求
8   # 打印各个响应的状态码：
9   print(response1)
10  print(response2)
11  print(response3)
12  print(response4)
13  print(response5)
```

程序执行完毕后，运行结果如下：

```
<Response [200]>
<Response [200]>
<Response [200]>
<Response [200]>
<Response [200]>
```

各个请求函数均返回状态码 200，表示请求成功。下面对代码清单 7-1 中的代码做简要说明。

- ❑ 这部分代码实现了不带参数的 http 请求。第 3～7 行代码分别使用 GET、POST、PUT、DELETE 和 HEAD 方法向对应测试网址发送 http 请求，并将响应分别存储到 response1～response5 中。
- ❑ 第 9～13 行代码将各响应的状态码打印输出，以观察请求是否成功。

提示

1）http://httpbin.org 是一个可以为各类请求进行验证测试的页面。

2）该示例中使用的是已有的测试网站，读者也可对自己开发的网页进行测试并观察结果。

代码清单 7-2 展示了响应对象常用成员的用法示例。

代码清单 7-2　响应的常用成员

```
1   import requests
2   # 响应的成员属性
3   # 向测试网页http://httpbin.org/get发get请求，网页会给一个json形式的响应
4   response = requests.get('http://httpbin.org/get')
5
6   print('响应的状态码：\n%s' % response.status_code)        # 响应的status_code成员即响
                                                                应的状态码
7   print('响应内容的文本形式：\n%s' % response.text)          # 响应的text成员即响应内容的
                                                                文本形式
8   print('响应内容的二进制形式：\n%s' % response.content)     # 响应的content成员即响应内
                                                                容的二进制形式
9   print('响应内容解码为json：\n%s' % response.json())        # 响应的json()成员方法可以将json
                                                                解码
10  print('编码方式：%s' % response.encoding)                 # 响应的encoding成员即该响应的编码方式
                                                                （由模块自动推测，可手动更改）
```

程序执行完毕后，屏幕输出的运行结果如下：

```
响应的状态码:
200
响应内容的文本形式:
{
    "args": {},
    "headers": {
    "Accept": "*/*",
    "Accept-Encoding": "gzip, deflate",
    "Host": "httpbin.org",
    "User-Agent": "python-requests/2.24.0",
    "X-Amzn-Trace-Id": "Root=1-5fc97bae-4242e1e61131b1735c0d248c"
    },
"origin": "202.113.19.199",
"url": "http://httpbin.org/get"
}
响应内容的二进制形式:
b'{\n  "args": {}, \n  "headers": {\n    "Accept": "*/*", \n    "Accept-Encoding": "gzip,
    deflate", \n    "Host": "httpbin.org", \n    "User-Agent": "python-requests/2.24.0",
    \n    "X-Amzn-Trace-Id": "Root=1-5fc97bae-4242e1e61131b1735c0d248c"\n  }, \n
    "origin": "202.113.19.199", \n  "url": "http://httpbin.org/get"\n}\n'
响应内容解码为json:
{'args': {}, 'headers': {'Accept': '*/*', 'Accept-Encoding': 'gzip, deflate', 'Host':
    'httpbin.org', 'User-Agent': 'python-requests/2.24.0', 'X-Amzn-Trace-Id':
    'Root=1-5fc97bae-4242e1e61131b1735c0d248c'}, 'origin': '202.113.19.199', 'url':
    'http://httpbin.org/get'}
编码方式: None
```

从输出结果可以看出，程序依次打印本次响应的状态码、响应内容的文本与二进制形式、解码为 json 对象以及编码方式的相关信息。

下面对代码清单 7-2 中的代码做简要说明。

❑ 第 4 行代码向测试网址发送了一个无参数的 GET 请求。该测试网页会返回一个 Response 响应对象，并将其存储到 response 变量中。

❑ 第 6～8 行代码依次输出其 status_code、text、content 成员，分别对应响应的状态码、内容的文本形式与内容的二进制形式。

❑ 第 9 行代码调用 json() 成员方法进行解码，将响应解码为 json 对象。

❑ 第 10 行代码打印程序对该响应编码方式的推测值。

代码清单 7-3 展示了 get 请求的常用参数的用法示例。

代码清单 7-3 get 请求的常用参数示例

```
1    import requests
2    # get请求的常用参数(可缺省): params
3    # 作用: 向网页请求各类数据
4    # params: 作为get请求的url参数
5
6    #以字典形式给出的url参数:
7    my_params = {'my_key1':'my_val1', 'my_key2':'my_val2'}
8    # 发送带params参数的get请求:
```

```
9   response1 = requests.get('http://httpbin.org/get', params=my_params)
10
11  print(response1.text)  # 打印响应内容
```

程序执行完毕，运行结果如下：

```
{
    "args": {
        "my_key1": "my_val1",
        "my_key2": "my_val2"
    },
    "headers": {
        "Accept": "*/*",
        "Accept-Encoding": "gzip, deflate",
        "Host": "httpbin.org",
        "User-Agent": "python-requests/2.24.0",
        "X-Amzn-Trace-Id": "Root=1-5fc97e95-7ec6d2c7723a14c840f24ba2"
    },
    "origin": "117.131.219.53",
    "url": "http://httpbin.org/get?my_key1=my_val1&my_key2=my_val2"
}
```

如上所示，程序输出本次响应的文本内容，其中传入的参数被放入 args 字段。下面对代码清单 7-3 中的代码做简要说明。

❑ 第 7 行代码中的变量 my_params 是以字典形式组织的参数。

❑ 第 9 行代码在 get 方法中增加参数 params=my_params，发送带参数的 GET 请求，并将响应存储到 response1 对象中。

❑ 第 11 行代码用于打印响应的内容。该测试网页的响应会带上它在请求中收到的参数，以便调试与展示。

❑ 注意，运行结果中 url 字段（运行结果中倒数第 2 行）在原来的 url 后面增加了参数。

代码清单 7-4 展示了 post 请求常用参数的用法示例。

代码清单 7-4　post 请求常用参数的示例

```
1   import requests
2   # post请求的常用参数(可缺省)：data, files
3   # 作用：向网页提交表单/文件等数据
4
5   # data：以字典、文件对象或二进制序列形式给出的表单：
6   my_data = {'my_key1':'my_data1', 'my_key2':'my_data2'}
7   # files：以字典形式组织的多个文件，注意要用二进制形式打开：
8   my_files = {'file1': open('test1.txt', 'rb')}
9   # 发送带参数的post请求：
10  response2 = requests.post('http://httpbin.org/post', data=my_data, files=my_files)
11
12  print(response2.text)  # 打印响应内容
```

程序运行完毕，运行结果如下：

```
{
    "args": {},
    "data": "",
    "files": {
        "file1": "TEST FILE CONTENT"
    },
    "form": {
        "my_key1": "my_data1",
        "my_key2": "my_data2"
    },
    "headers": {
        "Accept": "*/*",
        "Accept-Encoding": "gzip, deflate",
        "Content-Length": "355",
        "Content-Type": "multipart/form-data; boundary=3547e28944da0b570c5325c45756fcf3",
        "Host": "httpbin.org",
        "User-Agent": "python-requests/2.24.0",
        "X-Amzn-Trace-Id": "Root=1-5fa2ab3a-4aec0fe0162aa964008c5371"
    },
    "json": null,
    "origin": "202.113.19.242",
    "url": "http://httpbin.org/post"
}
```

程序输出本次响应的文本内容。POST 请求的测试网页也会将服务器收到的请求参数输出到响应的 json 文档中。其中传入的文件被放到 files 字段下，传入的 data 参数内容被放到 form 字段下。

下面对代码清单 7-4 中的代码做简要说明。

❏ 第 6 行代码中的变量 my_data 是以字典形式组织的表单参数。

❏ 第 8 行代码是待上传文件构成的字典，形式是 { 文件名 : 文件对象 }。

❏ 第 10 行代码在 post 方法中增加参数 data=my_data 和 files=my_files，发送带参数的 POST 请求，并将响应存储到 response2 对象中。

❏ 第 12 行代码打印响应的内容。该测试网页的响应会带上它在请求中收到的参数，以便调试与展示。

代码清单 7-5 展示了为请求添加自定义请求头的程序示例。

代码清单 7-5　为请求添加自定义请求头

```
1   import requests # 导包
2   # 为请求添加自定义请求头
3   # 以字典形式给出的请求头内容:
4   my_headers = {'user-agent': 'Mozilla/5.0 (Windows NT 10.0; Win64; x64) AppleWebKit/537.36
        (KHTML, like Gecko) Chrome/85.0.4183.121 Safari/537.36 OPR/71.0.3770.284'}
        # 包含浏览器信息的请求头
5   # 发送带请求头的get请求:
6   response3 = requests.get('http://httpbin.org/get', headers=my_headers)
7
8   print(response3.json()['headers']) # 打印响应内容
```

运行结果如下：

```
{'Accept': '*/*', 'Accept-Encoding': 'gzip, deflate', 'Host': 'httpbin.org',
    'User-Agent': 'Mozilla/5.0 (Windows NT 10.0; Win64; x64) AppleWebKit/537.36
    (KHTML, like Gecko) Chrome/85.0.4183.121 Safari/537.36 OPR/71.0.3770.284',
    'X-Amzn-Trace-Id': 'Root=1-5fc98018-5598e5350eacd94d415eaea2'}
```

从运行结果可以看出，GET 请求的测试网页会将服务器收到的请求头信息呈现在响应的 json 文档中，自定义请求头中的浏览器信息已经被加入到请求头中。

下面对代码清单 7-5 中的代码做简要说明。

❑ 第 4 行代码中的变量 my_headers 是以字典形式组织的请求头，它包含一条浏览器信息 user-agent。

❑ 第 6 行代码在 get 方法中增加了参数 headers=my_headers，发送带参数的 GET 请求，并将响应存储到 response3 对象中。

❑ 第 8 行代码先解析 response3 为 json 对象，再按关键字 headers 从中找到测试网页并返回它所收到的请求头信息。从结果中可以看到，第 4 行添加的浏览器信息 user-agent 确实被添加到了请求头中。

代码清单 7-6 展示了为请求添加 cookie 的程序示例。

代码清单 7-6　为请求添加 cookie 的示例

```
1   import requests # 导入包
2   # 为请求添加cookie
3   # 前文已介绍，可以通过response的cookie成员访问服务器响应包含的cookies信息，那么如何向请
        求中添加cookies信息呢？
4   # 以字典形式给出的cookies：
5   my_cookies = {'name':'cookie_test'}
6   # 发送带cookies的get请求：
7   response4 = requests.get('http://httpbin.org/cookies', cookies=my_cookies)
8
9   print(response4.text) # 打印响应内容
```

程序执行完毕后，运行结果如下：

```
{
    "cookies": {
        "name": "cookie_test"
    }
}
```

从程序运行结果可以看到，cookies 的测试网页会将服务器收到的 cookies 信息呈现在响应的 json 文档中，程序输出了服务器收到的 cookies。

下面对代码清单 7-6 中的代码做简要说明。

❑ 第 5 行代码中的变量 my_cookies 是以字典形式组织的 cookies，它包含一条键值对记录 ("name", "cookie_test")。

❑ 第 7 行代码在 get 方法中增加参数 cookies=my_cookies，发送带参数的 GET 请求，并将响应存储到 response4 对象中。

❑ 第 9 行代码打印响应内容。cookies 测试网页的响应内容就是包含请求中 cookies 的一个 json 文件。

代码清单 7-7 展示了为请求添加基础身份验证的程序示例。

代码清单 7-7　为请求添加基础身份验证的示例

```
1   import requests
2   # 为请求添加基础的身份验证
3   # 用元组表示基础的http身份验证:
4   my_auth = ('my_account', 'my_password')
5   # 运行以下代码前,先在测试网站[http://httpbin.org/#/Auth/get_basic_auth__user___
        passwd_]下设置好测试用的账户及密码('my_account', 'my_password'),并运行测试
6   # 发送带身份验证的get请求:
7   response5 = requests.get('http://httpbin.org/basic-auth/my_account/my_password',
        auth=my_auth)
8
9   print(response5.status_code) # 打印响应码: 200表示认证成功; 401表示认证失败
10  print(response5.text) # 打印响应内容
```

程序执行完毕后,运行结果如下:

```
200
{
    "authenticated": true,
    "user": "my_account"
}
```

下面对代码清单 7-7 中的代码做简要说明。

❑ 第 4 行代码中的变量 my_auth 是以二元组方式组织的认证信息,形式为 "(账户
（字符串）, 密码（字符串）)",该认证信息需要先在测试网站设置完成。

❑ 第 7 行代码在 get 方法中增加了参数 auth=my_auth,发送带参数的 GET 请求,
并将响应存储到 response5 对象中。

❑ 第 9 行代码打印响应状态码,状态码为 200 表示认证成功,状态码为 401 表示认证
失败。

❑ 第 10 行代码打印响应内容。测试网页会将验证结果和账户信息呈现在响应的 json 文
档中。其中,"authenticated": true 表示认证成功,"user": "my_account"
表示账户为 my_account。

提示

1）身份认证是网络访问权限分级的主要策略,需要加以重视。

2）认证失败的原因可能是权限不足,也可能是网页无法正常访问。

代码清单 7-8 展示了会话使用的程序示例。

代码清单 7-8　会话的使用示例

```
1   import requests
2   # 会话保持
3   # 重用传输层的TCP连接,提高效率; 跨请求保持参数
4   with requests.Session() as my_session: # 用with语句打开一个会话
```

```
5   # 以此种方式为会话下的请求设置的参数，可以在多个请求间保持
6   my_session.headers = {'K1':'V1'}
7   # 在会话中的post请求
8   response1 = my_session.post('http://httpbin.org/post')
9   # 再次post请求
10  response2 = my_session.post('http://httpbin.org/post')
11
12  # 判断两次请求的data中是否带有my_session.headers的内容
13  # （即判断my_session.headers是否跨请求间保持）
14  print('K1' in response1.json()['headers'])
15  print('K1' in response2.json()['headers'])
```

程序执行完毕后，运行结果如下：

```
True
True
```

下面对代码清单 7-8 中的代码做简要说明。

❑ 第4行代码先以 with 语句打开一个会话 my_session。

❑ 第6行代码设置了 my_session 的 headers 成员变量，并为请求头添加了键值对 ('K1', 'V1')。

❑ 第8行和第10行代码各发送一次 post 请求，将响应分别存到 response1、response2 中。

❑ 第14行和第15行代码分别判断键 K1 是否在 response1 和 response2 的 headers 字段中，如果都返回 True，则说明该会话跨请求保持了 headers 参数。

提示

1）注意，程序的两次请求都包含了 my_session.headers 里自定义的请求头。

2）会话可以跨请求保持参数。

7.2 数据文件操作

通过 Python 的 Requests 模块可以获取网络中的数据，但这些数据通常是结构化的 HTML 文本文档，如何从中提取所需的有效信息就是数据文件操作的目标。其中，常用的工具是 Beautiful Soup 模块。Beautiful Soup 基于 Python 解析器，拥有丰富的 API 和多种解析方式，能够用于 HTML、XML 等 Markup 文档的解析，可以快速实现从网页中提取数据。

目前的主流版本是 Beautiful Soup 4，其安装方法比较简单，输入以下语句即可：

```
pip install beautifulsoup4
```

Beautiful Soup 依赖于解析器，这里使用的是 lxml 解析器模块，其安装方法如下：

```
pip install lxml
```

BeautifulSoup4 模块常用的对象成员及其功能描述如表 7-5 所示。

表 7-5　BeautifulSoup4 模块对象成员

对象类型	描述
Tag	即 HTML 中的"标签"。通过 tag 的 name 属性，可以获取标签的名字，例如 "a"、"title"、"body" 等；通过 tag['属性名']，可以获取标签的属性，例如 "id"、"class" 等，其操作和字典相同，也可直接通过 "tag. 属性名 " 进行访问
NavigableString	标签内的字符串文本，例如 \<h1>TEXT<\h1> 中的 TEXT 就是 NavigableString 对象
BeautifulSoup	表示整个文档，其操作类似于 Tag 类型
Comment	HTML 内的注释，可以将其当作特殊的 NavigableString 对象

在 BeautifulSoup4 模块中，文档树的建立与遍历方法及其功能描述如表 7-6 所示。

表 7-6　文档树的建立与遍历

方法	描述
BeautifulSoup(markup, features)	• 功能：解析 markup 文档，生成文档树 • 参数：markup 是待解析的文档，可以是字符串、二进制或文件对象类型；features 是一个字符串，用于指定解析器 • 返回值：返回 BeautifulSoup 对象
tag.contents	该属性给出 tag 节点的直接子节点构成的列表
tag.children	该属性给出 tag 节点的直接子节点构成的生成器，可用 for-in 循环进行遍历
tag.descendants	该属性给出 tag 节点的所有后代节点构成的生成器
tag.parent	tag.parent 访问 tag 的父节点
tag.parents	tag.parents 从 tag 开始递归访问其父节点（生成器）
tag.next_sibling tag.previous_sibling	访问 tag 的下一个 / 上一个兄弟节点
tag.next_siblings tag.previous_siblings	迭代访问 tag 的后继 / 前驱兄弟节点（生成器）
tag.next_element tag.previous_element	（按 HTML 解析的顺序）访问下一个 / 上一个解析对象

在 BeautifulSoup4 模块中，文档树的搜索方法及其功能描述如表 7-7 所示。

表 7-7　文档树的搜索方法

方法	描述
soup.find_all(name, attrs, recursive, string, limit, **kwargs)	• 功能：在文档树上搜索满足过滤条件的所有标签 • 参数：name 参数过滤出有特定名字的标签；**kwargs 是关键字参数，用法为属性名 = 过滤器，可以按照某属性的值过滤标签；attrs 参数的功能与 **kwargs 相同，用法为 attrs={" 属性名 ":过滤器 }；string 过滤出文档中满足条件的字符串，用法为 string= 过滤器；recursive 参数表示是否递归搜索，默认为 True，当为 False 时会仅搜索直接子节点；limit 是限制搜索结果数量的整数，当搜索结果的数量达到 limit 的值时，停止搜索并返回结果 • 返回值：返回满足过滤条件的所有标签构成的列表
soup.find(name , attrs , recursive, string, **kwargs)	• 功能：在文档树上搜索满足过滤条件的单个标签 • 参数：与 find_all 方法相同 • 返回值：返回满足过滤条件的单个标签

其中，"过滤器"可以是字符串、正则表达式、列表或方法。某参数的过滤器为字符串时，表示搜索该参数的值等于字符串内容的标签；某参数的过滤器为正则表达式时，表示搜索该参数的值能匹配该字符串的标签；某参数的过滤器为列表时，表示搜索该参数的值能满足列表中任意一个过滤条件的标签；某参数的过滤器为方法时，表示搜索该参数的值能使方法返回 True 的标签。

需要注意的是，**kwargs 和 attrs 参数不接受方法类型的过滤器。

因为后续的演示代码需要对样例 HTML 文档进行解析，这里首先将测试的 HTML 文档赋值给字符串变量 example_doc：

```
# 样例HTML文档:
example_doc = """
<html>
<head><title>This is a Test Title</title></head>
<body>
<p class="title"><b>A Test Document</b></p>

<p class="passage">This is a test passage with 3 links:
<a href="http://test.com/t1" class="my_link" id="link1">test1</a>,
<a href="http://test.com/t2" class="my_link" id="link2">test2</a>,
<a href="http://test.com/t3" class="my_link" id="link3">test3</a>,
    we will test our codes on this document.</p>

<p class="passage">…</p>
</body>
</html>
"""
```

该 HTML 文件可以编译为如下页面：

A Test Document

This is a test passage with 3 links: test1, test2, test3, we will test our codes on this document.

…

后面的多个示例程序都会使用该样例 HTML 文档。为了避免代码冗长，示例程序中将省略该 HTML 文档字符串的赋值，运行程序时需要先将上述文档赋值给字符串变量 example_doc。

代码清单 7-9 给出了文档的解析与按标签对象的属性访问子标签的示例。

代码清单 7-9   文档的解析与按标签对象的属性访问子标签示例

```
1   from bs4 import BeautifulSoup # 导入bs模块
2   # example_doc = … # (略, 需要用上述样例HTML文档在这里赋值)
3
4   # 用beautifulsoup解析HTML文档:
5   # 方法1: 待解析文来自字符串:
6   my_soup = BeautifulSoup(example_doc, features='lxml') # features参数表示这里指定lxml解析器
7   # 方法2: 待解析文档来自文件:
8   # my_soup1 = BeautifulSoup(open('test.html','rb'), features='lxml')
```

```
9   # 按标签名访问子标签
10  body_tag = my_soup.body # 访问my_soup的body标签
11  print( body_tag.p ) # 访问body_tag中首个p标签对应的元素
12  print( body_tag.a ) # 访问body_tag中首个a标签对应的元素
13
14  # .string和.strings/.stripped_strings:
15  # .string属性访问当前标签唯一的NavigableString类型后代节点
16  print( my_soup.title.string )
17  # .strings属性给出当前标签的后代节点中所有字符串(的生成器),与stripped_strings功能类似,不
        过去掉了空格和空行
18  print( my_soup.strings )
```

程序执行完毕，运行结果如下：

```
<p class="title"><b>A Test Document</b></p>
<a class="my_link" href="http://test.com/t1" id="link1">test1</a>
This is a Test Title
<generator object Tag._all_strings at 0x000001E6460B94F8>
```

下面对代码清单 7-9 中的代码做简要说明。

❑ 第 1 行代码导入 BeautifulSoup 库。

❑ 第 2 行代码省略了将上文 HTML 文档字符串赋值给 example_doc 变量的语句，运行该例程时需要补上该赋值语句。

❑ 第 6 行代码使用 BeautifulSoup 解析了样例文档字符串，返回的结果存储在 my_soup 变量中，是 BeautifulSoup 类型的对象。

❑ 第 8 行代码注释掉的内容展示了如何解析来自文件的 HTML 文档。

❑ 第 10 行代码将 my_soup 中名字为 body 的标签赋值给 body_tag 变量。

❑ 第 11～12 行代码分别访问 body_tag 的子标签中首个名字为 p 和 a 的标签，并把它们打印出来。

❑ 第 16 行代码打印输出 my_soup.title 标签的 string 属性，该属性访问 title 标签的后代标签中的一个 NavigableString 字符串节点。

❑ 第 18 行代码打印输出 my_soup 标签的 strings 属性，该属性访问 my_soup 文档中所有 NavigableString 字符串节点构成的生成器。

提示

1）BeautifulSoup 库在使用前需要先导入。

2）注意程序涉及的各类标签和属性。

代码清单 7-10 给出了子节点和父节点访问过程的示例。

代码清单 7-10 子节点和父节点的访问示例

```
1   from bs4 import BeautifulSoup
2   # example_doc = … # (略,需要用上述样例html文档在这里赋值)
3
4   my_soup = BeautifulSoup(example_doc, features='lxml') # 解析文档
5   body_tag = my_soup.body # body_tag是文档的body标签
```

```
6
7  ## 访问(直接)子节点
8  # .contents属性给出某节点的子节点构成的列表
9  print( 'body的子节点(列表):\n%s\n' % body_tag.contents )
10 # .children属性给出某节点的子节点的生成器，可用for-in循环进行遍历
11 print( 'body的子节点(生成器):\n%s\n' % body_tag.children )
12
13 ## 访问所有后代节点
14 # .descendants属性给出某节点的所有后代节点构成的生成器
15 print( 'body的后代节点(生成器):\n%s\n' % body_tag.descendants )
16
17 ## 访问父节点
18 print( 'title的父节点:\n%s\n' % my_soup.title.parent )
19 # 递归访问所有父节点(生成器)
20 print( '从title开始递归访问父节点(生成器):\n%s\n' % my_soup.title.parents )
```

程序执行完毕，运行结果如下：

```
body的子节点(列表):
['\n', <p class="title"><b>A Test Document</b></p>, '\n', <p class="passage">This
    is a test passage with 3 links:
<a class="my_link" href="http://test.com/t1" id="link1">test1</a>,
<a class="my_link" href="http://test.com/t2" id="link2">test2</a>,
<a class="my_link" href="http://test.com/t3" id="link3">test3</a>,
    we will test our codes on this document.</p>, '\n', <p class="passage">…</p>, '\n']

body的子节点(生成器):
<list_iterator object at 0x000001E645F16EB8>

body的后代节点(生成器):
<generator object Tag.descendants at 0x000001E6458F76D8>

title的父节点:
<head><title>This is a Test Title</title></head>

从title开始递归访问父节点(生成器):
<generator object PageElement.parents at 0x000001E6458F76D8>
```

下面对代码清单 7-10 中的代码做简要说明。

❑ 第 2 行代码省略了将上述 HTML 文档字符串赋值给 example_doc 变量的语句。

❑ 第 4、5 行代码解析样例文档，并将文档的 body 标签内容赋值给 body_tag 变量。

❑ 第 9 行代码输出标签 body_tag 的 contents 属性，该属性给出 body 标签的所有直接子节点构成的列表。

❑ 第 11 行代码输出标签 body_tag 的 children 属性，该属性给出 body 标签的所有直接子节点构成的生成器。

❑ 第 15 行代码输出标签 body_tag 的 descendants 属性，该属性给出 body 标签的所有后代节点构成的生成器。

❑ 第 18 行代码输出标签 my_soup.title 的 parent 属性，该属性给出 title 标签的直接父节点。

❑ 第20行代码输出标签 my_soup.title 的 parents 属性，该属性给出从 title 标签开始递归访问父节点构成的生成器。

提示

1）注意子节点与父节点的关系及区别。

2）注意各类属性的问题。

代码清单 7-11 给出了兄弟节点的访问和按照 HTML 解析顺序访问节点的示例。

代码清单 7-11　兄弟节点的访问和按照 HTML 解析顺序访问节点的示例

```
1   from bs4 import BeautifulSoup
2   ## 访问兄弟节点: .next_sibling 和 .previous_sibling
3   test_soup = BeautifulSoup(
4       '''
5       <html>
6               <a>T</a><b/>
7       </html>
8       '''
9   ) # 临时样例，标签a、b和c为兄弟节点
10  tag_a = test_soup.a # 样例文档的a标签
11  ## 访问所有兄弟节点: .next_sibling(s) 和 .previous_sibling(s)
12  # 访问右兄弟(下一个)
13  print( 'a的右兄弟:\n%s\n' % tag_a.next_sibling)
14  # 访问所有右兄弟(生成器)
15  print( 'a的所有右兄弟(生成器):\n%s\n' % tag_a.next_siblings)
16
17  ## 按照html解析顺序访问节点: .next_element(s) 和 .previout_element(s)
18  # 访问下一个解析对象
19  print( 'a节点的下一个解析对象:\n%s\n' % tag_a.next_element)
20  # 访问所有后继解析对象(生成器)
21  print( 'a节点的后继解析对象(生成器):\n%s\n' % tag_a.next_elements)
```

程序执行完毕后，运行结果如下：

```
a的右兄弟:
<b></b>

a的所有右兄弟（生成器）:
<generator object PageElement.next_siblings at 0x000001E6459C36D8>

a节点的下一个解析对象:
T

a节点的后继解析对象（生成器）:
<generator object PageElement.next_elements at 0x000001E6459C36D8>
```

下面对代码清单 7-11 中的代码做简要说明。注意，在这个示例中没有使用前文的样例 HTML 文档。

❑ 第3~9行代码解析了一个临时的测试文档 test_soup，包含子标签 a 和 b，其中 a 标签包含字符串 T。

❑ 第 10 行代码将样例文档的 a 标签赋值给 `tag_a` 变量。

❑ 第 13 行代码输出标签 `tag_a` 的 `next_sibling` 属性，该属性给出 a 标签右兄弟，即 b 标签。

❑ 第 15 行代码输出标签 `tag_a` 的 `next_siblings` 属性，该属性给出 a 标签的所有右兄弟组成的生成器。

❑ 第 19 行代码输出标签 `tag_a` 的 `next_element` 属性，该属性给出 a 标签的下一个解析对象。按照 HTML 的解析顺序，解析完 a 标签再解析其子节点，即字符串 T。

❑ 第 21 行代码输出标签 `tag_a` 的 `next_elements` 属性，该属性给出 a 标签的后继解析对象构成的生成器。

提示

1）本程序涉及的数据结构知识点较多，需要读者有相关基础。

2）可以自行编辑测试文档。

代码清单 7-12 给出了利用 find_all() 方法搜索文档树的示例。

代码清单 7-12　利用 find_all() 方法搜索文档树的示例

```
1   from bs4 import BeautifulSoup
2   import re # 正则式
3   # example_doc = … # (略, 需要用上述样例HTML文档在这里赋值)
4   my_soup = BeautifulSoup(example_doc, features='lxml') # 解析文档
5
6   # 文档树上的搜索
7   # .find_all()方法:
8
9   # name参数: 过滤出特定标签名的tag
10  # find_all(name=过滤器) 或者 find_all(过滤器), 过滤器是字符串时:
11  print( '查找标签名为"title"的tag:\n%s\n' % my_soup.find_all('title') )
12
13  # keyword参数: 过滤出特定属性的tag
14  # find_all(属性名=过滤器), 过滤器是列表时:
15  tags1 = my_soup.find_all(id=['link1', 'link2']) # 查找属性"id"等于'link1'或'link2'的标签
16  print( '属性"id"为"link1"或"link2"的tag的标签名:\n%s\n' % [t.name for t in tags1]) #
17
18  # string参数:过滤出包含特定字符串子节点的tag
19  # find_all(string=过滤器), 过滤器是正则式时:
20  tags2 = my_soup.find_all( string=re.compile('est3') ) # 找出所有包含"est3"的字符串
21  print( '含"est3"子串的字符串标签的父节点的id:\n%s\n' % [t.parent['id'] for t in tags2] )
22
23  # 过滤器是方法时:
24  def length_is_1(tag): # 过滤器方法: 当tag.name长度为1时, 返回True; 否则返回False
25          return len(tag.name) == 1
26  tags3 = my_soup.find_all( length_is_1, limit=4 ) # 找出所有标签名长度为1的tag, 并设
                                              置结果个数上限为4
27  print( '查找仅含1个字母的标签名:\n%s\n' % [t.name for t in tags3] )
```

程序执行完毕后，运行结果如下：

```
查找标签名为 "title"的tag:
[<title>This is a Test Title</title>]

属性"id"为"link1"或"link2"的tag的标签名:
['a', 'a']

含"est3"子串的字符串标签的父节点的id:
['link3']

查找仅含1个字母的标签名:
['p', 'b', 'p', 'a']
```

下面对代码清单 7-12 中的代码做简要说明。

❑ 第 1、2 行代码分别导入 BeautifulSoup 和正则模块。

❑ 第 3 行代码省略了将上述 HTML 文档字符串赋值给 example_doc 变量的语句。

❑ 第 4 行代码解析样例文档，并将解析得到的文档树赋值给 my_soup 变量。

❑ 第 11 行代码查找标签名为 title 的标签并将其输出，其中过滤器为字符串类型。

❑ 第 15 行代码查找 id 属性为 link1 或 link2 的标签，其中过滤器为列表类型，第 16 行代码将其输出。

❑ 第 20 行代码查找包含 "est3" 子串的字符串标签，其中过滤器为正则表达式类型，第 21 行代码将其输出。

❑ 第 24～25 行代码定义了过滤器方法：当作为参数的 name 属性长度为 1 时返回 True，否则返回 False。

❑ 第 26 行代码在文档中查找能使该过滤器返回真值的标签（即标签名长度为 1 的标签），并用 limit 参数设置结果个数上限为 4，第 27 行代码将其输出。

提示

1）string 参数可过滤出包含特定字符串子节点的 tag。

2）程序中采用的是正则表达式，因此要提前导入正则表达式库。

7.3 应用实例

下面用一个例子展示网络数据获取的应用。本例将展示获取网页间链接拓扑信息的简易爬虫，这一信息可以用于 PageRank 算法对网页按重要程度进行排序。

网页间的引用关系是一个有向图，因此可以使用邻接矩阵 M 来表示这一关系。若 $M_{xy}=1$，则表示网页 y "引用" 了网页 x，即网页 y 上存在一条指向网页 x 的链接；若 $M_{xy}=0$，则表示网页 y 未引用网页 x。本例将展示如何利用网络爬虫获取这一邻接矩阵。

本例中，爬虫从初始种子 URL 集合中开始爬取，对于每个网页，找到其中的链接 URL，将网页引用关系记录到邻接矩阵，并将新的 URL 放入待爬取的集合，如此递归，最终生成表示网页引用关系的邻接矩阵。

本例只爬取域名包含 nankai 的主页间的引用信息。

首先，导入需要的模块：

```
1   # 导入模块包
2   import re # 正则式
3   import requests # 网络数据获取
4   from bs4 import BeautifulSoup # html解析
```

因为要用邻接矩阵表示链接关系，故需要把每个网页的 URL 与整数建立一一映射。下面使用 URLMap 类实现这一功能：

```
1   # URLMap类：建立url和整数id的映射
2   class URLMap:
3       def __init__(self):
4           self.url_to_id = dict() # 字典，从url字符串映射到整数id
5           self.id_to_url = [] # 字符串数组，下标为id，内容为对应url
6
7       def __getitem__(self, key):
8           '''
9           id_map[id] -->返回url
10          id_map[url] -->返回id
11          '''
12          if type(key) is int: # 若key是id，则返回对应url字符串
13              return self.id_to_url[key] # id转url
14          elif type(key) is str: # 若key是url，则返回对应id
15              # 若url不在映射表中，默认返回None
16              return self.url_to_id.get(key, None)
17
18      def append(self, url_str):
19          ''' 为一个新的url记录表添加映射，并返回映射id '''
20          id_ = len(self.id_to_url) # 为该url指派自增id
21          self.id_to_url.append(url_str) # 该url记录到id_to_url
22          self.url_to_id[url_str] = id_ # id记录到url_to_id字典
23          return id_
```

由于网页的邻接矩阵是稀疏的，因此这里封装一个邻接矩阵类来进行存储，底层采用嵌套字典的方式组织该稀疏矩阵，并且重载 __getitem__()方法以支持二维下标访问：

```
1   # 邻接矩阵类，嵌套字典的稀疏阵
2   class AdjacencyMatrix:
3       ''' 邻接矩阵 '''
4       def __init__(self):
5           self.data = dict()
6           self.shape = 0 # 邻接矩阵是方阵，shape就是方阵的阶
7
8       def set(self, x, y):
9           ''' 将M[x, y]置位为1，表示页面y链接到了页面x '''
10          # 维护邻接矩阵的阶：
11          self.shape = max(self.shape, max(x+1, y+1)
12          # 获取第x行，缺省为空字典：
13          row = self.data.setdefault(x, dict())
```

```
14                       row[y] = 1 # 将M[x,y]置位,表示页面y链接到了页面x
15
16        def __getitem__(self, pos):
17             ''' 按下标访问从矩阵读取数据(只读)M[pos0, pos1] '''
18             if pos[0] not in self.data:
19                     return 0 # 没存储在data的值都为0
20             row = self.data[pos[0]] # 获取第pos0行
21             # 获取M[pos0, pos1],若未存储则该值为0:
22             return row.get(pos[1], 0)
```

　　然后将爬虫封装为一个 SimpleSpider 类,该类的 url_map 成员为 url 与整数之间的映射,adjacency_matrix 为邻接矩阵类,seed_urls 集合为初始 url 对应的整数 id1 的集合。

　　extract_urls 成员方法接收一个 url 对应的整数 id,然后利用 Requests 模块获取网页内容、利用 BeautifulSoup4 解析网页并找出其中的链接信息(按标签的 href 属性查找),在邻接矩阵记录有效的链接后,将未访问过的网页建立整数映射,并将其 id 放入结果集合。最后返回结果集合,即该网页上未访问过的 url 的 id 构成的集合。

　　crawl 成员方法接收 url 的整数 id 构成的集合,它调用 extract_urls 方法访问其中的各个 url,并将每次调用 extract_urls 返回的新 url 整合到一个新的 url 集合中,最后以这个新集合为参数进行递归调用。当新集合为空时,停止递归。

```
1   # 简易爬虫类:
2   class SimpleSpider:
3       '''
4       简易爬虫类,从种子url集的网页递归爬取,最终形成网页链接拓扑的邻接矩阵
5       '''
6
7       def __init__(self, seed_urls):
8            ''' 构造方法,参数seed_urls为字符串集合,
9                  是爬虫的初始种子url集 '''
10
11        self.url_map = URLMap() # url和整数id的映射
12        self.adjacency_matrix = AdjacencyMatrix() # 邻接矩阵
13        # 本例爬取域名包含nankai、以.cn结尾的主页
14        # (这个正则式其实并不能筛除很多不需要的字符串,仅作参考)
15        self.addr_constrain = re.compile('http.+nankai.*\.cn(/+)?$')
16        # 建立从初始种子集合的每个url到整数id的映射
17        for url in set(seed_urls):
18            self.url_map.append(url.strip('/'))
19        # 设置链接分析的初始url对应整数id的集合
20        self.seed_urls = set(range(len( self.url_map.id_to_url )))
21
22     def extract_urls(self, curr_url_id):
23          ''' curr_url_id是当前页面的url对应的整数id,
24          该函数提取当前页面所有链接的有效url;
25          然后将链接关系填写到邻接矩阵相应位置,
26          并将返回其中此前未访问过的url构成的集合 '''
27
```

```
28              # result_set为该页面上"未访问过的url"的集合, 初始为空
29              result_set = set()
30
31          try:
32                  # 请求当前页面
33                  response = requests.get(self.url_map[curr_url_id],\
34                      verify=False)
35                  # 若请求未成功则返回空集
36                  if response.status_code != 200:
37                      return result_set
38                  # 用bs4解析页面
39                  my_soup = BeautifulSoup(response.content, 'lxml')
40                  # 找到所有超链接可能出现之处, 即所有'a'标签
41                  url_tags = my_soup.find_all('a')
42                  # 对筛选出的每个标签, 尝试提取其中的url
43                  for tag in url_tags:
44                      # 获取href属性值, 即url
45                      url = tag.get('href')
46                      # 如果属性值url不符合限定, 则抛弃
47                      if (url is None) or \
48                          (not self.addr_constrain.match(url)):
49                          continue
50
51                      url = url.strip('/')  # 去除尾部多余斜杠
52                      id_ = self.url_map[url]  # 获取url的id
53
54                      if id_ is None:
55                          # id为空表示未曾访问该url
56                          # 先分配id
57                          id_ = self.url_map.append(url)
58                          # 将该url对应的id放入结果集
59                          result_set.add(id_)
60
61                          # 记录一条从curr_url指向url的引用
62                          self.adjacency_matrix.set(id_, curr_url_id)
63
64          except Exception as e:  # 异常
65              print(e)  # 打印异常信息
66          return result_set  # 返回结果
67
68      def crawl(self, url_set):
69          '''
70          从url_set的每个网页中找出"符合要求的"新的链接,
71          放入集合new_url_set中, 再递归地爬取这个new_url_set中的网站
72          '''
73
74          # 存储下一轮要爬取的所有url集合
75          new_url_set = set()
76          # 解析url_set集合中的每一个页面
77          # 并将页面上还未爬取过的新链接加入new_url_set集合中
78          # 以便递归地爬取
```

```
79          for url in url_set:
80              # 调用extract_url()函数处理每个网页
81              new_url_set = new_url_set.union(self.extract_urls(url))
82
83          if not new_url_set: # 如果新url集合为空则返回
84              return
85          # 递归
86          self.crawl(new_url_set)
```

下面的代码将使用上面的 SimpleSpider 类，从南开大学教务处主页开始爬取域名包含 nankai 的各主页间的引用关系：

```
1   # 设置爬虫初始访问的url集合
2   seed_urls = {
3       'http://jwc.nankai.edu.cn', # 从南开大学教务处主页开始访问
4   }
5   my_spider = SimpleSpider(seed_urls) # 初始化爬虫
6   my_spider.crawl(my_spider.seed_urls) # 开始爬取
7
8   # 打印出爬虫访问过的网页
9   for url_id in range(len(my_spider.url_map.id_to_url)):
10      print(my_spider.url_map.id_to_url[url_id])
```

以上代码执行完毕后会打印出爬虫访问过的网页：

```
http://jwc.nankai.edu.cn
http://www.nankai.edu.cn
http://eamis.nankai.edu.cn
http://advisingcenter.nankai.edu.cn
https://nankai.yuketang.cn
http://xxgk.nankai.edu.cn
http://www.lib.nankai.edu.cn
https://nankai.edu.cn
http://xb.nankai.edu.cn
http://en.nankai.edu.cn
http://news.nankai.edu.cn
......（下略）
```

最后，可以用下面的代码进行可视化输出（需要 matplotlib 模块）：

```
1   # 结果的可视化
2   import matplotlib.pyplot as plt
3   n = my_spider.adjacency_matrix.shape # n是邻接矩阵的阶数
4   # 将嵌套字典构成的邻接矩阵转为二维数组:
5   pic =[[my_spider.adjacency_matrix[i,j] for j in range(n)] for i in range(n)]
6   # 用imshow()方法将二维数组显示为图像:
7   plt.imshow( pic, cmap=plt.get_cmap('binary') )
8   plt.show() # 显示图像
```

图 7-1 就是爬取到的 115 个网页之间的邻接矩阵，坐标为 (x,y) 的黑色像素点表示存在一条从网页 y 指向网页 x 的链接。

7.4 本章小结

    本章首先介绍了 Python 爬虫开发中的 Requests 模块，并通过对相关函数的调用示例，实现了向指定 URL 发送各类数据请求的功能。然后，介绍了如何利用 BeautifulSoup 模块实现从网页中提取数据。

    学完本章后，读者应掌握 Response 类对象的成员属性、方法以及请求参数的功能，并掌握运用 BeautifulSoup 模块实现文档树的建立与遍历以及数据搜索的能力，且初步具备设计与开发网络爬虫以解决实际问题的能力。

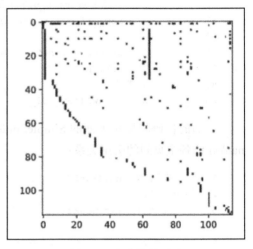

图 7-1 爬取结果展示

7.5 习题

1. 在 Python 中常用 ＿＿＿＿＿＿＿＿＿＿＿＿＿＿＿＿＿ 来自动从网络中提取网页，从而获取相关数据。

2. Python 中网络数据获取主要是调用 ＿＿＿＿＿＿＿＿＿＿＿ 中的函数来实现，这可以让编程实现更加简洁方便，从而提高网络数据获取类应用程序的开发效率。

3. 在函数 `requests.get(url, **kwargs)` 中，参数 url 的意义是（   ）。

    A. 请求访问的数据格式   B. 请求访问的服务器地址

    C. 请求访问的传输频率   D. 请求访问的协议方式

4. Requests 模块中，向指定 url 发送 http 自定义请求的函数是（   ）。

    A. requests.post   B. requests.put

    C. requests. requests   D. requests.head

5. 执行 `requests.get('http://httpbin.org/get')` 语句时，会向测试网址发送一个无参数的 GET 请求。该测试网页会返回（   ）。

    A. 一个 json 形式的响应   B. 一个 get 形式的响应

    C. 一个 txt 形式的响应   D. 一个 temp 形式的响应

6. Requests 模块的函数通常会根据需要添加必要的请求参数以实现不同的结果，比如，增加参数 ＿＿＿＿＿＿＿＿＿＿＿ 表示是否允许重定向。

7. 当 Requests 请求函数发送到服务器后，服务器给出的响应会被组织为 ＿＿＿＿＿＿＿＿＿＿＿。

8. 在网络数据获取过程中，无法通过会话实现的功能是（   ）。

    A. 跨请求保持指定的请求参数   B. 可以使多个 http 请求共用传输层 TCP 连接

    C. 提高网络数据获取的效率   D. 指定请求响应的数据格式

9. 在进行 Requests 模块测试时，一个可以为各类请求进行验证测试的页面的常用网站链接是 ＿＿＿＿＿＿＿＿。

10. 在 `requests.post('http://httpbin.org/post', data=my_data, files=my_files)` 语句运行时，以下各选项中，说法错误的是（   ）。

    A. 访问的网站就是参数中的 url   B. 传入的文件被放入 files 字段下

    C. 这是一个带参数的 post 请求   D. 这一请求的响应会存储到 data 字段中

11. 当发送带身份验证的 get 请求后，若收到的响应状态码为 200 时，表示 ＿＿＿＿＿＿＿＿＿＿＿；若收到的状态码为 401 时，表示 ＿＿＿＿＿＿＿＿＿＿＿。

12. 关于网站的身份认证，以下说法错误的是（　　）。

  A. 身份认证是网络访问权限分级的主要策略之一   B. 权限不足可能导致认证失败

  C. 网页无法正常访问可能导致认证失败   D. 身份认证必须输入密码

13. _____ 拥有丰富的 API 和多样的解析方式，能够用于 HTML、XML 等 Markup 文档的解析，可以快速实现从网页中提取数据的相关功能。

14. 在 BeautifulSoup 模块中，_____ 是待解析的文档，可以是字符串、二进制或文件对象类型；features 是一个字符串，用于指定 _____。

15. 关于函数 soup.find(name, attrs, recursive, string, **kwargs)，以下说法正确的是（　　）。

  A. 其功能是在文档树上搜索满足过滤条件的所有标签

  B. 返回满足过滤条件的所有标签构成的列表

  C. recursive 参数表示是否递归搜索

  D. string 参数表明过滤文档中的字符串长度

16. BeautifulSoup 库在使用前需要先导入，导入行的一般形式是 _____。

17. 在 BeautifulSoup 模块中，能够给出 tag 节点的所有后代节点的指令是（　　）。

  A. tag.children   B. tag.descendants

  C. tag.parents   D. tag.contents

18. tag.previous_siblings 可以迭代访问 tag 的 _____。

19. （问答题）网络爬虫的基本流程是什么？

20. （问答题）举例说明 Cookies 的用途是什么？

第8章

MySQL 数据库操作

数据库是数据分析过程中的重要组成部分。输入数据通常是以数据库表的形式提供的，为实现进一步处理，必须先从数据库中将数据检索出来。数据库能实现高度优化、快速且非易失性的数据存储，可用于存储原始数据、中间结果和最终结果（无论原始数据是否存储在数据库中）。数据库提供高度优化的数据转换，包括排序、选择和连接功能。如果数据库中已经存在原始数据或中间结果，则可以实现数据聚合。本章将以目前最流行的关系数据库——MySQL 为例，介绍如何配置、填充和查询数据库中的数据，以及如何通过 Python连接和操作数据库。

8.1　MySQL 简介

MySQL 是一种典型的关系型数据库管理系统（Relational Database Management System, RDBMS），由瑞典 MySQL AB 公司开发，目前是 Oracle 公司旗下产品。关系型数据库将数据保存在不同的表中，而不是将所有数据放在一个大仓库内，因此提高了数据处理速度并增强了灵活性。

MySQL 数据库具有以下特性：

❑ MySQL 是开源的，采用 GPL 许可协议，用户可以通过修改源码定制开发自己的 MySQL 系统。

❑ MySQL 具有体积小、速度快、总体成本低等特点，多用于中小型网站的数据库开发。

❑ MySQL 支持大型的数据库，可以处理拥有上千万条记录的数据仓库。32 位系统支持的最大表文件为 4GB，64 位系统支持的最大表文件为 8TB。

❑ MySQL 使用标准的 SQL 数据语言形式，这是用于访问数据库最常用的标准化语言。

❑ MySQL 使用 C 和 C++ 语言编写，并使用了多种编译器进行测试，保证了源代码的可移植性，支持 Windows、Linux、Mac OS 等多种操作系统。

❑ MySQL 为多种编程语言提供了 API，包括 C、C++、Python、Java、Perl、PHP、Ruby 和 .NET 等。

8.2 MySQL 的安装

MySQL 数据库有 MySQL Community Server（免费社区版）、MySQL Enterprise Edition（付费企业版）、MySQL Cluster（免费集群版）、MySQL Cluster CGE（付费高级集群版）等版本。本节以 Windows 操作系统为例，详细介绍 MySQL Community Server 8.0.21 的安装过程。

读者可以从 MySQL 官网的 MySQL Community Server（免费社区版）下载页面（https://dev.mysql.com/downloads/mysql/）中下载各平台的安装包，如图 8-1 所示。在 Windows 系统下，MySQL 数据库的安装包分为两种类型：图形化界面安装和免安装。图形化界面安装较为简单，本节重点介绍 MySQL 免安装的操作过程。

1. 安装 MySQL

在如图 8-1 所示的界面中，选择 Windows 操作系统，然后选择对应的软件压缩包，点击 Download 按钮后出现如图 8-2 所示的界面，点击底部的 No thanks, just start my download.，选择要保存的文件路径，即可开始下载。

图 8-1　MySQL Community Server 官方下载页面（一）

2. 配置 my.ini 文件

解压后的文件目录中没有 MySQL 配置文件，需要自行创建。在 C:\mysql\mysql-8.0.21-winx64 文件夹下新建 my.ini 文件，编辑 my.ini 以配置以下基本信息：

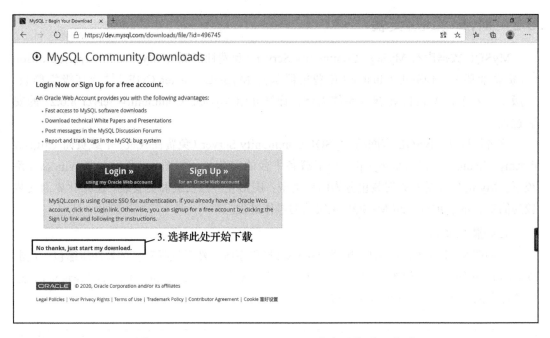

图 8-2   MySQL Community Server 官方下载页面（二）

```
[mysqld]
# 设置3306端口
port=3306
# 设置MySQL的安装目录
basedir=C:/mysql/mysql-8.0.21-winx64
# 设置MySQL数据库的数据文件的存放目录
datadir=C:/mysql/mysql-8.0.21-winx64/data
# 允许的最大连接数
max_connections=20
# 服务端使用的字符集默认为UTF-8
character-set-server=utf8mb4
# 创建新表时将使用的默认存储引擎
default-storage-engine=INNODB
[client]
# 设置MySQL客户端默认字符集
default-character-set=utf8mb4
```

其中，`basedir` 是示例中 MySQL 的安装目录，`datadir` 是示例中 MySQL 数据库中数据文件的存放目录，读者可根据自己的安装环境进行相应的配置。

3. 初始化 MySQL

配置好 my.ini 文件后，还需要初始化数据库。以管理员身份运行命令提示符，执行以下命令，切换到 MySQL 的安装目录的 bin 目录下：

```
cd C:\mysql\mysql-8.0.21-winx64
```

再执行以下命令，初始化数据库：

```
mysqld --initialize --console
```

初始化完成后的输出结果如下：

```
C:\WINDOWS\system32>cd C:\mysql\mysql-8.0.21-winx64\bin

C:\mysql\mysql-8.0.21-winx64\bin>mysqld --initialize --console
2020-10-15T05:43:25.210319Z 0 [System] [MY-013169] [Server]
C:\mysql\mysql-8.0.21-winx64\bin\mysqld.exe (mysqld 8.0.21) initializing of server in
    progress as process 1152
2020-10-15T05:43:25.226108Z 1 [System] [MY-013576] [InnoDB] InnoDB initialization has started.
2020-10-15T05:43:26.269933Z 1 [System] [MY-013577] [InnoDB] InnoDB initialization has ended.
2020-10-15T05:43:29.496775Z 6 [Note] [MY-010454] [Server] A temporary password is generated for
    root@localhost: alxBSPOwe5%v
```

其中，最后的 A temporary password is generated for root@localhost:
alxBSPOwe5%v 中 alxBSPOwe5%v 是本机（localhost）root 用户的初始密码，后续登录
MySQL 数据库时需要输入此密码。

4. 安装 MySQL 服务

继续执行以下命令，完成 MySQL 的安装：

```
mysqld install
```

安装成功后的输出结果如下：

```
C:\mysql\mysql-8.0.21-winx64\bin>mysqld install
Service successfully installed.
```

5. 启动 MySQL 服务

在每次使用 MySQL 数据库之前，首先要启动 MySQL 服务，执行命令如下：

```
net start mysql
```

启动成功后的输出结果如下：

```
C:\mysql\mysql-8.0.21-winx64\bin>net start mysql
MySQL 服务正在启动。
MySQL 服务已经启动成功。
```

6. 登录 MySQL

MySQL 服务启动后，继续在 MySQL 安装目录的 bin 目录下执行指令登录到 MySQL
数据库，具体格式如下：

```
mysql -h 主机名 -u 用户名 -p
```

参数说明如下。

- ❏ -h：指定要登录的 MySQL 主机名，登录本机（localhost 或 127.0.0.1）时，可以省略该参数。
- ❏ -u：指定登录 MySQL 的用户名。
- ❏ -p：告诉服务器将会使用密码来登录，如果所要登录的用户名和密码为空，可以忽略此选项。

如要使用 root 用户名登录本机的 MySQL 数据库，可以输入以下命令：

```
mysql -u root -p
```

按回车键执行后会输出提示 Enter password:，输入前面初始化得到的 root 用户初

始密码，本例中为 alxBSPOwe5%v，再按回车键执行，成功登录后会进入 MySQL 命令模式，输出结果如下：

```
c:\mysql\mysql-8.0.21-winx64\bin>mysql -u root -p
Enter password: ************
Welcome to the MySQL monitor.  Commands end with ; or \g.
Your MySQL connection id is 10
Server version: 8.0.21

Copyright (c) 2000, 2020, Oracle and/or its affiliates. All rights reserved.

Oracle is a registered trademark of Oracle Corporation and/or its
affiliates. Other names may be trademarks of their respective
owners.

Type 'help;' or '\h' for help. Type '\c' to clear the current input statement.

mysql>
```

7. 修改密码

MySQL 的初始密码较为复杂，为了便于记忆和输入，首次登录 MySQL 后，可以修改登录密码。在 MySQL 命令模式下，执行如下指令：

```
ALTER USER 'root'@'localhost' IDENTIFIED WITH mysql_native_password BY '123456';
```

该命令将 MySQL 本地 root 用户的登录密码修改为"123456"，修改成功后的输出结果如下：

```
mysql> ALTER USER 'root'@'localhost' IDENTIFIED WITH mysql_native_password BY '123456';
Query OK, 0 rows affected (0.04 sec)
```

要想查看修改后的密码是否生效，可以在 MySQL 命令模式执行 exit 指令退出 MySQL，再使用新密码重新登录 MySQL。

至此，Windows 系统下 MySQL 的安装和密码修改的工作已完成。

提示

1）结构化查询语言（SQL）是通过命令行或 Python 应用程序访问 MySQL 数据库的基础。

2）MySQL 命令不区分大小写，每条命令必须以分号结束。

8.3 连接、读取和存储

8.3.1 创建数据库和数据表

1. 创建数据库

登录 MySQL 服务后，可以在 MySQL 命令模式界面使用 SQL 语句创建数据库和数据表，用于存储数据。创建数据库的 SQL 语法为：

```
create database <数据库名>;
```

其中，<数据库名>是创建的数据库名称，字符串类型。

下面的操作创建一个名为 testdb 的数据库，创建成功后可以通过 show databases 命令查看已有的全部数据库，并输出结果。

```
mysql> create database testdb;
Query OK, 1 row affected (0.04 sec)
mysql> show databases;
+--------------------+
| Database           |
+--------------------+
| information_schema |
| mysql              |
| performance_schema |
| sys                |
| testdb             |
+--------------------+
6 rows in set (0.04 sec)
```

2. 创建数据表

数据库创建成功后，可以在该数据库中创建数据表，用于存储和操作数据。其 SQL 语法格式如下：

```
create table <表名>
    (<字段名> <数据类型>)[(<数据宽度>)][<约束条件>]
    [,(<字段名> <数据类型>)[(<数据宽度>)][<约束条件>]
    ,……
    ,(<字段名> <数据类型>)[(<数据宽度>)][<约束条件>]]);
```

参数说明如下：

❑ <表名>指定要创建的数据表名称，字符串类型。

❑ <字段名>指定表中包含的字段名称，即列名。

❑ <数据类型>指定每个字段存储的数据类型。

❑ <数据宽度>指定字段存储数据的宽度。

❑ <约束条件>指定数据的一些完整性约束条件，包括非空约束（NOT NULL）、设置默认值（DEFAULT）、唯一约束（UNIQUE）、主键约束（PRIMARY KEY）、外键约束（FOREIGN KEY）等。

注意：在语法格式中，"[]"里的内容可以缺省。

下面的示例在数据库 testdb 中创建一个数据表 grade_data，其具体步骤为：先执行 use testdb 命令切换到 testdb 数据库下，然后通过 create 命令创建一个 grade_data 表格，其中字段名的含义如下。

❑ id：设置为主键，数据类型为 int，auto_increment 表示主键会自动增长。

❑ stu_name：数据类型为 varchar，宽度为 20，用于存储学生姓名，约束条件不能为空。

❑ chinese_grade：数据类型为 float，用于存储语文成绩。

❑ math_grade：数据类型为 float，用于存储数学成绩。

❑ english_grade：数据类型为 float，用于存储英语成绩。

表格创建成功后，会出现 Query OK 的提示，输出结果如下所示：

```
mysql> use testdb;
Database changed
mysql> create table grade_data(
    -> id int auto_increment primary key,
    -> stu_name varchar(20) not null,
    -> chinese_grade float,
    -> math_grade float,
    -> english_grade float);
Query OK, 0 rows affected (0.09 sec)
```

提示

在 MySQL 命令模式中，箭头标记（->）不是 SQL 语句的一部分，而是表示换行。

---

3. 插入数据

数据表创建成功后，通过 insert into 语句向表中添加数据，具体的语法格式为：

```
insert into <表名>[(<字段名1>,<字段名2>,…)]
    values(<表达式1>,<表达式2>,…);
```

其中，< 表名 > 之后的括号中列举要插入新数据的字段名，默认插入所有字段。values 之后的括号中列举要插入的新数据表达式，该表达式的值与字段名列表的排列顺序一一对应。

在 grade_data 表创建完成后，通过执行三次 insert 命令，向 grade_data 中插入三行数据，插入操作成功后会出现 Query OK 的输出提示，输出结果如下：

```
mysql> insert into grade_data values(1,'张三',100,95,80);
Query OK, 1 row affected (0.01 sec)

mysql> insert into grade_data values(2,'李四',73,80.5,90);
Query OK, 1 row affected (0.01 sec)

mysql> insert into grade_data values(3,'王五',92,95.5,84);
Query OK, 1 row affected (0.01 sec)
```

还可以通过 select * from grade_data; 查询命令将 grade_data 表中的数据打印出来，查看插入的数据，输出结果如下所示：

```
mysql> select * from grade_data;
+----+----------+---------------+------------+---------------+
| id | stu_name | chinese_grade | math_grade | english_grade |
+----+----------+---------------+------------+---------------+
|  1 | 张三     |           100 |         95 |            80 |
|  2 | 李四     |            73 |       80.5 |            90 |
|  3 | 王五     |            92 |       95.5 |            84 |
+----+----------+---------------+------------+---------------+
3 rows in set (0.00 sec)
```

8.3.2 Python 连接数据库

Python 使用数据库驱动模块与 MySQL 进行通信，PyMySQL 等许多数据库驱动都是免费的。本节以 PyMySQL 为例，介绍 Python 连接 MySQL 数据库的具体操作。驱动程序激活后与数据库服务器相连，通过 Python 可以对数据库进行读取、存储等操作。

PyMySQL 是一个开源免费的数据库驱动，已集成在 Anaconda 中，支持 Python 3.x 版本。PyMySQL 提供了 Connections（连接）对象，用于连接 MySQL 数据库。通过调用 PyMySQL 提供的 connect 方法建立与 MySQL 数据库的连接，基本语法如下：

```
db = pymysql.connect(host,user,password,database,port)
```

其中的参数说明如下：

❑ host：数据库服务器所在的主机地址（IP 地址）。

❑ user：登录数据库的用户名。

❑ password：与用户名对应的登录密码。

❑ database：要连接使用的数据库，缺省时表示不使用特定的数据库。

❑ port：要连接的 MySQL 端口，默认值为 3306，大多数情况下采用默认值即可。

❑ 返回值 db 就是所创建的 Connection 对象。

PyMySQL 还为 Connection 对象提供了一些方法，用于数据库连接，常用的方法如表 8-1 所示。

表 8-1 Connection 对象方法及其说明

Connection 对象方法	说　　明
commit()	提交当前事务到稳定存储
rollback()	回滚当前事务
close()	发送退出消息并关闭连接
cursor()	使用该连接对象创建并返回一个新 Cursor（游标）对象，用于执行查询操作

连接到数据库之后，PyMySQL 提供了 Cursor 对象来查看或者处理数据库中的数据。可以把游标当作一个指针，它可以指定数据库结果集中的任何位置，然后允许用户对指定位置的数据进行处理。PyMySQL 也为 Cursor 对象提供了支持方法，如表 8-2 所示。

表 8-2 Cursor 对象方法及其说明

Cursor 对象方法	说　　明
execute(query)	向数据库服务器提交要执行的查询命令 query，其中 query 表示要执行的查询语句，字符串类型
fetchone()	获取结果集的一行数据
fetchmany(size)	获取结果集的指定 size 行数据
fetchall()	获取结果集中的所有行
rowcount()	返回数据条数或受影响的行数
close()	关闭 Cursor 对象，释放所有剩余数据

下面通过代码清单 8-1 说明 PyMySQL 连接 MySQL 数据库的具体操作。

代码清单 8-1   PyMySql 连接 MySQL 数据库示例

```
1    import pymysql
2    db = pymysql.connect(host='localhost', user='root', password='123456', database='testdb')
3    cursor=db.cursor() #使用cursor()方法获取操作游标
4    query = "select * from grade_data"
5    cursor.execute(query)
6    data = cursor.fetchall()
7    print(data)
8    db.close()#关闭数据库连接
```

程序执行结束后，输出结果如下：

((1, '张三', 100.0, 95.0, 80.0), (2, '李四', 73.0, 80.5, 90.0), (3, '王五', 92.0, 95.5, 84.0))

下面对代码清单 8-1 中的代码做简要说明。

❑ 第 1 行代码通过 `import pymysql` 导入 PyMySQL 模块。
❑ 第 2 行代码通过 `pymysql.connect` 方法连接到 testdb 数据库。其中，参数 host 指定为 `localhost`，表示连接到本地数据库；uesr 指定用户名为 `root`；password 指定密码为 `123456`；database 指定为 testdb 数据；port 默认为 3306。返回值 db 为 Conections 对象。本行代码还可写为 db = `pymysql.connect('localhost', 'root', '123456', 'testdb')`。
❑ 第 3 行代码通过调用 Connection 对象 db 的 cursor 方法创建了一个游标对象 `cursor`。
❑ 第 4 行代码定义了一个查询字符串 query，赋值为 `select * from grade_data`。
❑ 第 5 行代码通过调用游标对象的 `execute` 方法执行查询 `query`，即查询 `grade_data` 表中的所有数据。
❑ 第 6 行代码通过调用游标对象的 `fetchall` 方法获取第 5 行执行查询得到的所有数据，以二维元组的形式将其赋值给 data，如第 7 行 `print` 函数的输出结果所示。
❑ 第 8 行代码通过调用 db 的 `close` 方法关闭数据库连接。

8.3.3   Python 读取数据库

PyMySQL 的 Cursor 对象可用于获取数据库中的数据，但读取结果的数据类型是二维元组，由于元组不可改变，因此使用此方法只能查看数据，不便于进行后续的数据处理。Pandas 库也提供了读取数据库的方法 read_sql，可以将 SQL 查询结果或数据表读取到 DataFrame 中，具体语法格式如下：

```
data = pandas.read_sql(sql, con, index_col…)
```

其中的参数说明如下：

❑ `sql`：要执行的 SQL 查询命令（或表名），字符串类型。
❑ `con`：数据库的连接对象。
❑ `index_col`：将指定数据表中的列设置为 DataFrame 行标签（或多层索引），字符串类型或字符串列表，可以缺省。
❑ 返回值 data 为 DataFrame 对象。

下面通过代码清单 8-2 说明通过 read_sql 方法读取 MySQL 数据库的具体操作。

代码清单 8-2   read_sql 方法读取 MySQL 数据库示例

```
1    import pymysql
2    import pandas as pd
3    db = pymysql.connect(host='localhost', user='root', password='123456', database='testdb')
4    data1 = pd.read_sql(sql="select * from grade_data", con=db)
5    print('grade_data中数据为: \n',data1)
6    data2 = pd.read_sql(sql="select * from grade_data", con=db,index_col='id')
7    print('grade_data中数据(id作为行标签)为: \n',data2)
8    db.close()
```

程序执行结束后，输出结果如下：

```
grade_data中数据为:
     id   stu_name   chinese_grade   math_grade   english_grade
0    1      张三          100.0          95.0          80.0
1    2      李四           73.0          80.5          90.0
2    3      王五           92.0          95.5          84.0
grade_data中数据（id作为行标签）为:
      stu_name   chinese_grade   math_grade   english_grade
id
1       张三          100.0          95.0          80.0
2       李四           73.0          80.5          90.0
3       王五           92.0          95.5          84.0
```

下面对代码清单 8-2 中的代码做简要说明。

❑ 第 3 行代码通过 pymysql.connect 方法连接到 testdb 数据库，返回值为 db。

❑ 第 4 行代码调用 Pandas 的 read_sql 方法，参数 sql 设置查询命令为 select * from grade_data，即查询 grade_data 数据表的所有数据，参数 con 设置连接对象为 db，其余参数采用默认值。返回结果为 3 行 5 列的 DataFrame 对象，列标签分别为 id、stu_name、chinese_grade、math_grade、english_grade，行标签为默认的整数序列，如第 5 行 print 函数的输出结果所示。

❑ 第 6 行代码与第 5 行代码类似，调用 Pandas 的 read_sql 方法查询 grade_data 数据表的所有数据，不同之处在于参数 index_col 设置为"id"，即指定 id 列为行标签。返回结果为 3 行 4 列的 DataFrame 对象，列标签分别为 stu_name、chinese_grade、math_grade、english_grade，行标签为 id，如第 7 行 print 函数的输出结果所示。

8.3.4 Python 存储数据库

Pandas 还提供了 to_sql 方法，可以通过新建、添加或重写数据表的方式将 DataFrame 对象的数据写入 MySQL 数据库，具体语法格式如下：

```
data.to_sql(name, con, schema=None, if_exists='fail', index=True, index_label=None…)
```

其中的参数说明如下：

- ❏ data：要存储的 DataFrame 对象。
- ❏ name：要写入的 MySQL 数据表的名称，字符串类型。
- ❏ con：数据库的连接对象，使用 SQLAlchemy 构建。
- ❏ if_exists：说明如果要存储的表格已经存在，应如何操作。默认值为 if_exists='fail'，表示如果表格已存在，则会报错 ValueError；if_exists='replace' 表示在插入新的数据之前会删除已经存在的表；if_exists='append' 表示在已有表的后面添加新的数据。
- ❏ index：布尔类型，默认值为 True，表示将 DataFrame 的行标签（index）写入表的列，同时使用 index_label 作为该列的列名。
- ❏ index_label：字符串或字符串序列，表示表格中 index 对应的列名。默认表示使用 DataFrame 的行标签（index）的名称。如果是多层索引的 DataFrame，则使用字符串序列。

需要特别注意的是，to_sql 方法中的参数 con 要设置为 SQLAlchemy 构建的数据库连接引擎。SQLAlchemy 是 Python 中一个通过对象关系映射器（ORM）操作 SQL 数据库的框架，它为开发人员提供了 SQL 的全部功能和灵活性。SQLAlchemy 对象关系映射器可以将用户定义的 Python 类与数据库表相关联，并将这些类的实例（对象）与其对应表中的行相关联。

SQLAlchemy 提供了 create_engine 方法来创建数据库的连接引擎，具体语法格式如下：

```
engine = create_engine('数据库类型+数据库驱动名称://数据库用户名:登录密码@机器地址:端口号/数据库名?编码')
```

其中参数说明如下：

- ❏ 数据库类型 + 数据库驱动名称：连接引擎的标准写法，指定数据库类型和使用的数据库连接驱动，例如 mysql+ pymysql 是指使用 PyMySQL 驱动连接 MySQL 数据库。通过 SQLAlchemy 连接数据库必须通过相应的数据库驱动来连接。
- ❏ 数据库用户名：要连接数据库的用户名。
- ❏ 登录密码：登录数据库的密码。
- ❏ 机器地址：数据库所在主机的地址。若为本地主机，可以写本地 IP 地址或 localhost，非本地主机则填写对应 IP 地址。
- ❏ 端口号：主机上数据库连接的端口号，默认为 3306。
- ❏ 数据库名：要连接的数据库名。
- ❏ 编码：数据库的编码方式，一般选择 UTF-8，对中文支持比较好，不易出现乱码。
- ❏ 返回值为 Engine 对象。

下面通过代码清单 8-3 说明使用 to_sql 方法存储 MySQL 数据库的具体操作。

代码清单 8-3　to_sql 方法存储 MySQL 数据库的示例

```
1  import pymysql
2  import pandas as pd
3  from sqlalchemy import create_engine
4  data1 = pd.DataFrame({'id': [1,2,3],'stu_name': ['张三','李四','王五'],'stu_age':
     [12,13,13]})
```

```
5  data2 = pd.DataFrame({'id': [4,5], 'stu_name': ['李明','王红'], 'chinese_
      grade': [95,81],'math_grade':[100,92], 'english_grade': [94,77]})
6  engine = create_engine('mysql+pymysql://root:123456@localhost:3306/testdb?
      charset=utf8')
7  data1.to_sql(name ='info_data',con = engine,if_exists ='replace', index= False)
8  print('学生信息数据: \n',pd.read_sql(sql="select * from info_data", con=engine))
9  data2.to_sql(name ='grade_data',con = engine,if_exists ='append', index= False)
10 print('学生成绩数据: \n',pd.read_sql(sql="select * from grade_data", con=engine))
```

程序执行结束后，输出结果如下：

学生信息数据:
```
   id  stu_name  stu_age
0   1    张三       12
1   2    李四       13
2   3    王五       13
```
学生成绩数据:
```
   id  stu_name  chinese_grade  math_grade  english_grade
0   1    张三       100.0          95.0        80.0
1   2    李四        73.0          80.5        90.0
2   3    王五        92.0          95.5        84.0
3   4    李明        95.0         100.0        94.0
4   5    王红        81.0          92.0        77.0
```

下面对代码清单 8-3 中的代码做简要说明。

❑ 第 3 行代码从 SQLAlchemy 中导入要使用的模板 create_engine。

❑ 第 4 行代码创建了一个 3 行 3 列的 DataFrame 对象 data1，列标签分别为 id、stu_name 和 stu_age。

❑ 第 5 行代码创建了一个 2 行 5 列的 DataFrame 对象 data2，列标签分别为 id、stu_name、chinese_grade、math_grade 和 english_grade。

❑ 第 6 行代码调用 SQLAlchemy 的 create_engine 方法创建一个数据库的连接引擎 engine。参数中，mysql+ pymysql 是指使用 PyMySQL 驱动连接 MySQL 数据库；登录数据库的用户名为 root，登录密码为 123456；数据库主机地址为 localhost，表示本地主机；端口号为 3306；要连接的数据库名为 testdb；编码方式采用 UTF-8。

❑ 第 7 行代码调用 Pandas 的 to_sql 方法将 data1 数据存储到数据库中。参数 name ='info_data' 表示将 data1 存储到 info_data 数据表。参数 con 设置数据库的连接引擎为 engine。参数 if_exists ='replace' 表示如果已经存在 info_data 表，则用新数据覆盖旧表；如果数据库中不存在 info_data 表，则自动创建该表并赋值。参数 index-False 表示不会将 data1 的行标签数据存储到 info_data 表的列中。

❑ 第 8 行代码调用 Pandas 的 read_sql 方法，参数 sql 设置查询命令为 select * from info_data，即查询新存储的 info_data 数据表的所有数据，参数 con 设置连接对象为 engine，其余参数采用默认值。返回结果为 3 行 3 列的

DataFrame 对象，列标签分别为 id、stu_name、stu_age，行标签为默认的整数序列，如 print 函数的输出结果所示。

- 第 9 行代码调用 Pandas 的 to_sql 方法将 data2 数据存储到数据库中。参数 name='grade_data' 表示将 data2 存储到 grade_data 数据表。参数 con 设置数据库的连接引擎为 engine。参数 if_exists='append' 表示如果已经存在 grade_data 表，则在该表的最后插入新数据。参数 index=False 表示不会将 data2 的行标签数据存储到 grade_data 表的列中。
- 第 10 行代码调用 Pandas 的 read_sql 方法，参数 sql 设置查询命令为 select * from grade_data，即查询 grade_data 数据表的所有数据，参数 con 设置连接对象为 db，其余参数采用默认值。返回结果为 5 行 5 列的 DataFrame 对象，如 print 函数的输出结果所示，可见 grade_data 表中增添了两行新数据。

提示

read_sql 方法使用的数据库连接引擎可以用 SQLAlchemy 或者 PyMySQL 建立，而 to_sql 方法使用的数据库连接引擎只能用 SQLAlchemy 建立，用 PyMySQL 建立的连接对象会报错。

8.4 数据操作

8.4.1 查询操作

MySQL 数据库通过 select 语句查询数据表中的数据，常用的语法格式如下：

```
select <字段名1>[,<字段名2>,…] from <表名1>[,<表名2>,……] [where <条件1> [AND|OR
    <条件2> …];
```

参数说明如下：

- <字段名> 指定要查询的字段名，可以是一个字段，也可以是多个字段。使用"*"时，select 语句会返回表中的所有字段数据。
- <表名> 指定要查询的数据表名，可以是一个表，也可以是多个表。
- <条件> 由 where 子句设定连接条件或查询条件，可以是一个条件，也可以通过 AND 或者 OR 连接多个条件。

下面通过代码清单 8-4 说明用 Python 查询 MySQL 数据库中数据的操作。

代码清单 8-4   用 Python 查询 MySQL 数据的示例

```
1    import pymysql
2    import pandas as pd
3    db = pymysql.connect(host='localhost',user='root',password='123456', database='testdb')
4    sql1="select stu_name from grade_data where chinese_grade>90"
5    data1 = pd.read_sql(sql=sql1, con=db)
6    print('语文成绩大于90的学生姓名为: \n',data1)
```

```
7  sql2="select info_data.stu_name,stu_age,chinese_grade,math_grade, english_
      grade from info_data,grade_data where grade_data.id=info_data.id and
      info_data.stu_name='张三'"
8  data2 = pd.read_sql(sql=sql2, con=db)
9  print('张三的个人信息和成绩数据为：\n',data2)
10 db.close()
11 db.close()
```

程序执行结束后，输出结果如下：

```
语文成绩大于90的学生姓名为：
    stu_name
0      张三
1      王五
2      李明
张三的个人信息和成绩数据为：
    stu_name  stu_age  chinese_grade  math_grade  english_grade
0      张三       12        100.0         95.0          80.0
```

下面对代码清单 8-4 中的代码做简要说明。

❑ 第 3 行代码通过 `pymysql.connect` 方法连接到 `testdb` 数据库，返回值 db 为 Conections 对象。

❑ 第 4 行代码定义了一个 SQL 语句字符串 sql1，赋值为 `select stu_name from grade_data where chinese_grade>90`，其目的是查询 `grade_data` 表中 `chinese_grade` 数据大于 90 的行中的 `stu_name` 数据，即查询语文成绩大于 90 分的学生姓名。

❑ 第 5 行代码调用 Pandas 的 `read_sql` 方法，参数 sql 设置为字符串 sql1，参数 con 设置连接对象为 db，其余参数采用默认值。返回值为执行 sql1 查询后的结果，如第 6 行 print 函数的输出结果所示。

❑ 第 7 行代码定义了一个 SQL 语句字符串 sql2，赋值为 `select info_data.stu_name,stu_age,chinese_grade,math_grade, english_grade from info_data,grade_data where grade_data.id=info_data.id and info_data.stu_name='张三'`，其中 from 子句设定要查询的数据表为 `info_data` 和 `grade_data`，where 子句设定的连接条件为 `grade_data.id=info_data.id`，查询条件为 `info_data.stu_name='张三'`，要查询的字段为 `info_data.stu_name`、`stu_age`、`chinese_grade`、`math_grade` 和 `english_grade`，即查询"张三"的个人信息（姓名和年龄）和成绩信息（语文、数学和英语成绩）。

❑ 第 8 行代码调用 Pandas 的 `read_sql` 方法，参数 sql 设置为字符串 sql2，参数 con 设置连接对象为 db，其余参数采用默认值。返回值为执行 sql2 查询后的结果，如第 9 行 print 函数的输出结果所示。

8.4.2 插入操作

MySQL 数据库通过 `insert into` 语句向数据表中插入数据，常用的语法格式如下：

```
insert into <表名>[(<字段名1>,<字段名2>,…)]
    values(<表达式1>,<表达式2>,…);
```

参数说明如下：

❏ <表名> 指定要插入数据的数据表名。

❏ <字段名> 指定要插入数据的字段名，可以是一个或多个字段，默认插入所有字段的数据。

❏ <表达式> 要插入的新数据表达式，表达式与字段名列表的排列顺序一一对应。

下面通过代码清单 8-5 说明利用 Python 向 MySQL 数据表中插入数据的具体操作。

代码清单 8-5 利用 Python 向 MySQL 表中插入数据的示例

```
1  import pymysql
2  import pandas as pd
3  db = pymysql.connect(host='localhost',user='root',password='123456', database=
       'testdb', charset='utf8')
4  cursor=db.cursor()
5  sql = "insert into grade_data VALUES(6,'赵玲',58,75,63)"
6  try:
7      cursor.execute(sql)
8      db.commit()
9      print(pd.read_sql(sql="select * from grade_data", con=db))
10 except:
11     db.rollback()
12 db.close()
```

程序执行结束后，输出结果如下：

```
   id  stu_name  chinese_grade  math_grade  english_grade
0   1      张三          100.0        95.0           80.0
1   2      李四           73.0        80.5           90.0
2   3      王五           92.0        95.5           84.0
3   4      李明           95.0       100.0           94.0
4   5      王红           81.0        92.0           77.0
5   6      赵玲           58.0        75.0           63.0
```

下面对代码清单 8-5 中的代码做简要说明。

❏ 第 3 行代码通过 pymysql.connect 方法连接到 testdb 数据库，返回值 db 为 Conections 对象。

❏ 第 4 行代码通过调用 db.cursor() 方法创建一个游标对象 cursor。

❏ 第 5 行代码定义了一个 SQL 语句字符串 sql，赋值为 insert into grade_data VALUES(6,'赵玲',58,75,63)，其目的是向 grade_data 表中插入一行新数据。

❏ 第 6~11 行代码通过 try…except…语句块捕获并处理异常，其中 try 块包括第 7~9 行代码，except 块包括第 11 行代码。

❏ 第 7 行代码通过调用游标对象 cursor 的 execute 方法执行查询 sql，即向 grade_data 表中插入一行新数据。

□ 第 8 行代码通过连接对象 db 的 commit 方法显式地提交事务。
□ 第 9 行代码调用 Pandas 的 read_sql 方法，参数 sql 设置查询命令为 select *
from grade_data，即查询 grade_data 数据表的所有数据，参数 con 设置连
接对象为 db，其余参数采用默认值。如 print 函数的输出结果所示，可见 grade_
data 表中增加了一行新数据。
□ 如果执行 try 块语句时发生异常，则会执行第 11 行代码，即调用 db 的 rollback
方法将数据库回滚到更改之前。

| 提示 |

对于 MySQL 数据库的更改操作，需要显式地做事务的提交操作，即调用连接对象的
commit 方法，否则会使数据库中数据写入不成功，导致数据丢失。

8.4.3　更新操作

MySQL 数据库通过 update 语句修改或更新数据表中的数据，常用的语法格式如下：

update <表名> set <字段名1>=<表达式1>, [<字段名2>=<表达式2>,…] [where <条件表达式>];

参数说明如下：
□ <表名>　指定要修改数据的数据表名。
□ <字段名>　指定要修改数据的字段名，可以是一个或多个字段。
□ <表达式>　对应的字段名要修改成的新数据，可以是一个常量，也可以是一个表达式。
□ <条件表达式>　where 子句条件表达式设定满足这些条件的数据才可以更新。如果未指定 where 子句，则表示对表中所有数据都进行更新。
下面通过代码清单 8-6 说明通过 Python 更新 MySQL 数据表数据的具体操作。

代码清单 8-6　Python 更新 MySQL 表数据的示例

```
1  import pymysql
2  import pandas as pd
3  db = pymysql.connect(host='localhost',user='root',password='123456',database=
   'testdb', charset='utf8')
4  cursor=db.cursor()
5  sql = "update grade_data set math_grade=math_grade+5 where stu_name='李四'"
6  try:
7      cursor.execute(sql)
8      db.commit()
9      print(pd.read_sql(sql="select * from grade_data", con=db))
10 except:
11     db.rollback()
12 db.close()
```

程序执行结束后，输出结果如下：

```
     id    stu_name    chinese_grade    math_grade    english_grade
0    1       张三          100.0           95.0           80.0
1    2       李四          73.0            85.5           90.0
2    3       王五          92.0            95.5           84.0
3    4       李明          95.0            100.0          94.0
4    5       王红          81.0            92.0           77.0
5    6       赵玲          58.0            75.0           63.0
```

下面对代码清单 8-6 的代码做简要说明。

❑ 第 3 行代码通过 `pymysql.connect` 方法连接到 `testdb` 数据库，返回值 db 为 Conections 对象。

❑ 第 4 行代码通过调用 `db.cursor()` 方法创建一个游标对象 `cursor`。

❑ 第 5 行代码定义了一个 SQL 语句字符串 `sql`，赋值为 `update grade_data set math_grade=math_grade+5 where stu_name='李四'`，其目的是将 `grade_data` 表中 `stu_name` 为 "李四" 的这行数据的 `math_grade` 在原来数据的基础上增加 5，即将李四的数学成绩增加 5 分。

❑ 第 6~11 行代码通过 `try…except…` 语句块捕获并处理异常，其中 try 块包括第 7~9 行代码，except 块包括第 11 行代码。

❑ 第 7 行代码通过调用游标对象 `cursor` 的 `execute` 方法执行查询 `sql`。

❑ 第 8 行代码通过连接对象 `db` 的 `commit` 方法显式地提交事务。

❑ 第 9 行代码调用 Pandas 的 `read_sql` 方法，参数 `sql` 设置查询命令为 `select * from grade_data`，即查询 `grade_data` 数据表的所有数据，参数 con 设置连接对象为 `db`，其余参数采用默认值。如 print 函数的输出结果所示，可见 grade_data 表中李四的 `math_grade` 成绩增加了 5 分，其他数据都不变。

❑ 如果执行 try 块语句时发生异常，则会执行第 11 行代码，即调用 db 的 `rollback` 方法，将数据库回滚到更改之前。

8.4.4　删除操作

MySQL 数据库通过 `delete` 语句删除数据表中的数据，常用的语法格式如下：

```
delete from <表名> [where <条件表达式>];
```

参数说明如下：

❑ < 表名 > 指定要删除数据的数据表名。

❑ < 条件表达式 > where 子句中满足这些条件的数据才能被删除。如果未指定 where 子句，则表示要删除表中的所有数据。

下面的代码清单 8-7 说明通过 Python 更新 MySQL 数据表数据的具体操作。

代码清单 8-7　Python 更新 MySQL 表数据的示例

```
1   import pymysql
2   import pandas as pd
3   db = pymysql.connect(host='localhost',user='root',password='123456', database=
        'testdb', charset='utf8')
```

```
4   cursor=db.cursor()
5   sql = "delete from grade_data where stu_name='王红'"
6   try:
7       cursor.execute(sql)
8       db.commit()
9       print(pd.read_sql(sql="select * from grade_data", con=db))
10  except:
11      db.rollback()
12  db.close()
```

程序执行结束后，输出结果如下：

```
   id  stu_name  chinese_grade  math_grade  english_grade
0   1      张三         100.0        95.0          80.0
1   2      李四          73.0        85.5          90.0
2   3      王五          92.0        95.5          84.0
3   4      李明          95.0       100.0          94.0
4   6      赵玲          58.0        75.0          63.0
```

下面对代码清单 8-7 中的代码做简要说明。

❑ 第 3 行代码通过 `pymysql.connect` 方法连接到 `testdb` 数据库，返回值 db 为 Conections 对象。

❑ 第 4 行代码通过调用 `db.cursor()` 方法创建一个游标对象 cursor。

❑ 第 5 行代码定义了一个 SQL 语句字符串 sql，赋值为 `delete from grade_data where stu_name='王红'`，其目的是删除 grade_data 表中 stu_name 为 "王红" 的这行数据。

❑ 第 6～11 行代码通过 `try…except…` 语句块捕获并处理异常，其中 try 块包括第 7～9 行代码，except 块包括第 11 行代码。

❑ 第 7 行代码通过调用游标对象 cursor 的 execute 方法执行查询 sql。

❑ 第 8 行代码通过连接对象 db 的 commit 方法显式地提交事务。

❑ 第 9 行代码调用 Pandas 的 `read_sql` 方法，参数 sql 设置查询命令为 `select * from grade_data`，即查询 grade_data 数据表中的所有数据，参数 con 设置连接对象为 db，其余参数采用默认值。如 print 函数的输出结果所示，可见 grade_data 表中 "王红" 的数据被删除，而其他数据不变。

❑ 如果执行 try 块语句时发生异常，则执行第 11 行代码，即调用 db 的 rollback 方法，将数据库回滚到更改之前。

8.5 应用实例

本节将以一个简单的学生信息管理系统为例介绍利用 Python 对 MySQL 数据库中的数据进行查询、更改、添加、删除等操作的过程。下面通过代码清单 8-8 演示操作 testdb 数据库中 info_data 数据的学生信息管理系统的实例。

代码清单 8-8   学生信息管理系统的实例

```
1    import pymysql
2    import pandas as pd
3    #定义StuInfoTable类连接MySQL中学生信息数据表
4    class StuInfoTable(object):
5        def __init__(self):      #构造方法实现数据库连接
6            try:
7                self.db = pymysql.connect(host="localhost",user='root',
                     password='123456',db='testdb',charset="utf8")
8                self.cursor = self.db.cursor()
9            except Exception as error:
10               self.db.rollback()
11               print("数据库连接失败，原因是：",error)
12       def  PrintData(self):   #显示所有学生信息的方法
13           try:
14               self.data= pd.read_sql(sql="select * from info_data", con=self.db)
15               print(self.data)
16           except Exception as error:
17               self.db.rollback()
18               print("数据查询失败，原因是：",error)
19       def  FindById(self,id):   #按id检索学生信息的方法
20           try:
21               self.data= pd.read_sql(sql="select * from info_data where
                     id={}".format(id), con=self.db)
22               print(self.data)
23           except Exception as error:
24               self.db.rollback()
25               print("数据检索失败，原因是：",error)
26       def InsertData(self,newData):   #更新数据的方法
27           try:
28               self.cursor.execute("insert into info_data values({},'{}',
                     {})".format(newData['id'],newData["stu_name"],newData["stu_age"]))
29               self.db.commit()
30               print("数据添加成功！")
31           except Exception as error:
32               self.db.rollback()
33               print("数据添加失败，原因是：",error)
34       def UpdateData(self,newData):   #添加新数据的方法
35           try:
36               self.cursor.execute("update info_data set stu_name='{}',stu_age={}
                     where id={}".format(newData["stu_name"], newData["stu_age"],
                     newData['id']))
37               self.db.commit()
38               print("数据更新成功！")
39           except Exception as error:
40               self.db.rollback()
41               print("数据更新失败，原因是：",error)
42       def DeleteData(self,id):   #按id删除数据的方法
43           try:
44               self.cursor.execute("delete from info_data where id={}". format(id))
45               self.db.commit()
46               print("数据删除成功！")
47           except Exception as error:
48               self.db.rollback()
```

```
49              print("数据删除失败，原因是: ",error)
50      def __del__(self):          #析构方法关闭数据库连接
51          self.cursor.close()
52          self.db.close()
53  stuTable = StuInfoTable() #定义一个StuInfoData操作对象
54  while True:
55      print("*"*10,"欢迎进入学生信息管理系统","*"*10)
56      print("1. 浏览所有学生信息")
57      print("2. 按学号检索学生信息")
58      print("3. 更新学生信息")
59      print("4. 添加学生信息")
60      print("5. 删除学生信息")
61      print("6. 退出")
62      key = input("请输入您要执行的操作: ")
63      if key == "1":
64          print(">"*10,"学生信息浏览",'<'*10)
65          stuTable.PrintData()
66          input("请按回车键返回主菜单")
67          continue
68      elif key == "2":
69          print(">"*10,"按学号检索学生信息",'<'*10)
70          id=int(input("输入要检索的id号: "))
71          stuTable.FindById(id)
72          input("请按回车键返回主菜单")
73          continue
74      elif key == "3":
75          print(">"*10,"更新学生数据",'<'*10)
76          newData={}
77          newData['id']=int(input("请输入要更新的id号: "))
78          newData['stu_name']=input("请输入要更新的姓名: ")
79          newData['stu_age']=int(input("请输入要更新的年龄: "))
80          stuTable.UpdateData(newData)
81          input("请按回车键返回主菜单")
82      elif key == "4":
83          print(">"*10,"添加学生数据",'<'*10)
84          newData={}
85          newData['id']=int(input("请输入要添加的id号: "))
86          newData['stu_name']=input("请输入要添加的姓名: ")
87          newData['stu_age']=int(input("请输入要添加的年龄: "))
88          stuTable.InsertData(newData)
89          input("请按回车键返回主菜单")
90          continue
91      elif key == "5":
92          print(">"*10,"删除学生数据",'<'*10)
93          id = int(input("输入你要删除的信息id号: "))
94          stuTable.DeleteData(id)
95          input("请按回车键返回主菜单")
96          continue
97      elif key == "6":
98          print(">"*10,"再见! ",'<'*10)
99          break
100     else:
101         print("!！！！输入无效!！！！")
```

程序执行后，输出如图 8-3 所示的结果。

图 8-3　学生信息管理系统输出结果

用户输入 1 后，将执行"浏览所有学生信息"的操作，输出如图 8-4 所示。

图 8-4　学生信息浏览的输出结果

按回车键后会输出如图 8-3 所示的页面。用户再输入 2 后，将执行"按学号检索学生信息"的操作，会提示用户"请输入要检索的 id 号"，此时若输入 2，则会输出 id 为 2 的学生信息，如图 8-5 所示。

图 8-5　按学号检索学生信息输出结果

按回车键后会输出如图 8-3 所示的页面。用户再输入 3 后，将执行"更新学生信息"的操作，会提示用户"请输入要更新的 id 号""请输入要更新的姓名"和"请输入要更新的年龄"，用户依次输入对应的数据后，会输出"数据更新成功！"，如图 8-6 所示。

图 8-6　更新学生信息的输出结果

按回车键后会输出如图 8-3 所示的页面。用户再输入 4 后，将执行"添加学生信息"的操作，会提示用户"请输入要添加的 id 号""请输入要添加的姓名"和"请输入要添加的年龄"，用户依次输入对应的数据后，会输出"数据添加成功!"，如图 8-7 所示。

```
请输入您要执行操作：4
>>>>>>>>>> 添加学生数据 <<<<<<<<<<
请输入要添加的id号：4
请输入要添加的姓名：赵玲玲
请输入要添加的年龄：11
数据添加成功！

请按回车键返回主菜单 [                    ]
```

图 8-7 添加学生信息的输出结果

按回车键后会输出如图 8-3 所示的页面。用户再输入 5 后，将执行"删除学生信息"的操作，会提示用户"请输入你要删除的 id 号"，用户输入对应的 id 号后，会输出"数据删除成功!"，如图 8-8 所示。

```
请输入您要执行操作：5
>>>>>>>>>> 删除学生数据 <<<<<<<<<<
请输入你要删除的信息id号：4
数据删除成功！

请按回车键返回主菜单 [                    ]
```

图 8-8 删除学生信息的输出结果

按回车键后会输出如图 8-3 所示的页面。用户再输入 6 后，将执行"退出"操作，会输出"数据删除成功!"，如图 8-9 所示。

```
请输入您要执行操作：6
>>>>>>>>>> 再见！ <<<<<<<<<<
```

图 8-9 退出系统的输出结果

下面对代码清单 8-8 中的代码做简要说明。

❑ 第 4～52 行代码定义了一个 StuInfoTable 类，用于连接 MySQL 的 testdb 数据库中存储学生信息的 info_data 数据表。

❑ 第 5～11 行代码定义了 StuInfoTable 类的构造方法，通过在构造方法中调用 pymysql.connect 方法连接到 testdb 数据库，将得到的 Concctions 对象返回给 StuInfoTable 类的 db 属性。这里还调用 db.cursor() 方法，并将生成的 Cursor 对象返回给 StuInfoTable 类的 db 属性。此外，还使用 try…except…语句块捕获并处理异常，发生异常时会回滚，并打印错误信息以便于用户检查。

❑ 第 12～18 行代码定义了 StuInfoTable 类的 PrintData 方法，通过调用 pd.readsql 方法执行 select * from info_data 命令，即查询 info_data 数据表的所

有数据，将得到的 DataFrame 对象返回给 StuInfoTable 类的 data 属性，并通过 print 函数打印出来。同样使用 try…except…语句块捕获并处理异常，发生异常时会回滚，并打印错误信息以便于用户检查。

❑ 第 19～25 行代码定义了 StuInfoTable 类的 FindById 方法，传递参数为 id，通过调用 pd.readsql 方法执行 "select * from info_data where id={}".format(id) 命令，即查询 info_data 数据表中 id 等于参数 id 的数据，将得到的 DataFrame 对象返回给 StuInfoTable 类的 data 属性，并通过 print 函数打印出来。同样使用 try…except…语句块捕获并处理异常，发生异常时会回滚，并打印错误信息以便于用户检查。

❑ 第 26～33 行代码定义了 StuInfoTable 类的 InsertData 方法，传递参数为字典 newData，通过调用 cursor.execute 方法执行 "insert into info_data values({},'{}',{})".format(newData['id'], newData["stu_name"],newData["stu_age"] 命令，即向 info_data 数据表中插入 newData 数据。同样使用 try…except…语句块捕获并处理异常，发生异常时会回滚，并打印错误信息以便于用户检查。

❑ 第 34～41 行代码定义了 StuInfoTable 类的 UpdateData 方法，传递参数为字典 newData，通过调用 cursor.execute 方法执行 "update info_data set stu_name='{}',stu_age={} where id={}".format(newData["stu_name"],newData["stu_age"],newData['id']) 命令，即更新 info_data 数据表中 id 等于 newData['id'] 的数据。同样使用 try…except…语句块捕获并处理异常，发生异常时会回滚，并打印错误信息以便于用户检查。

❑ 第 42～49 行代码定义了 StuInfoTable 类的 DeleteData 方法，传递参数为 id，通过调用 cursor.execute 方法执行 "delete from info_data where id={}".format(id) 命令，即删除 info_data 数据表中 id 等于参数 id 的数据。同样使用 try…except…语句块捕获并处理异常，发生异常时会回滚，并打印错误信息以便于用户检查。

❑ 第 50～52 行代码定义了 StuInfoTable 类的析构方法，通过在析构方法中调用 cursor.close() 和 db 的 close() 方法依次关闭游标和数据库的连接。

❑ 第 53 行代码定义一个 StuInfoData 操作对象 stuTable。

❑ 第 54～101 行代码为一个完整的 while True 代码块。

❑ 第 55～62 行代码通过 print 函数输出系统的欢迎界面以及用户能够执行的操作，并提示用户输入要执行的操作。

❑ 第 63～67 行代码为用户输入 1 时执行的代码，通过调用 stuTable 对象的 PrintData 方法打印所有的学生信息数据，然后通过 continue 继续执行 while True 循环的代码。

❑ 第 68～73 行代码为用户输入 2 时执行的代码，首先通过 input 函数提示用户输入要检索的 id 号，并将用户输入的 id 号转换成 int 类型赋值给变量 id，然后通过调用 stuTable.FindById(id) 方法，输出用户要检索的学生信息数据，最后通过 continue 继续执行 while True 循环代码。

- 第 74～81 行代码为用户输入 3 时执行的代码，首先通过 3 个 input 函数提示用户输入要更新的 id 号、姓名和年龄，并将用户输入的数据依次存储在字典 newData 中，然后通过调用 stuTable.UpdateData(newData) 方法根据用户输入更新数据库中的学生信息，最后通过 continue 继续执行 while True 循环代码。

- 第 82～90 行代码为用户输入 4 时执行的代码，首先通过 3 个 input 函数提示用户输入要更新的 id 号、姓名和年龄，并将用户输入的数据依次存储在字典 newData 中，然后通过调用 stuTable.InsertData(newData) 方法在数据库中插入用户输入的学生信息。最后通过 continue 继续执行 while True 循环代码。

- 第 91～96 行代码为用户输入 5 时执行的代码，首先通过 input 函数提示用户输入要检索的 id 号，并将用户输入的 id 号转换成 int 类型并赋值给变量 id，然后通过调用 stuTable.DeleteData(id) 方法，根据用户输入来删除对应的学生信息数据。最后通过 continue 继续执行 while True 循环代码。

- 第 97～99 行代码为用户输入 6 时执行的代码，通过 print 函数输出"再见"字样，然后通过 break 结束 while True 循环。

- 第 100～101 行代码为用户输入的不是数字 1～6 时执行的代码，通过 print 函数提示用户输入无效。

8.6　本章小结

本章首先简单地介绍了 MySQL 数据库以及如何在 Windows 系统中安装和设置 MySQL 数据库。然后，详细介绍了如何在 MySQL 命令模式下创建数据库和数据表，以及如何利用 Python 数据库驱动工具 PyMySQL 连接、读取和存储数据库。在此基础上，详细介绍了通过 Python 编程对数据进行查询、插入、更新和删除等操作。最后介绍了利用 Python 实现一个简单的学生信息管理系统的实例。

学完本章后，读者应掌握 MySQL 数据库的安装和创建等基本操作，熟练使用 PyMySQL 工具连接数据库，掌握数据的增、删、改、查等操作，并初步具备应用 PyMySQL 实现信息管理系统的能力。

8.7　习题

1. 关于 MySQL 数据库，下列说法错误的是（　　）。
   A. MySQL 是一种非关系型数据库管理系统
   B. MySQL 软件是一种开放源码软件
   C. MySQL 具有体积小、速度快、总体拥有成本低等特点
   D. MySQL 支持 Windows、Linux、MacOS 等多种操作系统
2. Pandas 提供三种方式来操作 MySQL 数据库，下列选项中（　　）不是操作数据库的语句。
   A. read_sql_table　　　　　　　　B. read_json
   C. to_sql　　　　　　　　　　　　D. read_sql

3. 通过 PyMySQL 的 Connection 对象处理 MySQL 数据库事务时，如果遇到错误需要撤销当前事务，则要使用（　　）方法。

    A. commit   B. rollback

    C. cursor   D. execute

4. PyMySQL 为 Cursor 对象提供的（　　）方法可以向数据库服务器提交要执行的查询命令。

    A. commit   B. fetchall

    C. rowcount   D. execute

5. 在"系名"表中查询中文系和计算机系的信息，正确的 SQL 语句是（　　）。

    A. `select * from 系名 where 系名='中文系' and '计算机系'`

    B. `select * from 系名 where 系名='中文系' or '计算机系'`

    C. `select * from 系名 where 系名 = '中文系' and 系名='计算机系'`

    D. `select * from 系名 where 系名='中文系' or 系名 ='计算机系'`

6. 在命令提示符中，启动 MySQL 服务的命令是 ＿＿＿＿＿＿＿＿。

7. 在命令提示符中，使用 root 用户名登录本机的 MySQL 数据库的命令是 ＿＿＿＿＿＿＿＿。

8. 补充下面的 SQL 语句，创建"学生"表，包括学号、姓名、性别等属性，其中"学号"为主键，"姓名"不能为空。

    ＿＿＿＿　Table 学生(学号 varchar(10) ＿＿＿＿, 姓名 varchar(10) ＿＿＿＿, 性别 varchar(2))

9. 补充下面的 SQL 语句，实现在"图书"表中插入一行新的数据。

    ＿＿＿＿　图书 ＿＿＿＿ ('1001', 'Python程序设计', 45.00)

10. 补充下面的程序，实现相关功能：

    1）利用 PyMySQL 库，连接到 IP 地址为"192.168.10.162"的远程 MySQL 数据库，数据库名为"bookstore"，登录用户名为"admin"，密码为"123456"。

    2）利用 Pandas 库读取上述数据库中的"book_table"表的全部信息，并存放在 bookData 变量中。

    3）向"book_table"表中插入一组数据，若插入失败则回滚当前操作。

```
import pandas as pd
import pymysql
db = _____
bookData = pd. _____( _____, con = db)
cursor = _____
try:
    cursor.execute("_____ ('1001', 'Python程序设计', 45.00)")
    db. _____ ()
except:
    db. _____ ()
    db.close()
```

附录
NumPy 通用函数

表 A-1～A-5 给出了目前 NumPy 提供的各类通用函数列表，其中参数 x、x1 和 x2 均表示 ndarray 类数组对象。

表 A-1　NumPy 数学运算类通用函数列表

函　　数	功 能 说 明
add(x1, x2)	对 x1 与 x2 进行逐元素加法运算
subtract(x1, x2)	对 x1 与 x2 进行逐元素减法运算
multiply(x1, x2)	对 x1 与 x2 进行逐元素乘法运算
matmul(x1, x2)	对 x1 和 x2 进行矩阵乘法运算
divide(x1, x2) 或 true_divide(x1, x2)	逐元素真除法运算，返回数组对象中的每个元素都是浮点数
floor_divide(x1, x2)	逐元素除法运算，返回数组对象中的每个元素都是小于或等于除法运算结果的最大整数
logaddexp(x1, x2)	计算 log(exp(x1) + exp(x2))
logaddexp2(x1, x2)	计算 log2(2**x1 + 2**x2)
negative(x)	逐元素取负号运算，即 –x
positive(x)	逐元素取正号运算，即 +x
power(x1, x2)	逐元素幂运算
float_power(x1, x2)	逐元素幂运算，可得到比 power 函数更精确的计算结果
remainder(x1, x2) 或 mod(x1, x2)	逐元素的除余运算，运算结果中的元素与 x2 中的对应元素具有相同符号
fmod(x1, x2)	逐元素的除余运算，运算结果中的元素与 x1 中的对应元素具有相同符号
divmod(x1, x2)	同步计算商和余数，返回 (x // y, x % y)
absolute(x) 或 abs(x)	逐元素计算 x 的绝对值，可以处理复数情况
fabs(x)	逐元素计算 x 的绝对值，不能处理复数情况
rint(x)	将数组的元素四舍五入到最接近的整数
sign(x)	逐元素计算数值的符号
heaviside(x1, x2)	计算 Heaviside 阶跃函数
conj(x) 或 conjugate(x)	逐元素计算复数的共轭
exp(x)	逐元素计算指数，即 e**x

（续）

函　数	功 能 说 明
exp2(x)	逐元素计算指数，即 2**x
expm1(x)	计算 exp(x) –1
log(x)	逐元素计算自然对数
log2(x)	逐元素计算以 2 为底的对数
log10(x)	逐元素计算以 10 为底的对数
log1p(x)	计算 log(1 + x)
sqrt(x)	逐元素计算非负平方根
square(x)	逐元素计算平方
cbrt(x)	逐元素计算立方根
reciprocal(x)	逐元素计算倒数
gcd(x1, x2)	逐元素计算 |x1| 和 |x2| 的最大公约数
lcm(x1, x2)	逐元素计算 |x1| 和 |x2| 的最小公倍数

表 A-2　NumPy 三角运算类通用函数列表

函　数	功 能 说 明
sin(x)、cos(x)、tan(x)	逐元素计算正弦、余弦和正切
arcsin(x)、arccos(x)、arctan(x)	逐元素计算反正弦、反余弦和反正切
arctan2(x1, x2)	对 x1/x2 逐元素计算反正切（考虑象限信息）
hypot(x1, x2)	计算 sqrt(x1**2 + x2**2)，即根据直角三角形的两条直角边计算斜边
sinh(x)、cosh(x)、tanh(x)	逐元素计算双曲正弦、双曲余弦和双曲正切
arcsinh(x)、arccosh(x)、arctanh(x)	逐元素计算反双曲正弦、反双曲余弦和反双曲正切
degrees(x) 或 rad2deg(x)	将角度从弧度转换为度
radians(x) 或 deg2rad(x)	将角度从度转换为弧度

表 A-3　NumPy 位运算类通用函数列表

函　数	功 能 说 明
bitwise_and(x1, x2)	逐元素进行按位与运算
bitwise_or(x1, x2)	逐元素进行按位或运算
bitwise_xor(x1, x2)	逐元素进行按位异或运算
invert(x)	逐元素进行按位取反运算
left_shift(x1, x2)	逐元素进行左移位运算
right_shift(x1, x2)	逐元素进行右移位运算

表 A-4　NumPy 比较运算类通用函数列表

函　数	功 能 说 明
greater(x1, x2)	对 x1 和 x2 逐元素计算是否满足大于（>）关系
greater_equal(x1, x2)	对 x1 和 x2 逐元素计算是否满足大于等于（>=）关系
less(x1, x2)	对 x1 和 x2 逐元素计算是否满足小于（<）关系

（续）

函　　数	功 能 说 明
less_equal(x1, x2)	对 x1 和 x2 逐元素计算是否满足小于等于（<=）关系
not_equal(x1, x2)	对 x1 和 x2 逐元素计算是否满足不等于（!=）关系
equal(x1, x2)	对 x1 和 x2 逐元素计算是否满足等于（==）关系
logical_and(x1, x2)	对 x1 和 x2 逐元素计算逻辑与
logical_or(x1, x2)	对 x1 和 x2 逐元素计算逻辑或
logical_xor(x1, x2)	对 x1 和 x2 逐元素计算逻辑异或
logical_not(x)	对 x 逐元素计算逻辑非
maximum(x1, x2) 或 fmax(x1, x2)	对 x1 和 x2 逐元素计算最大值
minimum(x1, x2) 或 fmin(x1, x2)	对 x1 和 x2 逐元素计算最小值

表 A-5　NumPy 浮点运算类通用函数列表

函　　数	功 能 说 明
isfinite(x)	对 x 逐元素测试是否是有穷数。如果是数字且非无穷大，则返回 True；否则返回 False
isinf(x)	对 x 逐元素测试是否是正 / 负无穷数
isnan(x)	对 x 逐元素测试是否是 NaN
isnat(x)	对 x 逐元素测试是否是 NaT（非时间数据）
fabs(x)	对 x 逐元素计算绝对值
signbit(x)	对 x 逐元素判断是否有符号位（即是否是小于 0 的负数）
copysign(x1, x2)	将 x1 中每个元素的符号更改为 x2 中对应元素的符号
nextafter(x1, x2)	计算 x1 中每个元素向 x2 中对应元素移动的下一个浮点值
spacing(x)	返回 x 与最接近的相邻数字之间的距离
modf(x)	逐元素返回小数和整数部分
ldexp(x1, x2)	计算 x1*2**x2
frexp(x)	将 x 的元素分解为尾数和二进制指数
fmod(x1, x2)	逐元素计算除余
floor(x)	逐元素计算向下取整
ceil(x)	逐元素计算向上取整
trunc(x)	逐元素计算截断值（即去除小数部分）

参 考 文 献

[1] 王恺，王志，李涛，朱洪文 . Python 语言程序设计 [M]. 北京：机械工业出版社，2019.

[2] 王恺，闫晓玉，李涛 . 机器学习案例分析——基于 Python 语言 [M]. 北京：电子工业出版社，2020.

[3] 余本国 . 基于 Python 的大数据分析基础及实战 [M]. 北京：中国水利水电出版社，2018.

[4] Alberto Boschetti, Luca Massaron. 数据科学导论：Python 语言实现（原书第 2 版）[M]. 于俊伟，
     靳小波，译 . 北京：机械工业出版社，2018.

[5] 张良均，王路，谭立云，苏剑林 . Python 数据分析与挖掘实战 [M]. 北京：机械工业出版社，2015.

[6] Yuxing Yan. Python 金融实战 [M]. 张少军，严玉星，译 . 北京：人民邮电出版社，2017.

[7] 刘宇宙，刘艳 . Python 实战之数据库应用和数据获取 [M]. 北京：电子工业出版社，2020.

[8] Python 中利用 Numpy 分析一只股票 [OL]. https://www.jianshu.com/p/4a8e3b46620f.

[9] https://numpy.org/.

[10] https://www.runoob.com/numpy/numpy-tutorial.html.

[11] 使用 Numpy 快速分析股票数据——计算移动平均线及日周均线之间的转换 [OL]. https://blog.
     csdn.net/qq_45103998/article/details/102521676.

[12] https://pandas.pydata.org/.

[13] https://www.runoob.com/python3/python3-tutorial.html.

[14] https://www.pypandas.cn/docs/user_guide/timeseries.html.

[15] https://www.yiibai.com/pandas/python_pandas_descriptive_statistics.html.

[16] https://matplotlib.org/stable/index.html.

[17] http://seaborn.pydata.org/.

[18] https://pyecharts.org/#/zh-cn/intro.

[19] https://requests.readthedocs.io/zh_CN/latest/.

[20] https://beautifulsoup.readthedocs.io/zh_CN/v4.4.0/.

[21] https://blog.csdn.net/CAIJINZHI/article/details/80712854.

推荐阅读

Python语言程序设计

作者：王恺 王志 李涛 朱洪文 编著　ISBN：978-7-111-62012-9 定价：49.00元

　　本书基于作者多年来的程序设计课程教学经验和利用Python进行项目开发的工程经验编写而成，面向程序设计的初学者，使其具备利用Python解决本领域实际问题的思维和能力。高校计算机、大数据、人工智能及其他相关专业均可使用本书作为Python课程教材。

本书主要特色：

◎ 强调问题导向，培养读者通过编程解决实际问题的能力和对程序设计本质的认识，并掌握Python编程的相关方法。

◎ 合理地分解知识点，并将每一个编程知识点和实例结合，实例的规模循序渐进，逐步提升读者用Python解决问题的能力。

◎ 通过大量"提示"和"注意"等环节，向读者强调并详细说明不容易理解或实际开发中容易出现差错的知识点。

◎ 多数章节提供了课后习题，供读者检验自己的学习情况，并为教师提供较为丰富的教学资源。

推荐阅读

数据架构：数据科学家的第一本书（原书第2版）

作者:[美]W.H.因蒙 丹尼尔·林斯泰特 玛丽·莱文斯 译者:黄智濒 陶袁 ISBN: 978-7-111-67960-8

本书特色
· 全面讲解数据架构的理论知识，添加了文本管理和分析等来自不同行业的实例，帮助读者从整体上清晰地认识数据。
· 创新性地提出终端状态架构的概念，把握数据收集、治理、提取、分析等不同阶段的核心技术，从而将大数据技术融入现有的信息基础设施或数据仓库系统。
· 新增关于可视化和大数据的章节，涵盖对数据的商业价值和数据管理等的综合介绍，为大数据技术的未来发展提供新的思路。

数据科学导论：Python语言（原书第3版）

作者:[意]阿尔贝托·博斯凯蒂 卢卡·马萨罗 译者: 于俊伟 ISBN: 978-7-111-64669-3

  本书提供大量详细的示例和大型混合数据集，可以帮助你掌握数据收集、数据改写和分析、可视化和活动报告等基本统计技术。此外，书中还介绍了机器学习算法、分布式计算、预测模型调参和自然语言处理等高级数据科学主题，还介绍了深度学习和梯度提升方案（如XGBoost、LightGBM和CatBoost）等内容。
  通过本书的学习，你将全面了解主要的机器学习算法、图分析技术以及所有可视化工具和部署工具，使你可以更轻松地向数据科学专家和商业用户展示数据处理结果。